何谓景观？
——景观本质探源

Is Landscape…?
Essays on the Identity of Landscape

[爱尔兰] 加雷斯·多尔蒂
[美] 查尔斯·瓦尔德海姆　编著

陈崇贤　夏宇　译

U0300588

中国建筑工业出版社

著作权合同登记图字：01-2017-6039号

图书在版编目（CIP）数据

何谓景观？——景观本质探源 /（爱尔兰）加雷斯·多尔蒂，（美）查尔斯·瓦尔德海姆编著；陈崇贤，夏宇译. —北京：中国建筑工业出版社，2018.12
书名原文：Is Landscape...?—Essays on the Identity of Landscape
ISBN 978-7-112-23096-9

Ⅰ. ①何⋯ Ⅱ. ①加⋯ ②查⋯ ③陈⋯ ④夏⋯ Ⅲ. ①景观设计–研究 Ⅳ. ①TU983

中国版本图书馆CIP数据核字（2018）第288741号

责任编辑：董苏华　张鹏伟
责任校对：王　烨

何谓景观？——景观本质探源
［爱尔兰］加雷斯·多尔蒂　［美］查尔斯·瓦尔德海姆　编著
陈崇贤　夏宇　译
＊
中国建筑工业出版社出版、发行（北京海淀三里河路9号）
各地新华书店、建筑书店经销
北京锋尚制版有限公司制版
北京中科印刷有限公司印刷
＊
开本：880×1230毫米　1/16　印张：18¼　字数：469千字
2019年1月第一版　　2019年1月第一次印刷
定价：82.00元
ISBN 978-7-112-23096-9
　　　（32977）

版权所有　翻印必究
如有印装质量问题，可寄本社退换
（邮政编码 100037）

目录

本书的目的是开启一系列关于何谓景观及其潜在可能性的问题。书中从建筑、生态、摄影和理论等多学科交叉视角对景观本质进行探究,并非是为了给出一个完美的定义。我们清晰地感受到不同语言和文化之间对于景观理解的变化,在某种程度上有时候"景观"一词很难有合适的翻译,更不用说是一个既定的学科或专业实践领域。在中国,日益壮大的景观专业教育表明,景观设计师在中国城市化进程中发挥了重要作用。我们希望本书能够为未来的讨论和探究提供一个基点,同时可以为中国景观设计理论和实践发展的推动者们带来新的可能性。

我们非常感谢陈崇贤博士把本书的英文版翻译成中文,同时也要感谢中国建筑工业出版社以及劳特利奇出版社的其他同行,包括格蕾丝·哈里森为本书的翻译做出了贡献。

加雷斯·多尔蒂

查尔斯·瓦尔德海姆

2018年10月于马萨诸塞州剑桥

作者简介

加雷斯·多尔蒂
（Gareth Doherty）

是哈佛大学设计研究生学院的景观设计学助理教授兼高级副研究员,景观设计硕士项目主任。他的研究和教学主要关注设计与人类学之间的交叉。多尔蒂是《新地理》（New Geographies）杂志的创始编辑和《新地理3:彩色都市主义》（New Geographies 3: Urbanisms of Color）的主编,他与莫森·莫斯塔法维共同编著了《生态都市主义》（Ecological Urbanism）一书。当前的新书还包括《绿色悖论:一部城市景观的民族志》（Paradoxes of Green: An Ethnography of Landscape in a City-State）和《艺术与生态:罗伯特·布雷·马克斯的系列讲座》（Art and Ecology: Lectures by Roberto Burle Marx）。

查尔斯·瓦尔德海姆
（Charles Waldheim）

是哈佛大学设计研究生学院的景观设计学约翰·E·欧文讲席教授,景观设计系原系主任。瓦尔德海姆教授的研究主要关注景观设计与当代都市主义的关联。他创造了"景观都市主义"一词,用以描述北美都市主义背景下兴起的景观设计实践。他的写作主题涉及非常广泛,同时也是《景观都市主义:从起源到演变》（Landscape as Urbanism: Origins and Evolution）的作者和《景观都市主义读本》（The Landscape Urbanism Reader）的编著者。采用底特律作为北美城市工业经济的典型代表,他编著了《案例:底特律拉菲亚特公园》（CASE: Lafayette Park Detroit）,同时还与詹森·扬（Jason Young）和乔治娅·扎斯卡拉基斯（Georgia Daskalakis）共同编著了《追踪底特律》（Stalking Detroit）。

致谢

本书最初的构想受到了哈佛大学设计学院硕士课程的启发。从2009年到2012年，四年间，景观设计学的学术研讨会主要关注景观及其在相关领域中的各种含义。这要感谢参与研讨会的研究生同学曾经认真探讨书中涉及的许多论题。

当然要特别感谢本书的贡献者们，他们几乎都参与了这些学术研讨活动。虽然研讨会中嘉宾的演讲内容并未完全纳入本书，但他们让讨论变得更加深刻，例如约翰·伯得斯利（John Beardsley）、艾伦·伯格（Alan Berger）、安妮塔·贝里斯贝蒂亚（Anita Berrizbeitia）、苏珊娜·德雷克（Susannah Drake）、索尼娅·丁佩尔曼（Sonja Dümpelmann）、爱德华·艾根（Ed Eigen）、理查德·T·T·福尔曼（Richard T.T. Forman）、加里·希尔德布兰德（Gary Hilderbrand）、马克·莱尔德（Mark Laird）、伊丽莎白·梅耶（Elizabeth Meyer）、克里斯·里德（Chris Reed）、梅拉妮·西莫（Melanie Simo）、安妮·惠斯顿·斯本（Anne Whiston Spirn）、卡尔·斯坦尼兹（Carl Steinitz）、约翰·罗伯特·斯蒂尔戈（John R. Stilgoe）、迈克尔·范·瓦肯伯格（Michael Van Valkenburgh）以及克里斯蒂安·威尔斯曼（Christian Werthmann）。

还有几位助教包括安德鲁·滕布林克（Andrew TenBrink，MLA，'09）、安德鲁·泽恩泰克（Andrew Zientek，MLA，'10）和康纳奥谢（Conor O'Shea，MLA，'11，MDes，'12）。参与研讨会的学生莫妮卡·贝莱凡（Mónica Belevan）完成了最初重要的文字编辑工作。在何健（Jian He）、米格尔·洛佩兹特·梅伦德斯（Miguel Lopez Melendez）和费利佩·维拉（Felipe Vera）的共同帮助下，康纳奥谢协助了本书的插图工作，莎拉·戈特哈德负责图片版权问题。

感谢哈佛大学设计学院弗朗西丝·勒布图书馆（Frances Loeb Library）的珍藏档案馆管理员（Special Collections Archivist）伊内斯·扎尔杜恩多（Ines Zalduendo），视觉资源和材料馆（Visual Resources and Materials Collection）的数字创意图书管理员（Digital Initiatives Librarian）阿历克斯·蕾丝克德（Alix Reiskind）。

重新引用埃克博的文章得到了华盛顿美国景观设计师协会收藏研究分析员布鲁克·S·辛里希斯（Brooke S. Hinrichs）和加州大学伯克利分校的环境设计档案馆文献档案管理员克里斯·马里诺（Chris Marino）共同的帮助。

最后，感谢尽职负责的编辑团队，包括制作编辑汉娜·钱普尼（Hannah Champney）一直保证本书工作的推进，哈米什·艾恩赛德（Hamish Ironside）负责文字编辑，路易斯·福克斯（Louise Fox）和萨德·李（Sadé Lee）从头到尾对本书工作提供了大量帮助和编辑建议。

皮埃尔·贝兰格
（Pierre Bélanger）

哈佛大学设计研究生学院副教授，设计学硕士（MDes）设计研究项目主任。贝兰格主要教授和负责研究生课程，这些课程强调在设计、大众传媒、规划和工程相关领域中生态学、基础设施、媒介和都市主义的融合。他是最新一期《建筑小册子》第35期（Pamphlet Architecture，#35）文章"当下生活：从国家到系统"（Going Live: From States to Systems）的作者，也是第39期《哈佛大学设计杂志》"水的问题"（Wet Matter）的客座编辑。现有著作包括《景观基础设施》（Landscape Infrastructure）和《防御景观》（Landscape of Defense）。

雷切尔·Z·德伦
（Rachael Z. DeLue）

普林斯顿大学艺术史学副教授。主要研究美国艺术和视觉文化历史，特别专注于艺术和科学的交融。目前她正在研究查尔斯·达尔文（Charles Darwin）《物种起源》（On the Origin of Species）一书中的进化图解和一本关于不可能图像的书，出版著作包括《乔治·英尼斯》（George Inness）和《景观科学》（Science of Landscape，2004），与詹姆斯·艾尔金斯（James Elkins）合著的《景观理论》（Landscape Theory，2008）以及《阿瑟·德夫：永恒的联系》（Arthur Dove: Always Connect，2016）。

维特多利亚·迪·帕尔马
（Vittoria Di Palma）

南加州大学建筑学院副教授。她是《人性都市：现在都市中的城市主题》（Intimate Metropolis: Urban Subjects in the Modern City，2009）一书的合著者，同时也是《废弃地历史》（Wasteland, A History，2014）的作者，该书获得了2015年美国18世纪研究协会的路易斯·戈特沙克奖（Louis Gottschalk Prize），2015年景观研究基金会的约翰·布林克霍夫·杰克逊图书奖（J. B. Jackson Book Prize）以及同年的散文奖（PROSE Award）。

约翰·迪克逊·亨特
（John Dixon Hunt）

宾夕法尼亚大学景观历史和理论荣誉教授，哈佛大学研究生设计学院客座教授。目前主要关注景观设计理论、现代花园设计以及绘画诗学（ekphrasis）。他著有大量关于花园历史和理论方面的书籍和文章，包括《花园和丛林》（Garden and Grove）、《花园和风景画》（Gardens and the Picturesque）、《欧洲如画风景园》（The Picturesque Garden in Europe）、《花园的余生》（The Afterlife of Gardens）、《历史背景：历史在当代景观设计中的作用》（Historical Ground: The Role of History in Contemporary Landscape Architecture），以及他负责编著即将由宾夕法尼亚大学出版社发行的景观系列丛书《场地、情景、洞察：景观设计文集》（SITE, SIGHT, INSIGHT: Essays on landscape architecture）。

| 罗宾·凯尔西
（Robin Kelsey） | 哈佛大学雪莉卡特·伯登讲席摄影学教授。凯尔西教授已经在摄影方面发表了许多文章，探讨摄影中潜在的机会作用，包括地理调查摄影、景观理论、生态和历史解说以及艺术和法律的关系等等。他的著作有《档案风格：美国调查的照片和插图，1850—1890年》（Archive Style: Photographs and Illustrations for US Surveys, 1850—1890），与布莱克·斯蒂姆森（Blake Stimson）合编的《摄影的意义》（The Meaning of Photography）以及《摄影与艺术机遇》（Photography and the Art of Chance）。 |

尼尔·科克伍德
（Niall Kirkwood）　哈佛大学设计研究生学院景观设计与技术教授。科克伍德的教学、研究和著作广泛涉及技术及其与建成环境设计之间的关系。科克伍德的著作包括《景观建筑细部的艺术：基础、实践与案例研究》（The Art of Landscape Detail: Fundamentals, Practices, and Case Studies）、《制造基地：后工业景观的再思考》（Manufactured Sites: Rethinking the Post-Industrial Landscape）、《风景园林的耐候性和耐久性》（Weathering and Durability in Landscape Architecture），以及与贾斯汀·霍兰德（Justin Hollander）、茱莉亚·高德（Julia Gold）合著的《棕地再生原则：废弃地的清理·设计·再利用》（*Principles of Brownfield Regeneration: Cleanup, Design, and Reuse of Derelict Land*）*。他的新书是与凯特·凯南（Kate Kennen）合著的《植物生态修复技术》（Phyto: Principles and Resources for Site Remediation and Landscape Design）**。

戴维·莱瑟巴罗
（David Leatherbarrow）　宾夕法尼亚大学建筑学硕士项目主任、教授。莱瑟巴罗已经出版了一系列书籍，包括《其他建筑导向》（Architecture Oriented Otherwise），《地形学的故事》（Topographical Stories）、《表面建筑》（Surface Architecture，与莫斯塔法维合著）、《不寻常地表》（Uncommon Ground）、《建筑发明之根》（The Roots of Architectural Invention）、《时光中的建筑生命》（On Weathering: The Life of Buildings in Time，与莫斯塔法维合著）。他的研究主要聚焦在城市及建筑的历史和理论。

妮娜·玛丽·李斯特
（Nina-Marie Lister）　加拿大多伦多瑞尔森大学城市与区域规划副教授，硕士项目主任。李斯特是Plandform事务所的创办者，该事务所的实践主要探索景观、生态和都市主义之间的关系。她的研究、教学和实践主要关注大都市中景观基础设施和生态过程的融合。她也是《投影生态学》（Projective Ecologies，2014）和《生态系统途径：复杂性、不确定性和可持续性管理》（Ecosystem Approach: Complexity, Uncertainty, and Managing for Sustain ability，2008）的合著者，并完成了一系列实践项目和学术出版物。

凯瑟琳·摩尔
（Kathryn Moore）　英国伯明翰城市大学艺术与设计学院景观设计专业教授。摩尔是国际风景园林师联合会（IFLA）主席，也是原英国景观设计学会主席。她在设计品质、理论、教育和实践领域著述广泛，出版书籍包括《超越视觉——解密设计艺

---

* 此书中文版于 2014 年 1 月由中国建筑工业出版社出版。——编者注

** 此书中文版于 2019 年 1 月由中国建筑工业出版社出版。——编者注

术》(Overlooking the Visual: Demystifying the Art of Design ， 2010 ）*和《"复兴游戏"，铁路终端世界》（ "The Regeneration Game"，Railway Terminal World ，2014 ）。

| 莫森·莫斯塔法维
（ Mohsen Mostafavi ） | 哈佛大学设计研究生学院院长，亚历山大和维多利亚·威利设计教授。他的研究关注城市化过程和模式，以及技术和美学的相互作用。出版著作有《持续风化：时光中的建筑生命》（ On Weathering: The Life of Buildings in Time ，合著，1993 ）、《延迟的空间》（ Delayed Space ）、《建筑》（ Architecture ）、《视觉逻辑》（ Logique Visuelle ）、《景观都市主义：景观实用手册》（ Landscape Urbanism: A Manual for the Machinic Landscape ）、《结构空间》（ Structure as Space ）、《生态都市主义》（ Ecological Urbanism，与加雷斯·多尔蒂合编 ）、《暗示和解释》（ Implicate & Explicate ）、《路易·威登：建筑与室内》（ Louis Vuitton: Architecture and Interiors ）、《城市中的生活》（ In the Life of Cities ）、《煽动：迷人的建筑》（ Instigations: Engaging Architecture ）、《景观和城市》（ Landscape and the City ）和《建筑即是生活》（ Architecture is Life ）。目前新书包括《都市伦理学：城市和政治性场所》。 |

弗雷德里克·斯坦纳
（ Frederick R. Steiner ）

得克萨斯大学奥斯汀分校建筑学院院长，亨利·M·罗克韦尔建筑学讲席教授。他近期著作包括《城市生态设计》[Urban Ecological Design ，与达尼洛·帕拉佐（ Danilo Palazzo ）合著]、《应对地球危机的设计之道》（ Design for a Vulnerable Planet ）、《城市设计与规划准则》（ Planning and Urban Design Standards，学生版与肯特·巴特勒合著 ）、《伊恩·麦克哈格——设计与自然文集》（ The Essential Ian McHarg: Writings on Design and Nature ）、《人类生态学：以自然为准则》（ Human Ecology: Following Nature's Lead ）。

凯瑟琳·沃德·汤普森
（ Catharine Ward Thompson ）

爱丁堡大学景观设计教授。她的研究关注户外环境的可达性、环境与行为的相互作用、针对老人、儿童和青少年的景观设计以及有益健康的环境。汤普森同时也是开放空间研究中心主任（ OPEN space research center ），目前的研究项目包括在贫困社区和不同老年人群中环境干预对促进心理健康的效益。

乌多·维拉赫
（ Udo Weilacher ）

慕尼黑工业大学景观设计和工业景观教授。维拉赫的研究关注景观设计、艺术及花园艺术史和当代城市与文化发展的关联。他的著作包括《在景观设计与大地艺术之间》（ Between Landscape Architecture and Land Art ，1995 ）、《景观文法》（ Syntax of Landscape ，2007 ）以及《田野调查：城市农业的新美学》（ Field Studies: The New Aesthetics of Urban Agriculture，2010 ）。

---

* 此书中文版于 2018 年 1 月由中国建筑工业出版社出版。——编者注

序言

莫森·莫斯塔法维（Mohsen Mostafavi）

依我之见，加勒特·埃克博引人深思的论述"景观是建筑?"主要探讨了景观和建筑的关系，而本书恰恰是对其多视角的评判性回应，并不是简单地定义了何谓景观。通过探寻"景观是建筑?"，埃克博抛出了一个重要的现实问题，或者说是学科知识和跨学科实践碰撞的创造性领域。

景观本质上是处于多种关联事物之间。本书其他贡献者的系列文章展现了一个宽广的学科领域和多元立场，使得可以讨论景观与建筑以外其他领域的关联性。例如，当我们自问"景观是规划?"，实际上我们是在讨论景观与规划的关系。同样地，"景观是摄影?"探讨了通过摄影方法的景观表现问题。通过本书的不同章节，你会发现从这些关联讨论中突显出许多景观身份特殊性的见解。

肯尼思·弗兰姆普敦曾在其他地方写道：当你看着帕提农神庙（Parthenon）的时候，你看到的是一栋似乎是从山头里长出来的建筑。尽管建筑物本身与山体截然不同，但存在着一种清晰的关系，即建筑的视觉体验不可避免地与它所处的场地相联系。这种关系成为许多建筑师具体实践中的一种设计手法。体现建筑和景观之间这种关系的一个典型例子，是意大利卡普里岛的马拉帕尔特别墅（Villa Malaparte），它体现了建筑既融于景观，但又突显于景观之中的理念。弗兰姆普敦在埃克博所讨论的基础上强调：在实体层面建筑是其自身，而构建的景观可以被看成是一个项目综合与整体的体现。因此，他反对孤立建筑物的观点，并列举了许多景观和建筑之间相互渗透的例子。因此，提出"景观是建筑?"就好比在景观中探寻建筑的类似体。这不仅仅是通过其与建筑的关系来定义景观，而且道出了这种类似性。

在这方面，蓬皮杜中心（Centre Pompidou）是其中一个强有力的例子，体现了其与巴黎景观之间复杂的关系。一部电动扶梯沿着外部结构向上垂直爬升，从人与地表的关系来看，它提供了一个全新的视角来观察城市，与日常通过步行、驾车、坐公交及骑自行车等方式体验城市形成鲜明对比。通过电动扶梯感受城市，观看城市景观是一种精心安排过的体验方式。建筑的功能几乎类似一个相机，即作为一种机制构建与城市的空间关系。

然而当你试图以其他方式定义一些事物，如一栋建筑、一种景观，对于其自身主要的实践和常规而言，它又具有什么样的地位？但考虑到这种关系的概念时，讨论其独特性和差异性也同等重要。阿尔多·罗西（Aldo Rossi）是一位学科自主性或者说建筑自主性观念的支持者。建筑是建筑自身，诗歌是诗歌自身，文学是文学自身，绘画是绘画自身，摄影是摄影自身，那么，哪种具体或特别的问题才是景观学科或一系列实践的核心？这种特殊性是与其他事物建立联系的前提条件，在构建起某种关联之前，我们需要了解事物的独特品质。我个人认为比起大多数学科，今天这个时代去定义景观学科背景似乎更加困难。

普遍认为景观学科存在的一个问题是，其仍然频繁地与自然的概念融为一体，包括围绕自然、农业或传统园艺展开的许多讨论，而对于人为景观，即高度人工化、高完成度和建构度的景观环境的关注相对不足。基于这点来看，自然中关于这种景观的是微乎其微。

因此，与建筑经历了漫长的发展历程才能够表达自身一样，通过景观定义景观自身来讨论学科的自治性显得十分重要。总之，在审视了景观多重身份的复杂关系后，有必要也对景观自身进一步深究。

为此我很想抛出一个问题"景观是景观吗？"

何谓景观?

加雷斯·多尔蒂　查尔斯·瓦尔德海姆

（Gareth Doherty and Charles Waldheim）

> 为何如此？我想主要是因为对于景观含义的理解我们很难达成一致。景观一词虽然很简单，并且它所代表的是一些我们认为已经了解的事物，但对于我们每个人而言，它似乎又有不同的含义。[1]
>
> 约翰·布林克霍夫·杰克逊（J. B. Jackson），1984

本书梳理了景观的多重身份特征，并提出景观需要基于各种学科和专业领域背景，分析与其同源术语的关系才可能被更好地解读，而不只是对该词单一或简单的理解。同时，本书期望能够实现对景观进行临时性多重定义的可能，它们可能干扰或拓展了对景观已有的理解。本书所组织的一系列修辞性的疑问是建立在加雷斯·埃克博1983年的文章"景观是建筑？"的基础之上，这篇文章也被再次收录于此。[2]为了探寻景观的身份，我们针对一系列景观相关学科提出了相似的疑问。

这些疑问提出是基于戴维·莱瑟巴罗对埃克博文章结构理解所做的组织。在他2014年《地形学的故事：景观与建筑研究》一书中，莱瑟巴罗探讨了景观与其同源建筑之间的相对关系。[3]延续埃克博"景观是建筑？"的构想，莱瑟巴罗认为地形是这两个实践领域共享的媒介，但一种观点认为这两者完全不相容，另一种则认为完全无法对其进行明确的划分。厌倦了两种争执不休的理论，莱瑟巴罗基于相似性概念原则提出了一种建筑与景观关系的解释，即把景观和建筑看成是在本质上相似，两者虽有不同，却并非完全不同。莱瑟巴罗提出把地形艺术作为一个场地的行动（action）来理解，在这种行动中景观和建筑或许可以被认为是彼此相关。[4]

那么何谓景观？事实上，在景观成为一种自由职业、学科或设计媒介以前，它最初只是一种绘画类型，一种戏剧艺术的主题以及一种人类主观活动的模式。景观这种历史在艺术史学家恩斯特·贡布里希（Ernst Gombrich）和文化地理学家丹尼斯·科斯格罗夫（Denis Cosgrove）等学者的研究中已有详尽讨论。[5]对于景观起源和产生方面的研究，约翰·布林克霍夫·杰克逊或许是较为知名的学者。杰克逊最初开始关注这个问题始于1984年，他通过重梳词典对该词的定义来研究"这个词本身"（The Word Itself），即"地球表面能够被看成是一种视觉风景的部分"。[6]

虽然景观作为一种文化概念已经在后现代时期有详细论述，但对于景观的其他形式，及其与各种相关学科的讨论却十分缺乏。随着对将景观视为建筑的关注与日俱增，本书引发了对更加广泛的学科领域中其他景观术语的思考。因此，本书试图探究景观的混杂性，同时延续对其灵活性和延展性的反思。

在这篇引言之后我们重新引入了加雷斯·埃克博的"景观是建筑?"一文，它激发了本书的讨论。埃克博表明景观设计必须融合景观与建筑两者，并指出景观和建筑通常被分开来评判，却很少去研究它们之间的相互作用。以埃克博的观点来看，景观和建筑两者的关系之中隐藏着真正的潜力。

第1章，加雷斯·多尔蒂提出"景观是文学?"，这一问题的讨论围绕两个呼应的假设展开。第一，景观启迪了文学，它对文学产生影响并奠定了文学的发展。第二，文学启迪了景观，即文学作品影响了我们建造何物，这对于设计师而言或许更加有趣。建成环境的设计如何受文学的影响，文学中的词句是否与建成环境相关? 第三，安妮·惠斯顿·斯本（Anne Whiston Spirn）提出了一种理解，有些景观可以被视为文学，从这个意义上看景观是一种能够被解读的文本。按照视文学为景观的思想，本章重点讨论了想象的景观，例如将就园（Make-do Garden），它仅仅存在于文本中。最后，本章还涉及对于专业设计实践，景观设计师应该表达什么的讨论。

维特多利亚·迪·帕尔马在第2章提出"景观是绘画?"，阐明了自从"景观"一词从荷兰语引入英语用以表达一些田园风光小版画开始，景观和绘画就一直相互交织。迪·帕尔马指出大多数关于景观理论的讨论倾向于把绘画看成是词汇、理论概念、评判准则或视觉审美的参照对象。迪·帕尔马分析了绘画理论如何影响景观理论的发展，由此梳理了绘画和景观之间的理论与实践联系。本章以讨论这种"作用效果"作为总结。迪·帕尔马解释道，艺术可以引起观众的情感反应，伟大的艺术作品的特殊之处在于能够带来各种情感体验，它们如此相互交织，以至于当凝聚在一起的时候，最终会迸发出更加强烈的感受。这种迸发出来的强烈的情感体验使得观看者本身超脱自我，产生一种类似与神圣力量相遇的体验。我们发现不仅仅是绘画影响了对景观的认识，而且景观也对绘画的认知产生影响。

罗宾·凯尔西在第3章提出"景观是摄影?"，正如上一章讨论绘画一样，阐述了景观和摄影之间的联系比我们预想的要更加密切。凯尔西证实了在1893年发明摄影技术的时候，其只不过是景观的副产品而已。比如，1864年肖像摄影家朱丽亚·玛格丽特·卡梅隆（Julia Margaret Cameron）的写作就曾将摄影的效果与景观想象的失败联系在一起。尽管早期阶段理所当然地聚焦于肖像摄影，但随着摄影在最初的表现基础上开始进一步探索其审美的潜力，景观继而成为摄影的焦点。随着环保主义者利用摄影技术展示可能需要保护的原始景观，摄影记录就成为景观社会实践的核心内容。凯尔西表明"摄影并不是一个获取正确的图像归属感的问题，而是试图通过理想的图像来实现归属感的问题。"

乌多·维拉赫在第4章提出"景观是造园?"，讨论了景观实践领域中一个重要的转折点，即奥姆斯特德倾向于构建景观设计学科（landscape architecture），而不是造园（landscape gardening）。奥姆斯特德认识到必须面对的大尺度城市规划和工业发展的问题，使他不断意识到这与造园领域的差别，因为，造园似乎与更大的城市尺度实践并非密切相关。分析了列伯莱希特·米吉（Leberecht Migge）与其他人的作品后，维拉赫表明，我们正面对着一种越来越明显的趋势：即关于景观和城市可持续发展的讨论，让花园和园艺再次成为景观设计领域关注的焦点。在针对花园6个基本理念原则讨论的基础上，维拉赫提倡景观设计应当回归到花园的理念。

第5章，妮娜·玛丽·李斯特借鉴生态学、传统、现代和新锐的理念探索了景观的"素材源"（material palette），提出了"景观是生态？"的讨论。最开始把对生态的理解看成是研究有机生物与其物质环境之间的关系，生态学提供了"经验的、易掌控的以及可察觉的证据，这同时有助于定义和限定景观作为实体和概念的范围"。现在拓展了对生态的理解，"通过强调物种与其环境相互关系的社会、文化和政治维度"，李斯特提出各种类型和尺度景观设计的生态相关性。她表示景观和生态是基于关系的概念来定义与联系，两者的品质是可变和动态的。从物质和媒介到模式和隐喻，到目的和动机，本章探讨了在景观中关于生态定义及其作用的演变，包括其对设计、研究和实践的意义。

在第6章讨论"景观是规划？"中，弗雷德里克·斯坦纳把景观规划定义为景观转变的过程，也是"应用自然和文化知识的设计决策过程"。斯坦纳总结，规划可以应对当代景观的4个挑战：确定合适的人类聚居地以减少自然灾害造成的损失；拓展基础设施最大化生态系统服务功能；修复废弃和污染的城市区域，以及最重要的一点，如何保护和管理大量风景区。他提醒我们地球的脆弱性，如发生的海啸、飓风、地震和洪水等自然灾害，伴随着气候的变化和时间的推移将会加剧。而景观规划可以减缓自然灾害的破坏，同时，生态系统服务功能——如空气、自然光、水体、食物、能量、矿物质以及文化价值——有助于缓解自然灾害的破坏并恢复城市环境。讨论了当代景观实践、修复以及管理的挑战后，斯坦纳认为规划是人类适应不断变化的景观环境的关键工具。

第7章，查尔斯·瓦尔德海姆探讨了"景观是都市主义？"。在过去十年里景观行业经历了类似设计领域中的文艺复兴时期。它见证了过去被认为相对停滞不前的文化研究领域再一次复苏，这也被许多人认为是一次复兴或革新，并且为当代都市主义的讨论提供了极其丰富的背景。这预示着一个问题，即相对城市设计与规划学科而言，景观新优势具有更重要的地位。那么，除了与研究当代城市问题相关，景观还有可能在更大的城市规划领域引发类似的效应吗？更有趣的是，对此最令人信服的论断表明景观启发规划的潜力来自其设计领域中的新优势和把生态看作是一种隐喻的方式，并非来自过去受生态学思想启发的区域规划项目。由于这种观点是该领域许多困惑的潜在根源，并且已经成为一个争论的话题，本章概括性论述了关于景观如何能够有效地启发城市设计和规划领域在当下及未来所应履行的责任。"景观都市主义"一词代表了在景观和当代都市化交叉层面上的各种实践活动，而本章探讨了把景观作为城市主导性建筑单元的新兴思想，其映射了建筑及构筑物所主导的传统模式的转变。

皮埃尔·贝兰格在第8章提出了"景观是基础设施？"。"基础设施"一词字面意思指的是一个系统、组织或景观的支撑结构，包含了实体结构如道路、高速公路、桥梁、机场和军事基地等，"通过这些界面，我们能够与生物和技术世界保持互动"。考察了北美历史上划时代意义的项目之后，贝兰格梳理了基础设施在城市和技术危机或失败后突然涌现出来的必然性。已有的一系列模式和转变暴露了前工业景观环境和现代工业系统之间的矛盾，甚至是有害的关系。本章描述了复杂的物质和非物质的生态创造，其促进了城市基础设施各个部分之间的相互作用。主要目的是在过去未被重视的生物物理学景观背景下重新定义基础设施的传统含义。景观再次被描述为是必要的资源、服务和媒介的一种复杂工具性系统，它推动并支持城市的经济和基础设施的发展与建设。

尼尔·科克伍德在第9章讨论"景观是科技?",这一问题的提出是基于景观设计和建造的背景,同时也是对科技(technology)及其关联词技术(techne)紧密关联的考虑。科克伍德表示希腊的"技术"(techne)一词所指的施工工艺或艺术的一面已经被忽视,而变得更加重视技术中的机械方面,这反过来构建了一种介于事物与思想之间,普通与理想之间,制作与思考之间的二元性,其不断在今天的景观实践和知识领域中突显出来。他特别专注那些能够展示其更广泛应用研究的景观项目,以及与科技和技术之间的关系。第一个是一项题为"海绵项目"(The Sponge Project)的调查研究,它由哈佛大学研究生完成,并参加了鹿特丹第二届国际建筑双年展。第二个是位于肯尼亚内罗毕郊外的基贝拉项目,哈佛景观设计专业学生研究了村庄的环境概况及其需求。第三个是位于特拉维夫市(Tel Aviv)的莎伦公园(Park Sharon),研究了如何通过一系列景观途径实现一大片混乱并被废弃的场地复兴。在阐述了景观与科技存在的物质和精神之间、实际与想象之间的二元性之后,科克伍德总结了科技和技术在设计和建造过程中相辅相成的关系。

在第10章"景观是历史?"中,约翰·迪克逊·亨特告诉我们历史并不是以往的事件本身,事实上是对过去事件的记叙。亨特概括了景观设计的历史,并论述了景观自身的历史在漫长的过程,经常是几个世纪的时间里如何根植于地理、气候、地表和文化活动,也讨论了历史的未来进展。他表明历史的结果暗示着未来和生命结束后的世界,并提出三种类型的景观证明他的观点:巴黎的柏特肖蒙公园,迈克尔·范·瓦肯伯格(Michael Van Valkenburg)设计的曼哈顿泪珠公园以及贝尔纳·拉素斯(Bernard Lassus)设计的位于巴黎第十一区的达米娅(Damia)花园。对于亨特而言,景观即拥有历史,同时也是一部历史,这主要取决于它的叙述者和观众。

雷切尔·Z·德伦在第11章提出"景观是理论?",探索了景观自身可能是一种观点的命题。为证实这一观点,德伦分析了一些图纸和绘画包括威廉·巴特拉姆(William Bartram)的"阿拉楚阿大草原"(The Great-Alachua Savana),它融合了地图和地形的视角,以表明景观或许在人类以前或之后都可能存在。考虑到景观作为一种需要感知者的理论基础,这篇文章揭示了景观本身成为理论者的可能性,同时也提出了一系列问题。例如,作为理论者的景观看到了什么?在思考什么?一种景观,或者说是一种植物或动物栖息地景观如何将我们理论化。德伦在这章提出的一连串问题和概念对于想象、描述、构建和质疑当代的景观非常有帮助。

凯瑟琳·摩尔在第12章提出"景观是哲学?",向我们表明理性主义的范式已经主导了景观思想和实践,到了我们不愿意进行更多思考的地步。由此,景观已经被从一种极其丰富、具有象征性且充满活力的经济和文化资源退化为一种苍白的模仿自身。物质、感官,包括视觉、认知等因为一种理性主义的方法,已经被抛到一边。摩尔表明重新审视感官与智力、人与景观的关系,提供了重新定义景观的可能性,景观不仅仅是物理环境,而是我们的价值观、记忆、经验和身份。我们每个人的世界观、价值观以及个人的"哲学"都影响着我们在这个世界上如何进行观察和活动。摩尔建议当代景观实践需要比已有涉及的实践内容更加宽广,不仅仅要包含空间,而且还应该涉及人、文学、阴影、光和形式。

凯瑟琳·沃德·汤普森在第13章中所提出的"景观是生活?",指的是所有包含在景观中的环境、健康和生活质量等方面之间的相互关系。汤普森把景观解读为"一种由生态和地理构建起来的文化"。在社会主义学家安东诺维斯基（Aaron Antonovsky）健康本源学概念的基础上，汤普森概括了物质环境有益于健康的概念，其中景观在促进个人和公共健康方面发挥积极作用。健康本源学主要关注人的生活感知适应性与其促进人类健康作用的关系。汤普森讨论了有益于健康的景观，并论述了它们对公共健康的促进和支撑作用。她讨论了一系列相关问题，例如"自然景观对我们的健康有何帮助？"；隐藏在绿色空间和精神健康相关联背后的机制是什么？在自然或者绿色空间中会有什么样的生理反应？直到最近，研究人员才开始关注景观和健康关系背后的生理和心理过程。在最新的理论和实证研究基础上，汤普森提出了健康景观的认识对未来景观规划和设计可能意味着什么？并在最后强调景观设计对于规划、设计和管理有益健康的景观能够发挥重要作用。

最后一章，戴维·莱瑟巴罗介绍了"地形"作为一种建筑和景观的对照，回应了埃克博最初的讨论，也是本书的出发点。通过地形这个视角，莱瑟巴罗让我们看到了景观和建筑的共性。讨论了土地和建筑形式的历史和文化含义。他提出的"建筑是景观？"就如同"景观是建筑？"一样，表明了将土地和材料相互拆离是一种毫无价值的观点。事实上，地形是两者共同的基础。

在"八个人的桌子"（A Table for Eight）一文中，国际风景园林师联合会首任主席杰弗里·杰利科（Geoffrey Jellicoe）描述了他招办的一次晚餐聚会。只能请八个客人，作为一个景观设计师，他需要考虑要邀请谁。经过了冷静的思考，做出了邀请决定：即一个建筑师，他所谓的"我们最亲密的同事"，然后分别是一个工程师、园艺师、小镇和县城的规划师，以及画家、雕塑家和一位哲学家。这可以解释为什么是这些人以及谁能够有助于将我们的努力付出以正确的方式与生活中的一切建立联系。决定了谁会来之后，杰利科需要考虑的是桌子的形状，是圆形、长方形，还是正方形？选择了正方形桌子后，他还需要根据这些客人的职业关系，考虑安排哪些人应该相邻而坐。比如，他坐在哲学家和规划师旁边，因为组织我们生活方式的规划师在他眼里看来是一个职业哲学家。[7]

本书的构思与那个晚餐类似，考虑了不同参与作者之间的关系。通过主题和关联性来确定这些章节的顺序和结构，有助于帮助理解它们之间的相互关系。譬如，绘画和摄影的章节之间有非常清晰的联系和递进关系。其他，包括或许最初看似不同的生态和规划章节，但事实上却极其相关。由于受到学期的时间限制，书中的内容主要通过每周一个主题的形式进行讨论。总体而言，这些文章体现了探究景观相关领域深度和广度的初衷。由于被过度引用为一种普通的隐喻，景观作为一种重要的文化概念即将穷途末路，本书重新解读了景观相关的修饰词。由此，渴望构建一种对景观的全面论述立刻变得即具体又明确，同时也涵盖了各个学科的当代思潮。

注释

1　J. B. Jackson, "The Word Itself," *Discovering the Vernacular Landscape* (New Haven, Yale University Press, 1984), 3.
2　G. Eckbo, "Is Landscape Architecture?" *Landscape Architecture*, vol. 73, no. 3 (May 1983): 64–65.

3 D. Leatherbarrow, "Cultivation, Construction, and Creativity: or How Topography Changes (in Time)," *Topographical Stories: Studies in Landscape and Architecture* (Philadelphia: University of Pennsylvania Press, 2004), 59–85.

4 D. Leatherbarrow, "Introduction: The Topographical Premises of Landscape and Architecture," *Topographical Stories*, 1.

5 See E. Gombrich, "The Renaissance Theory of Art and the Rise of Landscape," *Norm and Form: Studies in the Art of the Renaissance* (Chicago: University of Chicago Press, 1966), 107–121; and D. Cosgrove, "The Idea of Landscape," *Social Formation and Symbolic Landscape* (Madison: University of Wisconsin, 1998), 13–38.

6 J. B. Jackson, "The Word Itself," 3.

7 G. Jellicoe, "A Table for Eight," *Space for Living: Landscape Architecture and the Allied Arts and Professions*, Sylvia Crowe (ed.) (Amsterdam: Djambatan, 1961), 13–21.

景观是建筑?

加雷斯·埃克博 (Gareth Eckbo)

这似乎是一个愚蠢的问题或者是毫无意义的短语,但它让我们认识到景观和建筑在环境体验创造中的关联性。尽管在这两个领域里,已有许多关于景观和建筑关系的讨论、观点和书籍,但缺少从不同职业的交叉视角对这一问题进行讨论。而且建筑师似乎只对建造感兴趣,而景观设计师只对可能被作为背景的景观感兴趣。这些职业、学术和法规的界限划分已经造成了我们知识体系的分离。我们对眼前的建筑和景观都只是匆匆一扫而过。

比如景观,或者环境(可能是一个同义词),就是我们所见到周围的一切。它在任何时间点都是一个三维空间,但却不断发生变化。因此,这里存在一个第四维度。我们可能在景观中不断移动,或者当周围的景观发生变化时我们却静止不动。

那么,什么是建筑?我虽然不是一个建筑师,但做了一个不成熟,还有待更正的定义。即建筑就是设计房屋,在这三维构筑物中微气候或多或少得到控制和改变。房屋也许是单一的结构,但并不能自给自足,与建筑相关的所有功能并不一定都在室内。大多数建筑的建造对场地有所要求,而这些要求又受制于当地的条件。

随着人居环境变得越来越集聚,建筑也就不太可能与周围不发生任何联系。由于技术和功能的集聚发展,或者社会原因,这些建筑逐渐发展成为多功能的社区,这就是我们所谓的城市化。"建成环境"(built environment)这个词涵盖了这些内容,在一些小规模的发展区域或许建筑占主导地位。然而,建成环境所包含的大量"开放空间"是建筑不可或缺的一部分。包括人行走廊、车辆和工具;室外储藏区;花园和田地;社区娱乐空间,如公园、游乐场、园路、广场、商场等。这些空间的主要构成或许是大量看上去绿色和自然的空间,或是其他不同形式的空间组成。换句话说,建成环境包含了大量自然的开放空间,与实际环境形成对比或构成一种衬托背景。

不论它们是一种理想还是适当的关系,建成环境中开放空间系统的品质仍然是一个有争议的问题。它们是公园/休闲系统和交通体系构建的依据和基础,几乎不存在难以界定的开放空间要素,这些要素对于城市设计的专业人员来说,是决定城市品质的关键,而城市开发者却认为这是对"最具有使用价值"土地资源的一种浪费。

当然,建成环境是一种特定的景观。但是,如果这种景观包含了未开发或小范围建设的开放空间,那么它是否就成为非建筑的范畴?如果建筑是建构的艺术,那么它是否伴随着结构的终止而结束?又或者它是否能够将其控制力和形式语言凌驾于开放空间之上?

顺着这些问题的逻辑,我们可以清楚地认识到景观和建筑之间的关系。

尽管受到现代主义运动的影响,但我们仍然局限于正式与非正式、建成与自然的矛盾对立之间,这也使得理解真正的景观设计内涵变得难以实现。

事实上,景观设计(landscape architecture)应该包含其称谓所附带的含义,即必须将景观和建筑融为一体。真正的景观设计构建的系统或关系不会让景观和建筑两者失去其统一性，或成为对方的装饰物。当然，这些讨论都是基于这个定义才有意义，并且将随着根源的变化而变化。有趣的是，这并不是最终或确定无疑的结论。

从事建成环境工作的专业人员通常说是他们让景观和建筑形成最佳的融合，因此才可能让开发者进行项目和内容的安排。事实也许如此，但我们的确缺少判断的标准。我们可以评判建筑或景观，但却很少评判它们两者之间的关联性。那么需要做些什么？我想此时，提出问题比给出肯定的答案会更加明智。

1. 例如景观和建筑是如何发生关联？功能和技术的交互是显而易见，但在视觉、感知和审美层面的互动呢？建筑几何造型折射出什么样的力量？

2. 是否建筑是积极，景观是消极，建筑是实体，景观是虚体，或反之亦然？中世纪的城堡是实体，但温室或者玻璃建筑更像一个虚体，除非把玻璃改成镜面，然后是什么呢？积极和消极并非视觉品质，除非我们把它当成一种标签。它们只是一种概念、文字或描述。然后，却有一种关于建筑是"积极"的感觉，这就是衍生出来的定义。对比越强烈，建筑就越积极或者消极（如果不喜欢）。

3. 意大利的别墅，法国的城堡，英国的田园，东方的庙宇、神龛、宫殿和古城以及一些现代项目，这些完整的景观是否只和精英阶层相关，还是作为一种与普通大众都有所关联的开创性城市设计。

4. 是否每个室内空间都应该有一个与之相对应的室外空间存在？

5. 这些空间在水平和竖向上是什么样的距离关系？

6. 是否室外空间就一定比室内空间大，如果大，那么会大多少？

7. 它一定是在地上吗？或者它也可以是阳台、露台或者屋顶露台？它又能成为一种"借景"吗？如果是这样，那么我们如何才能保证它的存在？应该采用什么样的定性标准来设计和创造这样的开放空间？

这样的讨论很快就会变得具体起来，否则就漫无边际。折中的方法似乎正在兴起，且行之有效，因为存在的问题之前就已经解决了。文艺复兴的建筑以几何形式融入景观中；浪漫主义的建筑簇拥在自然的风景中。

我们从现代建筑得到的一个教训是先入为主的风格问题，实质上这是文学的范畴，而且很快就变得与设计原则毫无关系。后现代建筑再次向我们证明了这点。在关注现实层面上，建筑和景观设计两者似乎都处理得很好：1）场地的特点和本质；2）客户的需求、要求、期望、态度和资料；3）设计师的才华、能力和灵感。

当然，或许愿望、态度和灵感又让我们回到另一种偏见。没有什么像我说得如此简单。

所以我们要说什么呢？建筑遵循一种设计过程，而环绕其周围的景观又是另一种过程。然而，这两种情况同时出现在一个视觉和功能体验的序列中。这并不是一个关于谁该做什么的问题，或者一个职位应该有多少设计师，而是要努力实现任何统一、建成或非建成环境的最大潜力。

多专业合作的设计团队显然是一个答案，但它的指导方针是什么？设计学校的这些专业之间很少或根本没有互动，也没有试图去构建一套像关于产品和流程应该如何在同一地点或区域一起进行的理论，只剩下一些特定的即兴创作和人际关系。

建筑与景观的关系是人与自然关系的表征。建筑是我们私人和社会生活的核心，因为它们为我们最重要和最亲密的活动提供了可控的环境，城市也随着建筑的增加而不断扩大。那些激进并对人类的活动感到自豪的社会——文艺复兴时期——把建筑和城市看得比景观和自然重要。而更加温和且感性的社会——英格兰或东方——更倾向于在两者中求平衡。

显然，决策者限定了土地的利用和设计资源。但他们也会对设计专业人士提出的明智而感性的方案做出回应。这就是设计通过这些力量之间的对话而进步和发展的方式。如果我们都没有创新性的想法，谁会有呢？

这些问题似乎不太现实，但在这特定时段它们是非常重要的。

经历了几千年来不断地对自然进行探索——宗教和权力的理性化和公正化——工业革命加速，并最终形成现在环境的污染、破坏和毒害。但自然并不是我们可以肆意攫取资源的仓库，相反，它是一个与人类密不可分的网络。我们面临的挑战是去探寻能够产生新的形式以及人与自然之间关系的答案，并在建筑和景观中表达这些新的关系。

致谢

这篇文章最初题为"景观是建筑？"（Is Landscape Architecture?），发表在《景观设计杂志》（Landscape Architecture Magazine），第73卷，3期（1983年5月）：64-65。这是由加利福尼亚大学伯克利分校环境设计档案馆的加雷斯·埃克博收藏室提供。

第1章

景观是文学？

加雷斯·多尔蒂（Gareth Doherty）

> 事实上，中尉。丰富的语言。多彩的文学。先生，你会发现某些文化在他们的物质生活中，完全缺乏他们在词汇和语法上所迫切求取的能量和炫耀的欲望。我想你可以称我们这样的人为精神上的人。
>
> 《翻译》，弗瑞尔（Friel），1981

　　爱尔兰通常被认为是文学之国，特别是提到剧作家和诗人，如布莱恩·弗里埃尔（Brian Friel）、詹姆斯·乔伊斯（James Joyce）、谢默斯·希尼（Seamus Heaney）和威廉·巴特勒·叶芝（William Butler Yeats）。他们丰富的词汇和句法常常被归结为是动人的风景和匮乏的物质资源这两个因素结合的产物：这意味着当缺乏财富的支撑时，艺术的能量会更多地转向文学而非绘画、雕塑、建筑或景观设计。爱尔兰人继承了悠久的讲故事的传统，并已经成为世界上新兴社交网络使用率最高的用户群体。虽然Facebook的帖子、短信和推文通常不被认为是文学作品：文学通常被理解为一种极高的写作标准，它不仅是精巧的，而且能深刻地洞察我们的存在。学者们对它的要求可以借用塞缪尔·约翰逊（Samuel Johnson）的话来说就是"蕴含着想象力和优雅的语言"。[1]

　　文本与文学作品之间的关系与"景观设计"（landscape architecture）是富有想象力和精巧的"经过设计的风景"这个概念之间的关系是相似的，这建立在西塞罗（Cicero）所认为的第二自然基础之上，第二自然是与第一自然（未经人类干预的原始荒野）相反的，具有功能性或本土化的景观，它直接导致文艺复兴时期的人文主义者，如雅各布·博纳菲多（Jacobo Bonafido）所强调的第三自然，即更加精致的、经过设计的、将"自然融入艺术"的空间和园林的出现。而杰弗里·杰利科的谈话暗示了第四自然，即通过绘画和建筑对景观进行再现和进一步完善（Jellicoe，1994）。[2]文学可以说是一种经过设计的文字形式，这与景观设计是经过设计的环境或空间相似，而在这里设计是一种想象。[3]虽然在美学的表现上不同，景观设计和文学比起普通的风景和文本来说都是一种更加精巧和富有想象力的形式。在这个意义上，景观设计和文学可以通过丰富的想象力结合起来。

　　广义的风景与景观设计师所设计的景观之间的差异，可以看成是文本与文学之间的关系。文学是景观设计，文本是风景。

文学作品	景观
文本	风景

文学作品以文字的形式存在，而并非所有的文字都是文学。景观也是如此。景观设计和文学都是学科，而景观和文本（或作品），可以被认为是沟通的形式。[4] 在本章中某些地方，我将景观定义为"设计"的风景或者是景观设计师设计的作品，否则，我所指的景观是一个更广泛意义上的文本的概念，一个尚未经过设计的文本。[5]

关于我们提出的问题"景观是文学吗？"，其答案涉及两个相互关联的假设：

1. 景观启迪文学：景观（无论原始的、本土的、设计的）是在文学之上的一种媒介，可以塑造文学作品。

2. 文学启迪景观：我们所写的东西影响着我们设计和建造的东西。文学是如何影响景观的，文学是否与建成环境有关？我们来看看动人的文字，以及文学作品塑造景观的例子。[6]

3. 作为文学的景观：安妮·惠斯顿·斯本等人提出的景观无论是经过设计还是尚未设计，都是一种可阅读的文本，通常具有多层意义。这个框架中的景观是一个句法结构。

4. 作为景观的文学：在这里，我们将看看文学中所塑造和存在的景观，例如，只通过文本形式存在的"将就园"（Make-do Garden）。这个概念取决于设计者如何描述他们的作品，以及评论家对其的评论。

这四个分类有助于区分和理解风景、景观和文学之间复杂的关系，但它们并不足以回答"景观是文学吗？"这个问题。最后，也许最重要的是，我想分享对上述四个概念的一些思考，并提出一个不太书面的方式来解决这个问题。我们将以最适合景观设计师的方式作为指引，一路走下去。

景观启迪文学

让我先从一则詹姆斯·乔伊斯（James Joyce）和勒·柯布西耶（Le Corbusier）的轶事说起，他们都是各自领域中现代主义的先锋。[7] 艺术史学家卡罗拉·吉迪恩-韦尔克（Carola Giedion-Welcker），她的建筑师丈夫西格弗里德（Sigfried）是乔伊斯和柯布西耶的共同好友，她认为她这两位并不熟悉的朋友应该见见面。他们的第一次相遇发生在苏黎世乔伊斯的寓所中。[8] 勒·柯布西耶曾将乔伊斯的小说《尤利西斯》（Ulysses）描述为"生命的伟大发现之一"。然而他们之间的对话却集中在乔伊斯的新宠物长尾小鹦鹉皮埃尔和皮皮身上。后来当吉迪恩对他们之间对话的平常性表示失望时，柯布西耶却回答说"他谈到鸟儿时，是让人钦佩的"来表达他对乔伊斯"谈论鸟类"时候的喜悦（Ellmann，1982：700）。当代两位伟大的现代主义者无法或者不愿意找到一个共同的框架，或者直接介入彼此的工作。文学和建筑显得不可调和，长尾小鹦鹉是他们的共同语言。

也许柯布西耶和乔伊斯应该谈论风景，因为他们明显都非常喜爱景观。作者兼策展人让·路易-科恩（Jean Louis-Cohen）在《柯布西耶：现代景观图集》（Le Corbusier: An Atlas of

图1.1　勒·柯布西耶，里约热内卢城市规划，1929，©勒·柯布西耶/ ADAGP基金会、巴黎/艺术家权利社会（ARS），纽约，2015

Modern Landscapes）一书和纽约的当代艺术博物馆的展览中提出了其观点：柯布西耶"在整个职业生涯中观察并构想着景观"，例如他所绘制的蒙得维的亚和里约热内卢等城市风景（图1.1）。勒·柯布西耶的作品很明显地受到景观的影响并对景观作出了回应。[9]

乔伊斯的作品也非常注重景观，但与勒·柯布西耶的方式截然不同。乔伊斯描述的是我们认为极其平凡的城市景观。乔伊斯的文学，不仅仅只是简单地描述了1904年都柏林的城市景观，最终他特别创造了一个替代现实（虚拟现实）的构造。这就解释了为何每年6月16日举行"布鲁姆日"庆祝活动时都柏林市中心都会被研究乔伊斯的学者、爱好者和游客所占领，他们在《尤利西斯》所设定的故事开始的那天，在城市中追踪着主人公斯蒂芬·迪达勒斯（Stephen Dedalus）和利奥波德·布鲁姆（Leopold Bloom）的路线。如果你迷路了，或者想要在另一个日子沿着这条路线穿行，这条路线就刻在城市中心从前夜间电报局到国家博物馆路面上的十四个铜牌（由饮料制作商赞助）上。这是一个文学作品在书本之外呈现其生命的经典案例。事实上《尤利西斯》是为了大声朗读而写的，试着读以下的句子：

> Stephen闭上眼睛听他的靴子踩碎海草和贝壳发出的噼里啪啦的声响。
>
> 詹姆斯·乔伊斯，"变形"，《尤利西斯》

迪可兰·凯柏（Declan Kiberd）写道，发出这一系列辅音所需的肌力故意让我们放慢脚步，就像在铺满贝壳的海滩上散步（2009）。词语既有时间性又有空间性。

乔伊斯已经成为都柏林的代名词，尽管他并非住在那里。乔伊斯对这座城市的描述非常精确，以至于他常感觉自己像一个了解这座城市的人的朋友或邻居。事实上，《尤利西斯》的许多细节都来自一份1904年6月16日的《晚间电讯报》，这强化了书面文字与实际空间之间的联系。这些通过新闻和丰富的图片描述的都柏林的各种日常事件，成为文学作品的框架。而《尤利西斯》在城市实际空间之上，引发了新的表演。

一个被认为是乔伊斯自己的评价这样说，如果都柏林"突然从地球上消失了，它可以从我的书中重建。"[10]无论乔伊斯是否真的说过这句话，他确实是可以这样说，因为他在写作中用令人难以置信的细节描述了那些平凡的城市景观，弗拉基米尔·纳博科夫（Vladimir Nabokov）可以直接根据《尤利西斯》画出都柏林的地图，这说明文本中蕴含了丰富的图像和描述。纳博科夫构建的城市地图除了《尤利西斯》没有用到其他任何参考文献（图1.2）。[11]

有许多文学作品受到了特定景观的影响并与之紧密相关，无论是城市景观还是农村景观，经过设计的还是未经设计的，真实的还是想象的。不仅是乔伊斯和都柏林，还有狄更斯和维多利亚时代的伦敦、华兹华斯和湖区、梭罗和马萨诸塞州农村以及马克·吐温和密西西比河。当代作家泰茹·科尔（Teju Cole），在其《开放城市》一书中描述了在曼哈顿看似漫无目的的行走，科尔称之为"城市同化"（urbanating）（Cole，2012）。事实上，作者往往在行走中受到触觉的启发，就好像在行走过程中感官被以不同的方式激发了一样。伊恩·辛克莱尔（Iain Sinclair）的《伦敦轨道》（London Orbital）是对英国伦敦M25高速公路，辛克莱尔称之为"无处可去的道路"的一次文学探索，出人意料的是启迪更多的来自步行而非驾驶的过程（Sinclair，2002）。[12]一个更有趣的问题可能是"是否有作家不会受到风景的影响？"文学界的朋友肯定地告诉我，有一些作家在很大程度上并不受景观的影响，但不是很多。事实上，环境往往是所有文学或电影的主角之一，它们既确立了文化的框架，又建立了叙事的可能性。

文学可以帮助我们了解世界，了解我们生活、工作和访问过的景观，甚至我们永远不会去观看的景观。文学揭示了景观的各个方面，并向我们介绍它们。文学受到特定景观的影响，而经过创作后的文学又成为景观保护或展示的媒介，我们在这样一个循环中周而复始。以华兹华斯和环境保护主义为例，英格兰湖区的文学景观已经成为朝圣之所，它的吸引力来自与之有关的文献。[13]

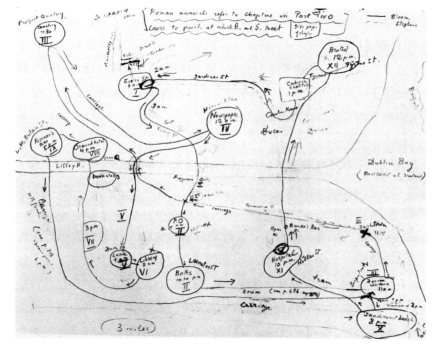

图1.2　弗拉基米尔·纳博科夫绘制的布鲁姆与斯蒂芬在《尤利西斯》中的旅行地图。©1980，弗拉基米尔·纳博科夫遗产管理公司，经Wylie Agency（UK）Limited许可使用

虽然这个弱小的生命尚在

褪褓之中，但显然已与生机盎然的

宇宙结下了患难与共的友情，

因为情感给予他力量，随着

感知功能的成熟，使他的心灵

具有创造力，犹如那伟大灵智的

代理；它与感知的世界相互

协同，不只是感受，也是创造

威廉·华兹华斯，《序曲》，第二卷

雷蒙德·威廉姆斯（Raymond Williams）认为这首诗体现了两个本质的原则。其一是有序，其二是自然是创造的源泉（Williams，1973：127）。尽管如此，文学既是景观的产物，也是未来将要发生的事件，这一观点至关重要，文学并不是被动的。

比较文学的教授克伦·索恩伯尔（Karen Thornber）写过许多关于东亚文学特别是与生态都市主义相关的文章，他认为文学具有诗意的效果，还具有改变集体意识以及对建筑环境态度的能力。索恩伯尔写道：

起草促进生态都市主义的政策，并不是去谈论它们的实施，而是需要意识的改变（即观念、理解和期望的改变）。东亚文学有可能在这一过程中发挥重要作用。

索恩伯尔，2010：530-533

从这个意义上说，索恩伯尔宣称文学具有更大的社会权力和责任感，可以像官方政策一样改变公众意识。在参与生态可持续城市和未来发展的讨论时，索恩伯尔引用了筒井康隆（Tsutsui Yasutaka）的短篇小说《站立的女人》（*Tatazumu hito*）中的一段话，讽刺了为了"绿色"城市而做的表面化的努力。

我走到主干道上，那里有太多过往的汽车却很少有行人。人行道上种植了约30—40厘米高的猫树。有时候我看到刚刚种植的猫柱，还没有成为猫树……也许，最好把狗变成狗柱。在没有食物时，它们就会变得凶狠并伤害人们。但为什么他们却不得不把猫变成猫柱？是流浪猫的数量过多了吗？是试图改善食物状况吗？或者他们这样做是为了绿化城市？

筒井康隆，1984：184-193；凯伦·索恩伯尔译英文，2010

"选择不读书就像是关闭了天堂敞开的大门"，这句话经常被认为是马克·吐温说的一个重要比喻。在这里，阅读想象可以将读者带到天堂。天堂是一个地方。无论天堂是风景还是景观都无关紧要，重要的是文学将你带到那里，正如我们通过乔伊斯、华兹华斯和筒井康隆的例子看到的那样，文字将你带回现实，并塑造着现实。

文学启迪景观

莎士比亚说："整个世界是一个舞台，所有的男男女女不过是演员。"（杰奎斯在《皆大欢喜》，第二幕，第七场）。和景观一样，戏剧性的文本（剧本）是为了表演而设计的。戏剧是被表现了的文字，与米歇尔·德塞都（Michel de Certeau）关于"空间是被实践了的场所"这一概念没有什么不同。德塞都解释道，街道被步行者使用才能转化为空间，就像"阅读的行为如同特定地点的实践所产生的空间，这个空间就是书面的语言，由一系列符号所构成的。"（de Certeau，1984：117）。特里·伊格尔顿（Terry Eagleton）也许是英国最重要的文学评论家，他告诉我们，戏剧文本不仅仅是文本本身："戏剧性的作品不'表达'、'反映'或'再现'它所基于的戏剧性的文本；它'制造'文本，将其转化为一个独特且不可简化的实体"（Eagleton，1988：247）。这与文化地理学家丹尼斯·科斯格罗夫（Denis Cosgrove）将景观描述为一种理解之后的产物是相似的："景观是经过人类主观体验之后所呈现的外部世界，并非一个区域或一定范围内景观的直接表象。""景观不仅是我们看到的世界，它是一种由这个世界组成的复合物"（Cosgrove，1984：13）。

剧作家安·杰利科（Ann Jellicoe）认为戏剧不仅仅是文学，"将戏剧作为一种文学来阅读是一回事，戏剧的体验则是另一回事"（Jellicoe，1967：11）。杰利科是伟大的景观设计师杰弗里（Geoffrey）爵士的侄女，她还认为，剧本是为了"引导观众的想象力，然后把它带到某个地方"（Jellicoe，1967：11）。戏剧和风景都需要人类的活动才能被"产生"或"理解"，否则它们就像文本和空间一样未被激活。人类的活动激活了设计的文字或空间，并通过"捕捉想象力并将其带到某个地方"才能产生戏剧或景观。

布莱恩·弗里尔，最著名的爱尔兰剧作家之一，在其1981年创作的一部关于语言和景观的剧本"翻译"中集中叙述爱尔兰乡村景观命名和重新命名的问题。这部戏的背景设定在19世纪50年代爱尔兰北部多尼戈尔的山地景观中，让人印象深刻而忧郁。这是大饥荒发生后的十年，在此期间，爱尔兰人口因饥饿和移民减少了一半。多尼戈尔也是爱尔兰最后一个屈服于英国统治的地区之一：周边的地形和海洋保护了该地区免受入侵。

在这部剧中，英国军械测量局正在绘制这里的乡村景观。这些景观文件表面上是出于信息目的，但实际上是对其进行控制的一种方式。在制图的过程中，许多诗歌般的地名被英国化。这些之前一直以盖尔语言命名，能够充分唤起和描述景观的地名被翻译或者音译，甚至在某些情况下被错译，失去了其中所蕴藏的含义。

在一个场景中，传统的男校长休之子欧文鼓励他的父亲接受新的命名方法：

> 欧文：你知道神父住在哪里吗？
>
> 休：在Lis na Muc附近…
>
> 欧文：不，他不在。Lis na Muc，猪的堡垒，已经变成了Swinefort（翻开名册，每一个名字对应一页）。为了到达Swinefort，你需要穿过Green castle和Fair Head和Strandhill、Gort和Whiteplains。这所新学校不在Pollnag Caorach，它在Sheepsrock。你能找到你的路吗？
>
> 弗里尔，1981

欧文所接受的英国工兵们对景观的新命名加速了语言的转变。在这部戏剧创作150年后，英语已取代盖尔语作为该地区的日常语言。但与此同时，一些地名仍然被顽固地保留下来，只以盖尔语的形式存在：包括Sliabh Snaght（雪山）和Cnocna Coille Dara（橡树木山）。对于不了解盖尔语的人来说，盖尔语的地名通常难以发音，并且不常使用。

这个剧本在唤起历史背景的同时，提出了一个重要的问题，即文学是如何影响我们看待和使用景观的。休告诉我们：

> 休：是的，这是一种丰富的语言，中尉，充满了幻想、希望和自我感知，这是一个充满明天的华丽句法。这是我们对泥房和傍晚时分饮食的回应，是我们唯一的回答的方式……无可避免。

弗里尔，1981

如何产生或想象"充满明天的华丽语法"？景观和文学如何一起工作？如何通过写作来塑造或"架构"风景？

爱尔兰北部地区的一个社区团体赞助了一项公共艺术项目，旨在尝试如何解决这个问题，即景观如何启迪文学，文学又如何启迪景观？项目拟以剧本《翻译》为基础，着手将弗里尔剧本中的内容放到故事发生的背景多尼戈尔乡村景观中。为此，除了戏剧场景之外，还在能让人产生戏剧联想的风景中设置了127个标志。这个将戏剧植入景观的项目，恰逢该戏剧创作150周年纪念，这对于多尼戈尔来说相当于另一种布鲁姆日，并且这种将文学与景观并置的方式，也是将风景与时间并置。角色会通过不同颜色显示在标志中，所以人们可以根据标示的顺序展开戏剧的表演。

这个项目是由作者与弗里尔共同讨论发起的，但是由于当时多尼加郡议会发展计划，禁止在开放景观中放置广告牌，最终并没有得以实施。该地区的首席执行官说"你需要证明它们不是广告"。在与弗里尔讨论如何回应时，弗里尔认为标志（如文字）可以表达某种东西，但是这些标志并不表达任何东西。换句话说，标志通常具有信息价值，但这些展示板所具有的是情感价值。不幸的是，这种说法不足以说服规划人员相信他们不是广告招牌，最终这个项目并没有建成。图1.3–图1.4展示了剧本《翻译》提案的效果：3个场景和127个标志。

弗里尔的另一部剧作《温柔岛》中的人物马努斯告诉我们"先生，这里的每块石头都有一

图1.3、图1.4　景观中的标志。加雷斯·多尔蒂与拉乌尔·邦斯朱顿（Raoul Bunschoten）合作，2003

个名字，还有一个故事。"（Friel，1973）。在这句台词中弗里尔强调了这样一个事实，即景观具有超越其物理特征的多种含义。[15]名称影响着我们看待和理解土地的方式，文学也是如此。景观和文学不是相互排斥的。弗里尔提醒我们：

> 请记住，文字是信号，是筹码。它们并非不朽。这可能发生，尤其是用一张你可以理解的图像。文明将被禁锢在语言的形式中，而这种形式却不再与事实的景观相匹配。
>
> 休，《翻译》，弗瑞尔，1981

文本也可能以其他方式塑造风景。英国景观设计师，伦敦景观学院以及国际风景园林师联合会创始成员杰弗里·杰利科（Geoffrey Jellicoe）就是一位寓言的倡导者。杰利科认为自己并非一个伟大的艺术家：他说他需要从艺术中获得灵感，并在潜意识的层面将设计与艺术融为一体。他深受卡尔·荣格著作的影响，相信即使没有向任何人表达过其想法，潜意识也会意识到这里蕴藏着强大的力量，虽然他们可能不一定能够确切地明白那是什么（Jellicoe，1991：126）。

1963年，杰弗里·杰利科接受委托在伦敦外郊区距离希思罗机场不远的兰尼米德设计约翰·肯尼迪纪念园。这座纪念园是肯尼迪总统遇刺后英国人民捐赠给美国的。纪念园地势稍高的地方可以俯瞰泰晤士河畔的草地，那里有着悠久的历史，1215年国王曾在那里签署了大宪章，而该文件确立了之后宪法的框架。景观设计师协会认为这个地方非常适合建设肯尼迪纪念园。

杰利科设计了这座纪念园——一座以17世纪班杨（Bunyan）的作品《天路历程》（*Pilgrim's Progress*）为基础设计的典型的"英国"风景花园。按照杰利科的说法，《天路历程》就是一部关于"生命，死亡和精神"的寓言（Jellicoe，1970：22），班杨"故事的展开过程十分合理，并巧妙地避开了多愁善感的陷阱，揭示了隐喻的内涵"。作为一名现代主义者，杰利科对多愁善感和陈腐极其谨慎，他在工作中极力避免这种状况发生。

杰利科认为景观应该成为纪念碑本身，而不是公园中的物体或元素。游客在不断行进的过程中体验。这里并没有正式的道路通向纪念碑，游客们沿着地势较低的草坡到达花园入口。通过一个"窄门"进入纪念园，与导致破坏的宽阔的门相反，这个狭窄的小门象征着天路历程的入口，通过它便可以获得救赎。人们沿着花岗岩鹅卵石铺成的非正式登山道爬上山坡。根据杰利科的说法，每一个手工铺砌的石子都有自己的"个性"，它们就像参加足球比赛的人群一样排列着。这条小路并没有清晰的边缘，旨在象征"人生旅程"中朝圣者的人群。蜿蜒的鹅卵石小路沿着山坡向上穿过树林，到达放置纪念碑的林间空地。白色的石头上刻着约翰·肯尼迪总统的题词，与周围环境形成鲜明对比，就像一个巨大的本·尼克尔森的雕塑（Ben Nicholson）。它周围衬有秋色叶绯红的美国橡木，因为它秋季的色彩让人联想到新英格兰的风景。纪念碑是整个纪念园三部分中的第二部分。最后一部分是纪念碑右侧的"雅各布的阶梯"，它将游客引到两把座椅的前面，其中一把椅子较另一把略大，仿照亨利·摩尔的国王和王后铜像制作，象征着肯尼迪总统及其夫人。坐在椅子上可以俯视下方的草坪，那里是宪章签署的地方（天空中还可以看到飞往希思罗机场的飞机）。图1.5-图1.11展示了"朝圣者"从"窄门"经过鹅卵石路向上行至林地中的纪念碑，从那里可以鸟瞰拉尼米德和来世。

虽然杰利科所阐述的纪念园设计具有很强的隐喻性，但我们同时应该认识到他对于形态布局的考量也十分重视。在形式上，纪念园采用精确的几何形，与其所处的自然景观形成鲜明对比。杰利科写道，这种布局的灵感主要来源于两幅画：乔瓦尼·贝利尼（Giovanni Bellini，1430—1516年）的《灵魂进步寓言》和乔尔乔内·卡斯坦弗兰科（Giorgione Castelfranco，1478—1510年）的《暴风雨》。杰利科说他对贝利尼的自然景观与精确几何之间的关系，以及乔尔乔内将注意力引向景观"构图的二重性"非常感兴趣（Jellicoe，1970：33）。杰利科后来写道："这个和平的景象本身就具有纪念性，其中所包含的内容是一种对目的的陈述，一种被设计的二重性所强调的无形观念，就像《暴风雨》那幅画一样。"（Jellicoe，1983：88）

图1.5–图1.10　肯尼迪纪念园。英国兰尼米德，杰弗里·杰利科，1964，苏珊·杰利科拍摄，©英国农村生活博物馆

1967年，杰利科在皮卡迪利的皇家艺术学院举办肯尼迪纪念讲座时，使用了两套幻灯片。一套彩色幻灯片展示了访客的体验；一套黑白幻灯片反映了他所谓的可见世界下的灰色世界（Jellicoe，1970：28）。通过出版专业书籍和举办讲座，杰利科让设计师们有机会体验他所说的神秘的灰色世界，一个潜意识的世界，但是在没有互联网之前，他仍然对公众保持着这个秘密，他相信这种隐喻的表现方式存在于潜意识层面会更好。

杰利科的肯尼迪纪念园就像一种催化剂，促使他研究卡尔·荣格的著作，并有意识地在其作品中考虑潜意识的应用。他引用荣格的话，意识和潜意识是相互独立的，当它们聚集在一起的时候，就可

图1.11　肯尼迪纪念园模型。英国兰尼米德，杰弗里·杰利科，1964；苏珊·杰利科拍摄 ©英国农村生活博物馆，英国雷丁大学

以创造出伟大的作品（Jellicoe，1991：126）。有趣的是，肯尼迪纪念园的第一幅草图是他在日本时绘制的（Jellicoe，1970：27）。他将纪念园的隐喻与禅宗佛教园林的隐喻联系在一起，在这一隐喻中花园代表着迈向永恒过程中的一步（Jellicoe，1970：17）。

杰利科的隐喻风格并非没有先例，这毫无疑问与他1924—1925年间参观意大利文艺复兴园林的旅程有着密切的联系，那时他还是英国伦敦建筑联盟的学生。他与J·C·谢泼德（J.C. Shepherd）花费了一年时间在意大利参观文艺复兴时期的园林，谢泼德绘制了经过精心细致测量后的园林图纸，杰利科则在花园中散步，并用文字描述它们。身体、心灵和花园之间的这种触觉相互作用，改变了杰利科的生活和事业，使他感受到了景观的魅力。他意识到应该把自己的职业生涯放在新景观的设计上，而非建筑设计上。他简短但精辟的文字是景观设计师描绘景观的最佳范例。

作为文学的景观

在罗马穿行的日子里，当我穿过纳沃纳广场和法庭，走向拉特拉诺的圣乔瓦尼广场的时候，我和一位学习神学的朋友交谈。谈论完他所做的研究后，我试图解释景观设计师是什么。我的朋友的想法并不少见，他认为景观设计师的主要目的是将植物放置在花园中，我试图向他解释，景观设计师也设计花园以及更大尺度的景观，而且我们也塑造城市的空间。我在意大利参观了文艺复兴时期的花园，包括埃斯特庄园、兰特庄园、法尔奈斯庄园、皮亚庄园，这些经历让我认识到景观设计师所做的并非只是设计花园。我开始将关注点放在城市景观上，或者更确切地说是城市化的景观，以及景观所具有的更广泛的社会和文化背景。正如我试图解释的那样，景观与城市有着密切的联系，正如文艺复兴时期的花园，往往与城市密切相关一样，我的朋友打趣说："啊！这就像为了拥有语言，我们需要停顿，而为了建造不同的建筑物，我们也需要它们之间的空间？"这意味着景观设计师设计这些构筑之间的空隙，城市内字里行间的停顿。没有空间，建筑物就像没有停顿的话语一样，没有意义。

城市景观所包含的不仅仅是空间。城市景观是生活的空间，实践的场所。即使在拥有近两千年历史的沉默的庞贝古城里，人们也可以感受到令人毛骨悚然的废墟中的生活场景。在《看不见的城市》（Invisible Cities）这本关于想象力和城市的书中，卡尔维诺（Italo Calvino）写道：城市是由"空间尺度与所发生的事件之间的关系"组成（Calvino，1972：10）。在空间中彼此的对话以及景观的语言之间存在着复杂的联系，这些关联展示了现在又预示着未来。正如莫森·莫斯塔法维（Mohsen Mostafavi）所言，城市规划学者（一个可能包括景观设计师含义在内的术语）面临的挑战是"城市作为一个具有多重表现和多重欲望的场所，如何能够将理性与想象、平淡与梦想、计划与意外结合在一起"（Mostafavi，2012：15）。

季米特里斯·皮吉奥尼斯（Dimitris Pikionis）通过雅典卫城的道路展现了对空间和历史的理解（图1.12）。这条道路设计于20世纪50年代，他使用雅典卫城的各种废弃物作为构筑的材料，这些材料与石头共同阐述着雅典以及这块场地的历史。

安妮·惠斯顿·斯本（Anne Whiston Spirn）将其书命名为《景观的语言》（The Language of Landscape，1998）这本书的核心思想是像阅读文学作品一样阅读景观。在题为《巧妙的讲述，深度的阅读：景观文学》一章中，斯本详细而巧妙地描述了法国诺曼底的圣米歇尔山，使我们不需要通过照片就能够想象出它的风景。圣米歇尔山是一个独特的，让人为之一振的景观，受到了人工与自然的共同影响。[16]

图1.12 季米特里斯·皮吉奥尼斯所设计的雅典卫城道路的细部，由Hélène Binet拍摄

通过几个富有诗意的小标题，斯本探讨了她的主要思想，即景观作品也是文学作品。斯本写道：

> 在风景中，每块岩石，每条河流，每棵树都有自己的历史。一条河流的历史，一棵树的历史，就是它所有对话的总和，不多也不少；它们不包含情感，没有道德。人类文化在园林、建筑和城镇中润饰美化这些故事。人类讲述的故事通常都有一定的序列，开端、发展和结局，有深思熟虑的内容：生存，身份，权力，成功和失败的故事。像神话和法律一样，景观叙事组织事实、解释行为、指引、说服，甚至强迫人们以某种方式行事。景观是最广义的文学，是可以在多个层面上阅读的文本。
>
> 斯本，1998：48-49

"多层面"之间的区别很重要。斯本在学习伊恩·麦克哈格的景观设计之前研究过艺术史，她通过一系列参考文献描述了圣米歇尔山的景观，"神话的和诗意的，经典的……民间的"（Spirn，1998：49）。另一方面，斯本以一个为公路交通事故中丧生的人所立的路边纪念碑为例，告诉我们乡土景观是以"日常语言"或地方性语言来进行表达的。其他形式的景观，如万神庙和林肯纪念馆，被斯本贴上了挽歌的标签，以彰显其主题的严肃性。沙里宁的圣路易斯拱门，因为意在讲述美国向西扩张发展的故事，而被贴上了史诗的标签（Spirn，1998：49）。不同的景观有不同的语言，从而可以被不同的读者阅读。

景观的语言有其独特的语法。斯本将一片树叶比作一个名词："树上的一片树叶就如同句子中的一个名词"（Spirn，1998：168）。斯本并非唯一认为景观是一种语言的人。斯本引用了格雷戈里·贝特森（Gregory Bateson）关于文本与景观关联性的观点："语法和生物结构都是沟通和组织过程的产物"（Bateson，1998：168）。与此同时，在伊恩·汉密尔顿·芬利的小斯巴达，一个很大程度上依赖文本为景观提供多重意义的苏格兰花园，其中立着一块牌子，提醒着我们"在语言的道路上，有野花、辅音和元音"（Sheeler，2003：40）。李惠仪（Wai-Yee Li）的文章中谈到中国学者钱勇（Qian Yong）重申了园林与文学结构之间的类比："园林设计就像诗歌和散文写作"（Wai-Yee Li，2012：296）。

虽然叶子和野花是景观语言的组成部分，但我们需要牢记的一点是景观不是一种通用语言。就像世界上有各种语言和方言，景观也不例外。正如我在其他地方所谈到的那样，因为景观依赖于不同的人群、不同的文化和不同的地域，所以景观永远不会是一种通用语言（Doherty，2014）。

并不是每个人都赞同景观语言的语法。劳里·欧林（Laurie Olin）并不赞同景观与语言有相似之处，他写道："尽管经常会将语言与语言结构和操作进行类比（例如，我所使用的'形式词汇'这个概念），但景观并非语言结构"（Olin，2011：44）。约翰·迪克逊·亨特（John Dixon Hunt）也说过："景观和建筑，无论是在花园中还是画在画布上，从来都不像诗歌、修辞或其他形式的语言那样散漫和具有说教性"（Hunt，1992：16）。景观和文学作品之间的类比，只是一种形式的比较而非真的有相似性。就好像物体需要空间一样，句子也需要有动词和名词，语言需要有语法。我们不应该局限于对语言组成的关注，而应该更多地关注情节、媒介、序列和叙述等更为宽广的视角。

在《景观叙事——讲故事的设计实践》*一书中，马修·波泰格（Matthew Potteiger）和杰米·普灵顿（Jamie Purinton）提出了景观叙事的各种类型，包括经历、联想和参照、记忆和故事（Potteiger and Purinton，1998：11）。叙述和文学也有区别，最关键的区别是文学是"被想象"的故事，在这里我们需要提及邓肯（Duncan）的重要观点，他认为景观的意义是不稳定的和多元化的，并且受到社会背景的限制（Potteiger and Purinton，1998：11）。从这个意义上说"事物的独特性与思考的对象具有价值连带性，而这些思考的对象与我们的利益相关"（Jormakka，2013：32）。

阅读并不会自动发生。与学习语言一样，阅读景观也需要学习。"阅读介于呼吸和判断之间"（Bernterrak et al.，1984：12）。学会使用这种景观的视觉语言需要时间。斯本介绍了费城西部的一个景观项目，她在那里进行了持续多年的调查研究，意图改善弱势城市社区的环境平等和社会公平问题。这是一个经历了多次工业化的地区，管道化使小溪被封闭在砖砌的隧道中，逐渐被人们遗忘，之后这一区域进行了住宅开发，再之后是去工业化和逐渐衰落。这个项目也是她在宾夕法尼亚大学教学工作的一部分，并且得到了巴西社区组织者保罗·弗莱雷（Paulo Freire）的帮助。此前保罗·弗莱雷一直在巴西的贫困城市住区中开展扫盲计划。受弗莱雷的影响，斯本发现，教给人们阅读景观的最有效方法，是收集在社区中生活的老人的口述历

---

* 此书中文版面由中国建筑工业出版社于 2015 年 9 月出版。——编者注

史，并让人们阅读这些被记录下的口述历史（Spirn，2015）。景观本身成为孩子们了解景观的主要文献，并将它们分享给父母和家庭。

重写本

重写本一般被理解为两个或更多文本叠加在一起的手稿，前面的文本被擦除后被另一个替代，但仍然留下被读取的痕迹。当时纸张十分珍贵，才会出现文本不断被覆盖的做法，这在当今纸张十分便宜的时代是难以想象的。而关于重写本当代的实例可能是作者修改早期的文本，或编剧将文本改编成电影，然后导演添加原本并不存在的事件来突显作品的意义。"重写本"这一术语通常也会被应用于景观之中，使不同的图层叠加共存。约翰·迪克逊·亨特曾提醒我们，将景观作为一种重写本的想法已被法国文学理论家热拉尔·盖内特（Gerard Genette）所认同，他认为任何"文本"都有它的"副文本"，这个副文本设置了文本或场地与其他文本或场地之间的关系。[17] 显然，每个景观都是书写在旧的场地之上，从而覆盖了原有的景观，但不论是原始的场地，第一次被覆盖的场地还是第二次被覆盖的场地，都会在空间中遗留下来一些物理的特征。即使被推土机推平，也依然会留下一些痕迹。

景观作为重写本的概念，在建筑师约翰（John）与罗南（Ronan）和景观设计师里德（Reed）与赫德布兰德（Hilderbrand）在芝加哥合作设计的诗歌基金会项目中得到清晰的阐述（图1.13–图1.14）。作为繁忙的城市街道与建筑之间的一系列空间，建筑和花园通过多层表面连接在一起，在视觉上可以看到不同层面的痕迹。景观设计试图提供一个"敞开的大门"，通过"空间歧义"的设想，由空间的融合引发关于诗歌与城市景观融合这一更为宏大的概念（Reed and Hilderbrand，2012：264）。这个文学的景观具有多层次的意义，可以从多个层面来阅读和理解。重要的是景观并非是用一种语言书写的。

图1.13　里德/赫德布兰德，诗歌基金会，芝加哥，照片由Steve Hall提供

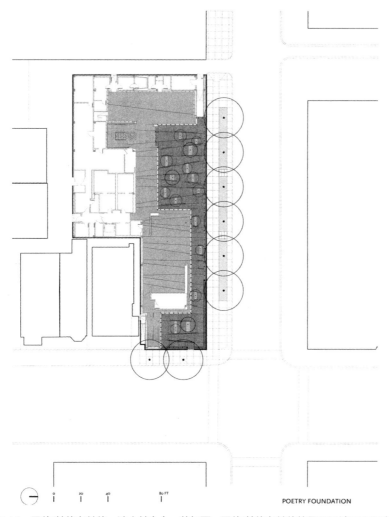

POETRY FOUNDATION

图1.14 里德/赫德布兰德，诗人基金会，芝加哥，里德/赫德布兰德的景观设计平面图方案

作为景观的文学

我以为我永远都不会看到，一首诗如一棵树那般可爱。

乔伊斯·基尔默（Joyce Kilmer），《树与其他诗歌》，1914

当阅读乔伊斯·基尔默的这些文字时，大多数人可能会想象一棵树，也许是在童年，家乡或者熟悉的地方那棵喜爱的树，这棵树通常有一个背景。无论这棵树在阿拉伯沙漠的绿洲中，还是在10月蒙蒙露水的英国景观中，或者在基尔默家乡新泽西州的一片田野中，这些词汇的组合都会让人联想到树木和它的环境。我关注的第四个主题是文学作为景观的替代品这一想法。一处景观是否可以作为文学作品而存在，并且只以文学作品的形式存在？景观是否可以存在于文学作品之中？文学作品可以成为一种景观吗？这里有几个令人信服的例子，一些景观的形式来源于文学并且已经在文学中被构建出来。正如安伯托·艾柯（Umberto Eco）在《传奇世界之书》中那般诗意的表达，文学中充满了虚幻的风景，无论是大尺度如亚特兰蒂斯大陆、城镇或是城堡，抑或是福尔摩斯在贝克街的一间小公寓。艾柯告诉我们，无论这些传奇的地方起源于何处，重要的是它们创造了不断延续的信仰（Eco，2013：9）。本节将介绍几个文学景观的实际案例。

莫卧儿花园的文学规律

16至19世纪莫卧儿帝国持续扩张，占领了大部分的印度大陆，留下了与蒙古向西扩张所带来的波斯风格花园迥然不同的遗产。花园横纵轴交错将场地划分为四块，"四分园"（Chahar Bagh）是莫卧儿花园的显著特征，其风格始于第一任莫卧儿皇帝巴布尔（图1.15）。莫卧儿花园的形式与受到了古兰经象征主义影响的园林文学有着很大的关系。有人认为"四分园"规则的几何形式来源于文献，因为莫卧儿花园的几何形式比其他南亚花园的形式更加规则。[18] D·费尔柴尔德·拉格尔斯（D. Fairchild Ruggles）认为莫卧儿四分园的形式要早于穆斯林文化中天堂的概念，并且"反映了当时已有的花园的形式语言"（Ruggles，2008：89）。莫卧儿花园的这种几何形式源于文学，而并非来自先例。事实上，利用文学作为依据来保护和重建景观并不少见。[19]

图1.15　巴布尔监督的忠诚花园的布局。插图源自一本莫卧儿书籍上的手稿，水彩画和贴金画，来自印度或巴基斯坦，约1590年。伦敦维多利亚和阿尔伯特博物馆，博物馆编码IM.276-1913

神话般的将就园（Make-do Garden）

1674年中国南京的文人黄周星（1611—1680年）撰写了《将就园记》，这是17世纪中国描写虚构花园的文章之一（Fung，1998：142）。那是一个中国园林文学十分繁荣的时期，文学作品之丰富以至于当代的中国园林史学家陈从周说："研究中国园林，应先从中国诗文入手"（Fung，1999：217）。

黄周星的将就园是只存在于文学作品和几幅绘画中的园林，但黄周星的描述却真实得让人称奇，黄周星建造这个虚拟的将就园的原因既令人不可思议，也很容易让人理解。让我们跟随他的文字，进入他的花园之中：

> 自古园以文传，人亦以园传。今天下之有园者多矣，岂黄九烟而可以无园乎哉！然九烟固未尝有园也。九烟曰："无园"，天下之人亦皆曰："九烟无园"，九烟心嗛之。一日者，九烟忽岸然语客曰："九烟固未尝无园也"客问："九烟之园安在？"九烟曰："吾园无定所，惟择四天下山水最佳胜之处为之；所谓最佳胜之处者，亦在世间，亦在世外，亦非世间，亦非世外，盖吾自有生以来，求之数十年而后得之，未易为世人道也。"客曰："请言其概。"九烟曰："诚然。"
>
> 其地周遭，皆崇山峻岭，匝匝环抱，如莲花城。绕城之山，凡为岈焉者，岊焉者，霍焉者，岖焉者，不知其几也，名皆不著；其著者，惟左右两山，左曰"将山"，右曰"就山"……居人淳朴亲逊，略无嚚诈，髫耇男女，欢然如一，盖累世不知有斗辩争论之事焉。又地气和淑……

黄周星，437，冯仕达英译于1998年：143-144

将就园坐落在将山和就山之下，周围环绕着从瀑布流出的溪水。有关园林的描述可以分为四个部分。第一个部分描述了园林周边的环境，第二和第三部分描述了园林本身，一条小溪将园林分为阴阳两个部分（将园主要是水，就园主要是山丘，也有一些小溪）。第四部分介绍了两个园林之间的关系（Fung，1998：146）。图1.16-图1.18展示了通过文本所构建的"将就园"。

这篇文章最有趣的地方在于"累世不知有斗辩争论之事焉"，人们是多么谦逊和满足，尽管听起来像是一个乌托邦，这个花园是一个"入世的"，而并非一个完美的"出世的"花园。重要的是，"将就园"并不是描绘一个理想的未来，而是对更广泛的文化和当时社会背景的反思，它同时包含了过去、现在和未来，或者如冯仕达所说"历史思考中复杂的交替往复"。冯仕达将园林置于中国哲学家称之为"具象思维"或"时空相互渗透"的语境中进行研究（Fung，1998：145）。[20]

仅存在于文献中的景观比那些真实存在的景观更具优势。文学景观的建造不需要太多的花费，不需要维护，而且非常持久。"九烟曰：'固未尝无园也'，世界上数以万计的人会毫不犹豫地说'九烟有园！'"（Fung，1998：147）。李惠仪告诉我们："文字比构筑更加持久，并且想象中的花园突破了贫穷和其他实际的限制"（Li，2012：300）。

多重假设

冯仕达将"将就园"放置于"历史思考中复杂的交替往复"背景中进行讨论，它也是景观与文学交替往复的过程。这个花园从根本上说只是文学作品，但它仍然存在于我们的想象中。这就导致了一个问题：这种文学作品所带来的想象，是否能够满足人类对景观的体验？景观在

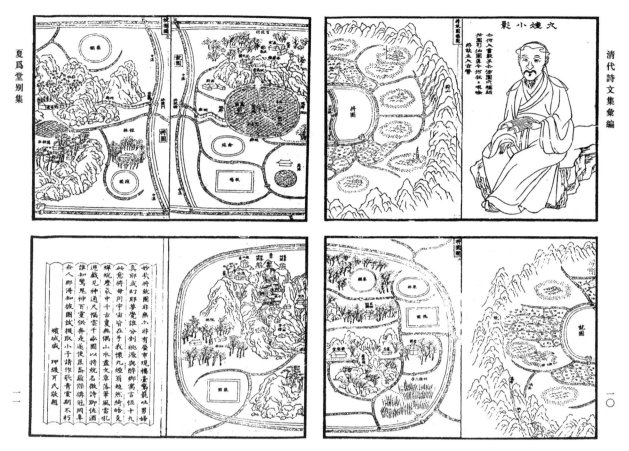

图1.16 黄周星的将就园

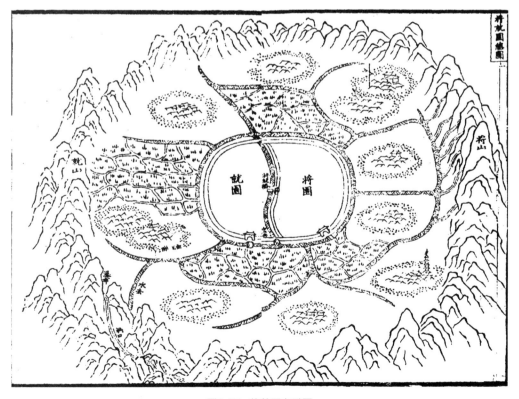

图1.17 将就园鸟瞰图

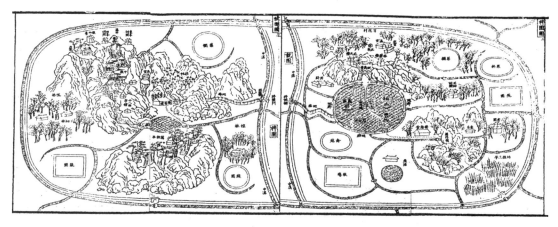

图1.18 "将花园"（右）和"就花园"（左）

多大程度上是通过集体想象来构建的？我们如何阅读景观，在多大程度上影响着我们如何使用、栖居和看待它？

在结束本章之前，让我们花点时间阅读景观设计师是如何描述他们自己的作品的。杰弗里·杰利科在近八十年的实践中一共写了十七本书，是景观设计师中最有经验的英语语系作家之一。他曾说过"我的英语口语相当糟糕，但我的写作很好"。詹姆斯·科纳也提出过这样一个观点："写作对于我而言是一个记录、生成和展开想法的强大工具，并通过这种方式将想法传达给其他人"（Corner，2014：7）。他以《公园作为催化剂》（*Park as Catalyst*）为伦敦的伊丽莎白女王公园写下了简短的文字：

> 公园的生态功能最能引起人们的共鸣。这不是一个感觉良好或虚伪的装饰，也不仅仅是一个风景优美的公园，它更多的是一个运转的有机体，经过策划和设计，可以在被工业化和后工业化严重破坏的场地的更新中发挥重要作用……公园在更新、改造和重塑中扮演着一个积极的角色。
>
> 科纳，2012：262–263

科纳的文章不仅仅是描述，它为正在进行的工作奠定了基础。

科纳的另一篇文章对文学与设计之间的关系进行了更加深入的探讨。文章谈及约翰·迪克逊·亨特对景观行业的影响，特别是他对纽约高线公园设计的影响，科纳告诉我们，高线公园的设计建立在对场地的历史和城市背景细致入微的解读基础之上。场地中有两个最为突出的特征：后工业时期的基础设施，以及通过自身繁衍占领场所的植物。同时科纳认为乔·斯坦菲尔德（Joel Sternfeld）和其他摄影师也十分重要，他们所拍摄的极具影响力的照片成为保护公园的重要媒介（Corner，2014：342）。在《亨特的影响：高线公园设计的历史，接受和批判》一节中，科纳继续谈道，亨特对场地的解读是他设计高线公园的重要推动力：

> 这个场地的新设计，从其材料系统（线形铺装，铁轨的重新安装，种植，照明，陈设，栏杆等）到活动流线的设计：蜿蜒曲折的小路，俯视眺望和观赏远景的位置，以及座位的设置和社交空间的协调，都试图重新解释、放大、戏剧化和汇集对于场地的理解。
>
> 科纳，2014

复杂的往复

我将"景观是文学?"这个问题概括成四个主要观点:

1. 景观启迪文学;
2. 文学启迪景观;
3. 作为文学的景观;
4. 作为景观的文学。

我认为每个观点都是答案的一部分,它们都是复杂的往复中的一部分。在某些情况下,这些观点之间互为前提。我希望通过本文阐述:景观和文学在某种程度上是同一件事,都是启迪和创造各种意义和体验的人类思维的产物。

文学的特点在于,文学是以词汇为主导,而非视觉或感受。我们对文学的体验有一定的距离感而不是体验的迸发。尽管如此,它仍然是设计的必要部分。大都会建筑事务所也试图强调这种设计与文字之间的联系。英国伦敦建筑联盟学院所举办的题为"大都会建筑事务所—书籍与机器"(OMA Book Machine)的展览,大都会建筑事务所出版的所有书籍被汇集成为一整本《大都会建筑事务所之书》,组成了一本超过4万页的巨大书籍(图1.19)。大都会建筑事务所是高产的书籍制造者:这些书籍因项目而生,有时甚至每周都会产生一本以上的书。

这个由书籍创造的地形提醒着我们,景观设计是由各个阶段的文献所塑造的,从概念阶段的征集到合同文件、项目摘要、竞赛宣传板,再到最终成果。正如本文所述,作家和景观设计师使用了类似的比喻工具:讽刺和隐喻。景观的设计与文学的创作有着内在的联系,反之亦然。景观当然不是文学,但景观和文学相互交织,很难分开(图1.20,图1.21)。

图1.19 书籍创造的地形,英国伦敦建筑联盟学院,伦敦,2010,摄影:Valerie Bennett

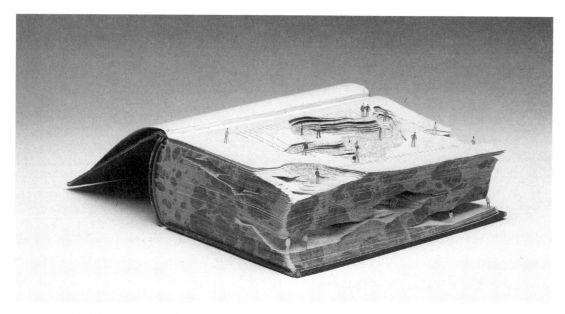

图1.20 凯尔·柯克帕特里克（Kyle Kirkpatrick），分层的书籍景观，©凯尔·柯克帕特里克

图1.21 圣保罗文化中心屋顶上展览的《生态都市主义》之书（Lars Müller出版社，2010），2015，摄影：加雷斯·多尔蒂

注释

1 Raymond Williams (1985) tells us that "Colet, in C 16, distinguished between literature and what he called blotterature." He also reminds us of Samuel Johnson's *Life of Cowley*, where Thomas Sprat is described as "An author whose pregnancy of imagination and elegance of language have deservedly set him high in the ranks of literature."

2 In an interview with the author on January 20, 1994, Sir Geoffrey Jellicoe explained the significance of Kenwood in London and advised the author to visit. Set within Hampstead Heath (an indigenous landscape where the layout has not changed much since the twelfth century), Kenwood was designed by Humphry Repton, within that there is a house by Robert Adam, and within the house a picture gallery with several significant British landscape paintings, including Gainsborough and Landseer. The implication was that you get all the arts within one space. It was so powerful, Jellicoe would walk there often from his home in Highgate, though the Edwardian landscape of north London. Jellicoe recommended seeing that landscape over and above seeing his own work.

3 A universally accepted definition of design does not exist, especially one that transcends scale and discipline. James Corner associates design with imagination (e.g. see *The Landscape Imagination: Collected Essays of James Corner 1990–2010*, Corner 2014). In *The Language of Things*, Deyan Sudjic tells us that, "Design is used to shape perceptions of how objects are to be understood." (Sudjic 2008: 51).

4 See The Getty Research Institute's Art and Architecture Thesaurus Online for definitions of each of the four terms: www.getty.edu/research/tools/vocabularies/aat.

5 Of course this is an oversimplification and for example is problematic in terms of the sublime and picturesque theory of the eighteenth century in which landscapes were selected for certain characteristics and may or may not have been designed but still convey feelings and emotions.

6 The word "culture" can be problematic. See Bruno Latour's introduction to *Reassembling the Social: An Introduction to Actor–Network Theory* (Latour 2007), and also Roy Wagner's *The Invention of Culture* (1981).

7 I would like to thank Desmond Fitzgerald, my professor at University College Dublin, who first told me this story, and for his help in identifying the source.

8 Joyce and his wife spent their last Christmas together in December 1940 with the Giedions. Carola Giedion-Welcker recalled Joyce's parting words: "You have no idea how wonderful dirt is." http://jamesjoyce.ie/on-this-day-25-december (accessed August 1, 2014).

9 Indeed Geoffrey Jellicoe would (rightly or wrongly) credit Le Corbusier's five points of architecture and the lifting of buildings on pilotis above the ground as the moment landscape was liberated from architecture, and the new profession of landscape architecture born (Jellicoe 1994, pers. comm.).

10 See, for example, Garfield (2013).

11 Scholars are working to recreate the *Evening Telegraph* for June 16, 1904; see www.harenet.co.uk/splitpea/pubs/etel.html.

12 See also, Iain Sinclair's *Blake's London: The Topographic Sublime*. Also Walter Benjamin's *One-Way Street*, and Edgar Allen Poe's concept of the *flâneur*.

13 See Hess (2012).

14 I always thought it was the other way around, that a place was a practiced space, but that is another story.

15 For more on meaning see Treib (2011).

16 Spirn's descriptions echo Jane Jacobs's descriptions of Greenwich Village which are so intense and vivid that it is surprising to see that no photographs are used in her book *The Death and Life of Great American Cities* (Jacobs 1961).

17 See Genette (1997).

18 I acknowledge Nicolas Roth and our many discussions over gardens in India and Oman.

19 An interesting parallel is the garden of the Harmonists at Old Economy in Pennsylvania that was also divided into four quadrants, one kitchen garden, one orchard, another vineyard leading to a hill with rough stone hut and enframed by a garden wall with a vision of paradise beyond. The restoration of the gardens was aided by careful study of letters and documents. See Rebecca Yamin and Karen Bescherer Metheny's *Landscape Archaeology: Reading and Interpreting the American Historical Landscape* (1996).

参考文献

Bernterrak, K., Muecke, S., Row, P. (1984). *Reading the Country: Introduction to Nomadology*. Fremantle Arts Centre Press, Fremantle.

Calvino, I. (1972). *Invisible Cities* (trans. William Weaver). Harcourt Brace Jovanovich, New York.

Chen Congzhou (1956). *Suzhou yuanlin*. Shanghai (Japanese trans.: Tokyo, 1982).

Cohen, J. L. (2013). *Le Corbusier: An Atlas of Modern Landscapes*. Museum of Modern Art, New York.

Cole, T. (2012) *Open City*. Random House, New York.

Corner, J. (2012). "Afterword." In J. C. Hopkins and P. Neal (eds), *The Making of the Queen Elizabeth Olympic Park*, 260–263. John Wiley, Chichester.

Corner, J. (2014). *The Landscape Imagination: Collected Essays of James Corner 1990–2010* (ed. J. Corner and A. B. Hirsch). Princeton Architectural Press, New York.

Cosgrove, D. (1984). *Social Formation and Symbolic Landscape*. University of Wisconsin Press, Madison, WI. (Originally published by Croom Helm, London, 1984).

de Certeau, M. (1984). *The Practice of Everyday Life* (trans. S. Rendall). University of California Press, Berkeley, CA.

Doherty, G. (2014). "In the West You Have Landscape, Here We Have ..." *History of Gardens and Designed Landscapes* 34(3): 201–206.

Eagleton, T. (1988). "Towards a Science of the Text." In *Twentieth-Century Literary Theory: A Reader*. Macmillan Press, London. Reprinted from *Criticism and Ideology: A Study in Marxist Literary Theory* (London, 1976), 64–69.

Eco, U. (2013). *The Book of Legendary Lands*. Rizzoli, New York.

Ellmann, R. (1982). *James Joyce* (revised edition). Oxford University Press, New York.

Friel, B. (1973). *The Gentle Island*. Davis-Poynter, London.

Friel, B. (1981). *Translations*. Faber & Faber, London.

Fung, S. (1998). "Notes on the Make-do Garden." *Utopian Studies* 9(1): 142–148.

Fung, S. (1999). "Longing and Belonging in Chinese Garden History." In M. Conan (ed.), *Perspectives on Garden Histories*. Dumbarton Oaks Colloquium on the History of Landscape Architecture XXI, Washington DC.

Garfield, S. (2013). *On the Map: A Mind-Expanding Exploration of the Way the World Looks*. Gotham Books, New York.

Genette, G. (1997). *Palimpsests: Literature in the Second Degree* (trans. C. Newman and C. Doubinsky). University of Nebraska Press, Lincoln, NE.

Hess, S. (2012). *William Wordsworth and the Ecology of Authorship: The Roots of Environmentalism in Nineteenth-Century Culture (Under the Sign of Nature)*. University of Virginia Press, Charlottesville, VA.

Huang Zhouxing (1983). "Jiangjiu yuan ji." In Chen Zhi and Zhang Gongshi (eds.), *Zhongguo lidai mingyuanji xuan zhu*, 436–443. Anhui kexue chubanshe, Hefei (translated in Fung 1998).

Hunt, J. D. (1992). *Gardens and the Picturesque: Studies in the History of Landscape Architecture*. MIT Press, Cambridge.

Jacobs, J. (1961). *Death and Life of Great American Cities*. Random House, New York.

Jellicoe, A. (1967). *Some Unconscious Influences in the Theatre*. Cambridge University Press, Cambridge.

Jellicoe, G. (1970). *Studies in Landscape Design*, vol. 3. Oxford University Press, London.

Jellicoe, G. (1983). *The Guelph Lectures on Landscape Design*. University of Guelph, Guelph.

Jellicoe, G. (1991) "Jung and the Art of Landscape: A Personal Experience." In *Denatured Visions: Landscape and Culture in the Twentieth Century*, Stuart Rede and William Howard Adams, eds. Museum of Modern Art, New York.

Jormakka, K. (2013). "Theoretical Landscapes: On the Interface between Architectural Theory and Landscape Architecture." In S. Bell, I. S. Herlin, and R. Stiles (eds.), *Exploring the Boundaries of Landscape Architecture*, 32. Routledge, New York.

Kiberd, D. (2009). *Ulysses and Us: The Art of Everyday Life in Joyce's Masterpiece*. W. W. Norton & Company, New York.

Latour, B. (2007). *Reassembling the Social: An Introduction to Actor–Network Theory*. Oxford University Press.

Li, W. (2012). "Gardens and Illusions from Late Ming to Early Qing." *Harvard Journal of Asiatic Studies* 72(2): 295–336.

Mostafavi, M. (2012). "Introduction." In his *The Life of Cities*. Lars Müller Publishers, Zurich.

Olin, L. (2011). "Form, Meaning, and Expression in Landscape Architecture." In M. Treib (ed.), *Meaning in Landscape Architecture and Gardens*, 44. Routledge, Abingdon.

Potteiger, M. and Purinton, J. (1998). *Landscape Narratives: Design Practices for Telling Stories*. John Wiley & Sons, New York.

Reed, D. and Hilderbrand, G. (2012). *Visible/Invisible: Landscape Works of Reed Hilderbrand*. Metropolis, New York.

Ruggles, D. F. (2008). *Islamic Gardens and Landscapes*. University of Pennsylvania Press, Philadelphia, PA.

Sheeler, J. (2003). *Little Sparta: The Garden of Ian Hamilton Finlay*. Frances Lincoln, London.

Sinclair, I. (2002). *London Orbital*. Granta Books, London.

Spirn, A. W. (1998). *The Language of Landscape*. Yale University Press, New Haven, CT.

Spirn, A. W. (2015). "Q&A: Landscape Architect Anne Whiston Spirn on Nature and Cities." *Metropolis Magazine*, www.metropolismag.com/Point-of-View/January-2015/Q-A-Landscape-Architect-Anne-Whiston-Spirn-on-Nature-and-Cities (accessed June 11, 2015).

Sudjic, D. (2008). *The Language of Things*. Penguin, London.

Thornber, K. (2010). "Ecological Urbanism and East Asian Literatures." In M. Mostafavi and G. Doherty (eds.), *Ecological Urbanism*, 530–533. Lars Müller Publishers, Baden.

Treib, M. (ed.) (2011). *Meaning in Landscape Architecture and Gardens*. Routledge, Abingdon.

Wagner, R. (1981). *The Invention of Culture*. University of Chicago Press, Chicago, IL.

Williams, R. (1973). *The Country and the City*. Oxford University Press, New York.

Williams, R. (1985). *Keywords: A Vocabulary of Culture and Society*. Oxford University Press, Oxford.

Yamin, R. and Bescherer Metheny, K. (eds.) (1996) *Landscape Archaeology: Reading and Interpreting the American Historical Landscape*. University of Tennessee Press, Knoxville, TN.

Yasutaka, T. (1984) *Tsutsui Yasutaka zenshū*, vol. 16. Shinchōsha, Tokyo.

第2章　景观是绘画?

维特多利亚·迪·帕尔马（Vittoria Di Palma）

1967年9月30日，星期六，罗伯特·史密森（Robert Smithson）在曼哈顿的港务局大楼买了一份《纽约时报》（*The New York Times*）和一张单程车票。在开往新泽西的30路巴士上，他打开了报纸。在艺术版块，关于约翰·卡纳迪（John Canaday）的名为"主题和日常变化"（Themes and the Usual Variations）的专栏中，包含了在镇上随处可见的各种展览介绍，包括在马博罗–葛松（Marlborough–Gerson）画廊展出的《纽约画家》（*The New York Painter*）和一幅画作的复制品，即塞缪尔·芬利·布利斯·莫尔斯（Samuel F. B. Morse）创作于1836年的《景观构成：螺旋和灵感之源》（*Landscape Composition：Helicon and Aganippe*）（纽约大学的寓意风景画，*Allegorical Landscape of New York University*）。[1] 史密森的巴士之旅及其后来对新泽西郊区的探索，为当年他在艺术论坛上发表那篇开创性文章打下了基础，即"寻找新泽西帕塞伊克河古迹之旅"（A Tour of the Monuments of Passaic, New Jersey），文章中展示了他在帕塞伊克河畔拍摄的古迹照片——包括大桥、浮筒、泵井架、大管道、喷泉和沙箱等古迹——以及他从《纽约时报》上裁下的剪报，剪报中包括了卡纳迪专栏的标题和莫尔斯画作模糊的黑白复制品（图2.1和图2.2）。

图2.1　罗伯特·史密森（Robert Smithson），主题和日常变化。摄影师：弗洛德·拉森（Frode Larsen），艺术、建筑与设计国家博物馆，奥斯陆

图2.2 塞缪尔·芬利·布利斯·莫尔斯，展示纽约大学的寓意风景画，华盛顿广场，纽约，1836。布面油画，22½英寸×36¼英寸；检索号：1917.3，纽约历史学会收藏

　　尽管以电报发明者而著称，但塞缪尔·芬利·布利斯·莫尔斯同时也是纽约大学艺术设计系的教授，1832年纽约大学成立时他获得了这个职位，直到1872年他去世。[2]他描绘的《纽约大学新建筑》（在新建筑的西北塔楼莫尔斯有他自己的工作室和课室）被从华盛顿广场运送到缪斯的住所，赫利孔山的一个山谷中——据卡纳迪所述，这一作品"描绘了新哥特式大厅，非常自信地与大学所倡导的艺术、科学及崇高理想等大学所体现的寓意共融，而且纽约大学引以为傲。"[3]莫尔斯的绘画就其构成而言是非常传统的，它的规则（以及它的标题）显然来自克洛德·洛兰（Claude Lorrain）17世纪的风景画。它分为前景、中景、背景；前景较暗的色调平衡了中景和背景的浅色；这个场景被一棵树框在右边，它伸出的树枝与缪斯山的轮廓平行，左边则是一个由石标、灌木丛和树木以及大学建筑本身三种形式组成。一条绝大部分隐藏在视野之外的蜿蜒水流从前景延伸到背景，倒映了天空的颜色，建立了景深，引人注目。同时，临近地平线上的太阳在山谷、山上以及位于平静的入口湾岸边上崭新的哥特式建筑身上洒下了金色的光芒。

　　然而那天，史密森见到的不是原画，而是报纸上"模糊的复制品"（blurry reproduction）。这种从充满活力的油画到黑白报纸的转变产生了巨大变化。用史密森自己回忆的话来说，他看到画面中的天空"是一种微妙的新闻纸灰色，云朵就像褪色的汗渍，让我联想到我忘了名字的著名南斯拉夫（Yugoslav）水彩画家。一座高举着右手的小雕像面对着池塘（或者是大海？），寓意画中的哥特式建筑有一种好像褪了色的外表，一棵无光紧要的树（或者是一团烟雾？）似乎在这一风景的左边显得很突出。"[4]史密斯所见到的那幅低分辨率的单色画，使得他将莫尔斯的理想景观解释为工业衰退中的一个肮脏的场景。

　　史密森在他的作品里纳入剪报，可能受平时记录习惯的影响，即用报纸的片段记录他的旅行日期，同时作为一个收获，在许多方面起到类似于"纪念品"（monuments）的作用，描述与记录他的"旅途"（tour）。但它也发挥其他价值，正如那个星期六寂静的下午，史密森在帕塞伊克（Passaic）遇到了五个工业产品，让他重新定义了纪念的概念，莫尔斯原画在新闻纸上模糊的黑白复制品使他能够将一个传统的景观绘画与后工业时代形成更多的联想。

史密森非常清楚表现（representation）在把他所见的平淡无奇的帕塞伊克环境变成一种"景观"时起到的作用。他自己有意使用低分辨率摄影记录旅途，这本身就是对传统景观及其表现手法的评论和批判，而他对于走过桥纪念碑（Bridge Monument）经历的描述，主要以高频的摄影词汇为特点：

> 正午的阳光把场景电影化，把桥和河变成一张过曝的照片。用我的傻瓜相机（Instamatic）400给它拍照时就像在对一张照片拍照。太阳变成了一个巨大的灯泡，通过我的傻瓜相机放映一系列脱节的剧照（stills）进入我的眼里。当我走在桥上的时候，我仿佛走在一张巨大的由木头和钢铁制成的照片上，河底下有一张巨大的电影胶片，除了接连不断的空白，别无他物。[5]

史密森的感受是，他好像走在或处于一张照片或电影中，他认为自己在拍一张照片的感觉说明他认识到景观从来不是独立于表现的存在。这体现了与詹姆斯·科纳一致的观点："景观和图像（image）是密不可分的，没有图像就没有景观，而只有未经媒介化的环境（unmediated environment）。"[6]带着史密森一样敏锐的自我意识，可以看出他用莫尔斯的绘画作为一种批判手段。通过以它作为文章的开头，建立了景观绘画语境下的构想，使他在颠覆这一构想的同时，保持景观与表现问题在体验中不可分割的联系。[7]

词义解析

问"景观是绘画？"就是去提出一个把我们带回源头，即景观本身概念的诞生问题。绘画实际上是景观概念的形成和发展的关键，如果我们追溯这个术语的起源和历史，会发现许多讨论中"景观"同时指的是一种风景或一个特定的场所及其绘画表现。一方面，把景观看成现实风景与它的绘画表现之间存在着矛盾、模糊和交错，另一方面我想强调的是，这是术语本身理论丰富性的基础，而且，这种状态从最初就已经存在。

"景观"（landscape）一词在16世纪前后被引入英国，用以形容荷兰乡村风景板画。就像约翰·布林克霍夫·杰克逊（J. B. Jackson）所指出的，荷兰词"景观"（*landskip*或*landskap*、*landschape*）源于两个词的结合，前缀"land–"，表示构成地球表面的物质，后缀"–scape"，在德语（Germanic）词汇中表示一个有界的实体。因此"景观"，从词源学上看，表示一个限定或特定的领域范围。[8]［尽管有一个普遍的误解，"–scape"并不是"–scope"的变体，后者源于希腊的"目的"（skopos），意味着一个观察者、标记或目标，但"–scape"是一个完全不同的语言学传统的产物，它们没有视觉上的词源内涵。］然而，作为引入英语语言环境及其与板画关联性产生的直接结果，"景观"一词始终具有内在的二元性。它不仅被认为是一个有边界的领地，也是地球表面容易表现的一部分（正是因为它可以通过单一的视角来理解）。在17世纪和18世纪，随着景观的概念在英语（以及后来的不列颠，British）语境中发展起来，这个术语很快就扩展了它最初的含义，它既应用于绘画领域，也越来越多地应用于对周围环境的审美。但它从未离开其本源，即背后绘画的根源。因此，1975年版《约翰逊英语词典》（Johnson's *Dictionary of the English Language*）将景观定义为"1．一个地区；一个国家的风光"和"2．一幅图画，体现一个空间范围，里面有各种各样的物体。"[9]在这个定义中，我们可以看到景观的定义在物质性和表现性之间变换。景观是一个有界的区域，也是一个风景，它是一个风景，同时也是绘画表现。这个定义不仅在真实与表现之间变换，而且在眼睛看到的风景和绘画所描绘的风景之间也有一个类似的关系。第一个定义中"一个国家的风光"和第二个定义中"一个图像"的巧合——"景象"和"图像"——造成了景观核心概念的不稳定性，这主要围绕着审美主题（viewing subject）这一焦点问题。

由于对景观含义拓展的兴趣在英国成为一种普遍的文化现象，我们发现对于把景观理解为"一个区域；一个国家的风光"的审美活动深深受到了某种观念的影响，它植根于把景观理解为"一幅图像，代表一定范围的空间，包含着各种各样的事物"。换言之，景观是图像和来自图像的传统观念一直都存在。因此，在我们进行更深的研究之前，需要强调的是，一旦我们看似简单地选择使用"景观"一词（而不是土地、陆地、地面、乡村、田野、地块、环境、生态系统、地形、区域或领土，仅举一些可选择的相关名称），我们就不可避免地涉及讨论绘画，至少会谈到关于来自并根植于绘画实践的传统观念。[10]

景观的起源

如果说"景观"最初被引入英语语境是为了表示特定类型的绘画作品，那么在特定历史时期从某一特定历史文化演变而来的它也有一个传说源头。正如爱德华·诺加特（Edward Norgate）在他1627—1628年的手稿《细密画或勾勒的艺术》（*Miniatura Or the Art of Limning*）中讲述的，第一幅真正的风景画诞生是发生在一个安特卫普（Antwerpe）绅士作为一个伟大的奉献者（Liefhebber，艺术鉴赏家或爱好者，Virtuoso or Lover of Art）从长途旅行归来的时候（他已经创作了Countery of Liege and Forrest of Ardenna）去拜访住在城里的一个天才画家老朋友，这位老朋友的家和工作室他经常光顾。[11]在画架前找到画家后，这位艺术鉴赏家开始讲述他的冒险经历，"他所看到的是什么城市，他在一个奇怪的乡村地方看到了多么美丽的景象，充满了高山岩石、古老的城堡和无与伦比的建筑等等"。这位画家在他漫长的描述启发下，把自己的作品放在一边，在一张新的桌子上开始描绘他朋友的叙述，以更加清晰和持久的方式画出他朋友的相关描述。艺术鉴赏家讲完他的故事时"这位画家已经把他的描述表现到了极致，当他在离别时偶然匆匆一瞥，感到惊奇无比，看到那些地方和那个乡村被画家描绘得如此生动，如同画家早就亲眼所见，或者好像画家是他的同行旅友一样。"[12]

诺加特的记述是一个传说源头，但这是一个与众不同的传说。与一般的艺术绘画不同，其被认为始于科林斯陶工（Corinthian potter）的女儿迪布德斯（Dibutades）勾勒出她爱人朦胧的轮廓（在老普林尼、昆体良和其他古典文献中发现的一个传说），诺加特的传说并没有把景观绘画看成是古老的，而是视为一种现代的实践。事实上，他煞费苦心地强调风景画并没有被希腊人或罗马人作为一种类型（genre）来使用，并指出"这并不是表明古人对它有任何考虑或使用它，而是将其作为他们的装饰配件，通过填补空缺的角落来突出展示他们的历史绘画，或是完善一个故事，其中的一些景观与他们的历史有所关联"。[13] 然而，正如诺加特解释的那样"把绘画的这部分抽离，使其成为一种绝对且纯正的艺术，把个人一生的辛劳创作专注于此，就如同我们看到后来的这些革新，并觉得是一种新鲜事物（Noveltie）一样，其好处是为创新者和专业人员带来了荣誉与利益"。[14] 景观绘画作为一种独特的类型出现，特别是与荷兰人及其艺术市场的发展联系在一起，是一种当代现象。

比这一传说为风景画奠定了现代谱系更为惊人的是，在创新与传统之间建立起辩证关系的方式。艺术鉴赏家在他旅途中经历的风景，"他所看到的是什么城市，他在一个奇怪的乡村地方看到了多么美丽的景象，充满了高山岩石、古老的城堡和无与伦比的建筑等等"这些是值得注意的，值得特别描述，因为它们美丽、非凡而奇特，它们引人注目，因为它们不同寻常。这不仅是画家成功地描绘了景象，而且更引人注意的是，艺术鉴赏家能够认出他在画家绘画里看到的风景，"这位画家已经把他的描述表现到了极致，当他在离别时偶然匆匆一瞥，感到惊奇无比，看到那些地方和那个乡村被画家描绘得如此生动，如同画家早就亲眼所见，或者好像画家是他的同行旅友一样。"[15] 这里产生了两次再现，首先从鉴赏家的描述到画家的图画，其次从画家的图画回到鉴赏家的回忆，表明这种鉴赏家和画家之间文字和图像的交换是一种传统的语言形式。因为只有存在一系列传统认知的前提下，这种交流才能成功。然而，这引发了一些有趣的问题，是不是当一个事物是新的、不寻常的或在某些方面有些与众不同，或者说，当它超出预期和常规的时候，所带来的感受经历会更新奇？相反，在这里传统似乎是新事物的前提，它可以引发新事物的产生。此外，尽管这些是基于传统的词汇，但由此产生的结果对于生活来说是如此真实，如同画家必须"用自己的眼睛"去看这些地方，但在这个记述中，传统还带来了真实的经历。

同样重要的是诺加特的故事建立的文字和图像之间的关系。这位鉴赏家描述了他在旅途中遇到的古迹和景点，包括城市、城堡、建筑、山和景象，而这位画家，作为回应，画出了"别人口中的描述，即以更加清晰和持久的方式画出他朋友的相关描述"。诺加特在这里做的是描述，而画家将语言转化为图像，执行一个描述性的操作，追溯了鉴赏家语言描绘他所见到的景色。然而，由于其拥有更加清晰和持久的特征，画家的图像最终超越了鉴赏家的语言。在文字和图像的最终角逐中，绘画拥有更大的力量，但它是通过运用文字特性实现了这种优越性，即易读性和特征是绘画的关键因素。最后，风景画交流的作用导致了一种情感的产生：这位鉴赏家"被奇迹震惊"，因表现力和景观效果的触动而目瞪口呆。因此，在诺加特的叙述中，我们发现景观的定义和特征在今天我们对这个术语的理解中依然至关重要：景观具有现代性、游览性，具有传统和表现性、新颖性和真实性以及特征和效果。

景观与绘画

20世纪的景观学史学研究，即景观与绘画之间的关联，很显然是基于伊丽莎白·惠勒·曼沃宁（Elizabeth Wheeler Manwaring）1925年的著述《18世纪英格兰的意大利风光》（*Italian Landscape in Eighteenth Century England*）奠定的。[16] 曼沃宁的书是基于她就读于耶鲁大学时的博士论文改写而成，它的副标题"克洛德·洛兰和萨尔瓦托·罗萨对于英国1700—1800年间品味的主要影响研究"（A Study Chiefly of the Influence of Claude Lorrain and Salvator Rosa on English Taste，1700—1800），概述了论文的主要论点。曼沃宁论述了在18世纪的英国贵族对于绘画，尤其是对克洛德·洛兰（Claude Lorrain）和萨尔瓦托·罗萨（Salvator Rosa）景观绘画的兴趣大增，并展示了这种兴起的热情是如何影响他们时代的绘画、诗歌和园林艺术。她的论文仍然被当作英国风景园创造的根本缘由，充分证明了她的论文意义深远。就像汤姆·斯托帕德（Tom Stoppard）1993年的戏剧《阿卡狄亚》（Arcadia）中的角色汉娜·贾维斯（Hannah Jarvis）的嘲讽：

> 英国风景画是由模仿外国古典画家作品的园丁发明的。所有的东西都被装在游学旅行的行李中带回家。这儿，瞧——能人布朗（Capability Brown）正在研究克洛德，而克洛德曾经研究过维吉尔（Virgil）。阿卡狄亚！还有这里，萨尔瓦托·罗萨式的野性风格。这是用景观表现的哥特小说，除了吸血鬼应有尽有。[17]

　　毋庸置疑，游学对于推动这种进步与发展具有重要的意义。游学将意大利景观引入英国贵族阶层，为古典文学研究中神化的场景和景观提供了第一手体验媒介。旅游艺术市场的发展是为了满足遍布整个阿尔卑斯山脉的北欧人对"经典之地"（on classic ground）追忆热情高涨的现状。[18]为这个市场服务的17世纪绘画大师例如克洛德·洛兰和萨尔瓦托·罗萨以及模仿他们的无名小辈起到了两种作用：一是他们发现了各种值得描述的古迹和场景，同时为艺术表达建立了传统规则，二是它们成为可携带回家的便携物品。这种便携性在地理上进一步传播了理想化景观的传统，为后续从意大利景观中学习并在英国土地上传播的工作奠定了基础。由这些画形成更小、更便宜、甚至更便携的物体（版画、镶嵌画、纪念牌、盒子、手链和镀金等专门为旅游产生的消费品），进一步编纂了特定的画面和场景，不仅强化了古迹的标准，还确定了古迹和场景被欣赏的方式。[19]他们创造了一种期盼文化，也就是说仅仅看到罗马竞技场是不够的，一定是从某个特定的地方看到的，甚至在某一天的某个特定时刻，才称得上真正的体验。通过这些手段，古迹的最初体验成为创造一种愉悦、新奇和熟悉感的共振：对象虽新，但由于是以往惯用的表现手法又使其显得很熟悉。因此，在意大利景观旅游发展的同时，一系列的制度和实践也得到了发展（因此也在对景观本身的认识中）——为此我们发现了新颖性与真实性和传统与表现性之间的巧合，甚至可以说是相互依存。

　　但这些意大利的图像和景观产生了更深远、更持久的影响。作为游学带来的结果，画作和复制品的流通促进了对理想景观的编纂，但其中绘画传统法则占据了主导地位。克洛德、普桑（Poussin）和萨尔瓦托·罗萨这样大师的作品，决定了一个场景应该是什么样子（它应该包含什么元素，以及它们应该如何布局），才可以被称为景观。这些画作在培养品味过程中发挥的角色在于，当遇到真实的绘画场景时，他们对画作欣赏和评价的视角深受对画作熟悉度的影响。这种视角在英国风景表现画里扮演了非常重要的作用，克洛德·洛兰1652年的《有阿波罗和缪斯女神的风光》（Landscape with Apollo and the Muses）和一个约一世纪后在英国的一幅关于《怀尔河》（River Wye）的风景画之间的对比生动地说明了这一点，其中，威尔士著名旅游胜地的景观不时出现一个高峰，强烈地使人联想到克洛德意想中的风景（图2.3，图2.4）。这种视觉的引用（无论是有意还是无意都无关紧要，因为两者都同样具有启发性）从某种程度上证实了风景绘画表现的传统法则已经渗透到英国的文化之中，绘画已经使英国的土地变成了风景。

图2.3 克洛德·洛兰（Claude Lorrain），有阿波罗和缪斯女神的风光，1652。布面油画，186厘米×290厘米。苏格兰国家美术馆

图2.4 理查德·威尔森（Richard Wilson）工作室（1713—1782），怀尔河畔，布面油画，254毫米×311毫米。
©泰特美术馆，伦敦，2014

绘画和花园

　　绘画对景观定义的影响不只是局限于二维艺术。最初在绘画中形成的观念和传统手法对创造新的休闲景观也产生了深远的影响，也就是后来所谓的英国风景园。[20]这种绘画与园林之间相互作用两个经典例子，分别是由银行家亨利·霍尔（Henry Hoare）在1741—1780年间建造的位于威尔特郡（Wiltshire）的斯托海德花园（Stourhead），以及霍尔的朋友查尔斯·哈密尔顿（Charles Hamilton）在1738—1773年间建造的位于萨里（Surrey）的佩因斯希尔庄园（Painshill Park）。这两个花园不仅是以游览路线形式设计——像一个迷你版的游学旅行——由一系列体验的框景组成，但同时也拥有更宽阔的根据绘画原则准确无误设计的全景图（图2.5，图2.6），正如肯尼思·伍德布里奇（Kenneth Woodbridge）所认为的那样，斯托海德花园是努力将克洛德的风景画《埃涅阿斯在提洛所见的风景》（*Landscape with Aeneas at Delos*，1672年）转化为三维度空间景观的实证。[21]斯托海德花园和佩因斯希尔庄园都是真正的公园，也是景观的代表，提供了将注意力集中在表现性问题上的经验，把观众融入土地向景观转变的过程中，使其成为风景的中心。

　　斯托海德花园和佩因斯希尔庄园都是热门的旅游地，从它们第一次向公众开放参观时就经历了无数游客的探索、描述和勾画。在18世纪60年代参观佩因斯希尔庄园的游客中有两个人后来成为18世纪景观美学发展的关键人物：威廉·吉尔平（William Gilpin）和托马斯·惠特利（Thomas Whately）。[22]吉尔平参观了佩因斯希尔庄园两次（第一次在1765年，第二次在1772年），留下了简短的描述和一系列钢笔画速写（图2.7和图2.8）。相反，惠特利记了大量的口头描述，后来也被用来解释说明他1770年的专著《现代园林观察》（*Observations on Modern Gardening*）中关于公园那一章节的论述。吉尔平对于佩因斯希尔庄园的勘察成果"源自哥特神庙"（From ye Gothic temple）（图2.7）显然是一个根据克洛德的名言而演绎的绘画。它分为前

图2.5　从湖面看万神殿风光，斯托海德风景园，威尔特郡。摄影：维特多利亚·迪·帕尔马

图2.6　树木框景中的万神殿，斯托海德风景园，威尔特郡。摄影：维特多利亚·迪·帕尔马

图2.7　威廉·吉尔平，佩因斯希尔庄园风景，萨里，1772。萨里历史中心提供

图2.8　威廉·吉尔平，佩因斯希尔庄园风景，萨里，1772。萨里历史中心提供

景、中景、背景；前景较暗的色调平衡了中间区域和背景的浅色；这个场景被一棵树的树干和浓密的树叶框在右边。一道从前景向背景不断延伸的壮观水景，映衬了天空的颜色，引人注目，而两个白色结构（一座五拱桥和一座被标记为巴克斯神庙的古典建筑）引导眼睛逐步从湖的表面转到高塔的黑影，这座高塔角的轮廓凸现在地平线上。

惠特利关于佩因斯希尔庄园的叙述始于对同一场景的口头描述："景色……一座开放的哥特式建筑，在悬崖边上，从一个优美的人工湖底部上升起"观察花园的下面，惠特利首先关注的是构图中心的那个湖，叙述到"整个湖一望无际，但是通过它的形式，通过一些岛屿的配置，它看起来总是显得比自身更大。"而朝两边看，他在视野的边界周围画了一个框："左边是种植园，把乡村挡在画外；右边，所有的公园是开放的；而在前面，水的那头，是一片林子，这一点虽然以前出现过，但它在这里延伸到整个视野，并展示了它的范围和多样性。"将他的场景加上框后，惠特利继续留意那些特别的对象——桥、修道院以及高塔——加强了构图效果："一条宽阔的河流，从湖开始流出，穿过出口附近的五拱桥底，直接奔流向对岸的树林下方。在山的一侧是一座低矮的修道院，丛林环绕，被阴影笼罩；在右边远处的最高峰上，有一座高耸的塔，挺立在丛林之上。"[23]

惠特利用文字描述了佩因斯希尔庄园，而吉尔平用绘画来描绘。两者都经历了花园作为一系列场景或图片的体验。两者都是从哥特式庙宇可见的全局视野开始，随后，都进入花园记录其特定的古迹和场景：石窟、罗马拱、修道院、哥特式塔、巴克斯神殿（Temple of Bacchus）和土耳其帐篷。这些古迹每个都被吉尔平画在他的笔记本上，被树叶画框围绕着——这对于惠特利的观察是个生动的例证，即不同的结构"不可能同时可见，在行进中他们相继出现，场景虽然不多，但出现的频率很高。"（图2.8）此外，惠特利的描述频繁地使用了一些术语如：视野、景象、物体、场景、风光和风景画中的远景，并且他的叙述突出了佩因斯希尔庄园的特征：场地的概况、其中的坟墓、桥、建筑的配置和分类；水景的折射和范围；光与影的差异；深色常绿乔木、浅绿色落叶乔木和色彩艳丽的花丛的对比；草坪和树林的优美形式；还有湖的两边蜿蜒变化的岸线。这些形式特征综合构成的场景，惠特利将其描述为"壮观"、"完美"、"朴实"、"庄严"、"宏伟"、"美丽"以及"如画"（picturesque）。

佩因斯希尔庄园是景观和绘画之间构建起关系的一个突出实例。佩因斯希尔庄园花园是用绘画的理念设计的，注重如构成、体量、明暗和色彩、线条和轮廓、视角与框架等这些品质。因此，一个立体花园设计设想采用了二维图像的经验与手法。这种"真实"和"表现"、二维和三维，以及欣赏"图像"和进入真实空间的感官体验之间的变换所制造的愉悦，它们是景观概念核心中丰富的二元性的直接结果。这些也是让惠特利将佩因斯希尔庄园描述为"如画般风景"的品质。

如画

"如画"这个词源于意大利词语"*pittoresco*"，它的字面意思是"绘画的"或"以画家的方式"。吉尔平在他1768年的《论印刷品》（*An Essay upon Prints*）中简洁地将它定义为"一个表达了一种特殊美的术语，它在图画中是令人愉快的。"[24] 然而，惠特利特别感兴趣的是它在园林中的适用性，他《现代园林观察》中有一整章以"如画"为主题。在惠特利看来，对于一种事物或者场景的绘画的熟悉程度大大增加了我们最初的快乐："我们很高兴看到现实中那些我们在绘画中所欣赏的事物，通过回忆它们在图画中的效果，增强了它们内在的优点。"然而，"尽管出自大师的绘画作品是精美的展品，也是形成一种审美品位的优秀学派，他们也必须谨慎对待，因为他们的权威不是绝对的；他们只能作为研究，而不能作为模式；对于一幅图画和一个自然场景，尽管它们在许多方面是一致的，但在某些细节上却有所不同，这一点必须始终加以考虑。"他强调，特别是"画家和园林设计师面对的事物并不总是相同的，一些事物在现实中是令人愉悦，但在创作中失去了效果；另一些，与现实场景相比，至少在绘画中有更大的优点。"因此，惠特利认为术语"如画"只适用于"自然界中的那些事物……它们适合形成一个整体，或成为一种构图，不同组成部分之间具有一定的关联性；与那些可能布满了细节的作品相反，这些细节只是相对个体来说具有优点。"[25]

当惠特利发表了自己的《现代园林观察》时，"如画"一词已广泛使用——使用得太多以至于他警告说目前为时已晚，这个词甚至有点"过于不加区别地应用"。[26]但在惠特利论著出版后的几年，如画在当时的美学理论中成为真正的核心议题。这很大程度上是基于吉尔平对于18世纪60年代和70年代他在英国各地游历记述的传播，包括详细的景物描写和景点的美学评价"相对重要的如画美"，吉尔平大量插图笔记本首先是通过手稿传播，但他的工作在1782年开始引起了更广泛的公众注意，那时他发表了《怀尔河上的观察》（*Observations on the River Wye*）、《南威尔士几个地区相对重要的如画美》（*Several Parts of South Wales* & C., *Relative Chiefly to Picturesque Beauty*）及《1770年夏天的创作》（*Made in the Summer of the Year* 1770），用精雕细刻的新技术去重现他的钢笔画氛围（图2.9）。

图2.9　威廉·吉尔平，怀尔河上的观察插图，1782。罗宾·米德尔顿收藏

《怀尔河上的观察》开创了吉尔平热衷于推崇新颖性想法新篇章：

> 我们为了各种目的旅行；探索文化土壤；欣赏艺术珍品；审视自然的美；寻找自然的杰作；以及去学习人类的礼仪、不同的政治和生活方式。下面的作品提出了一个新的追求目标，它不仅仅只是简单地审视一个国家的风光，而是用如画的法则来审视它。[27]

对吉尔平来说，这不仅仅意味着描述自然场景，"而是将自然景物的描述与人工景观的原则相适应；打开这些快乐的源泉，是从比较中得出的。"[28] 换言之，一个寻找如画的游客不仅是一个被动的观察者，更是一个它之所以构成为景观的积极力量。这种机制很重要，因为尽管大自然创造了这块土地，但她的品味并不是无可挑剔。在吉尔平看来，尽管"在设计中大自然总是伟大的（即宏伟的）……但对于创造一个和谐的整体时，她很少能够在创作中准确无误。"无论是前景或背景之间的不相称；或一些不合适的线条穿过平面；或一棵放错了位置的树；或一个规整的河岸；或者其他不完全是它应该样子的事物。[29] 同时，吉尔平认为"想象力往往会悄悄地说，'如果这些顽强的材料能屈服于明智的艺术之手，那将是多么壮丽的景象啊！'"[30] 吉尔平鼓励他的读者们去自由支配"明智的手"（judicious hands），建议"凭借这种创造力的力量，可以把困扰的小山挪开一段距离"直到场景看起来应该像其本来面目：像一个景观，而不仅仅是一片土地。[31]

吉尔平根据艺术原则，开发了一套词汇和分析自然景物的标准。景观及其构成部分，都严格用正式的术语来描述，并根据它们是否适合表现进行评估。对于吉尔平来说，如果一种景观可以被分为前景、中景和背景；如果它是由明暗的强烈对比所激发；如果它包含各种各样的事物；如果这些事物以一种令人愉快的方式组合在一起，那么它就是如画。在这个操作中，一个能发挥巨大作用的装置是克劳德玻璃，它是一个由有色玻璃制成的小凸面镜，通常在口袋书或手提箱里（图2.10）。透过克洛德玻璃所反映的视野不仅显示在一个视框里，而且由于镜子的曲率和颜色，它的细节被弱化和模糊，形式被融入更大范围的光影变化中，并且它的颜色也变得柔和。所有这些扭曲结合在一起，将这个景观变成了一个类似于克洛德·洛兰画作的场景。克洛德玻璃有助于按照绘画的法则训练眼睛欣赏景色，以及（如果观察者

图2.10 托马斯·庚斯博罗（Thomas Gainsborough），应用克洛德玻璃的画家素描研究，1750—1755，铅笔画，184毫米×138毫米。©大英博物馆托管

如此）表现活动：简化和抽象手法的影响大大帮助了想要模仿17世纪大师作品的业余艺术家。如画的追寻者以吉尔平为向导，手中拿着克洛德玻璃，为将英国风景转化为景观的事业提供了便利。[32]

吉尔平的著作加深了人们对于表现形式是把土地变成景观的手段的理解。吉尔平的儿子威廉在1788年英格兰湖区之旅中给他的父亲写的一封信明显地说明了这个概念，根据吉尔平1786年的著作《英国几个地区的考察，坎伯兰郡和威斯特摩兰的山区和湖泊》（*Observations on Several Parts of England，Particularly the Mountains and Lakes of Cumberland and Westmoreland*），英国西北部地区被确定为一个主要的旅游目的地。第一天，年轻的吉尔平回忆说，他对自己描绘博罗代尔（Borrodale）绮丽风光的尝试非常不满意："这一切都很壮观；但天空非常晴朗——我们能清楚地看到很多岩石和山脉，碎成很多部分……而我用铅笔的每一次表达尝试都是徒劳。"[33] 这段经历如此令人失望，以至于他不仅对自己的素描不满意，甚至还怀疑他父亲的方法：

> 我说，这全是我父亲的铅笔表达的，多么不足啊！他可以用他所谓的效果代替它的[位置]——但是这个效果在哪里呢？……它必须是他自己发明的——他假装有时大自然被一种斗篷所掩盖，它可能掩盖某些特别的美丽，然而，它以巨大的协调力弥补这一点……我想，这真的是一个很好的技巧！带着对你的学说和绘画的藐视回到在凯西克（Keswick）的酒店。[34]

然而第二天，在马背上只走了半英里，他突然被暴风雨惊醒，

> 云开始散开了；好像他们是故意聚集来使我承认我昨天犯的错误……马上整理它们周围的一切从而用最佳的方式衬托景观。那么，什么影响了黑暗与光辉——黑暗的山脉在它们简单和校正的颜色中形成——对于大部分幽深的云——除了在一个凹凸不平的小山丘上，一条光通道打开，捕捉对面的山峰，在最丰富的流苏作品中，融化的黑暗会随着它的下降而变大——但我无法形容——也不需要我来形容——因为你只需在你自己的仓库[素描]里看看它们就可以了——它给了我一种奇异的快乐去欣赏你如此清晰的效果，就如同那天所见一样——每当我转动眼睛，都看见你的一幅画。[35]

吉尔平的儿子看到的不仅是自然风景，更是一种艺术：他将自然理解成为仿佛它已经是自己的表现。他的话精确地表达了惠特利对于如画的定义，"我们很高兴看到现实中那些我们在绘画中所欣赏的事物，通过回忆它们在图画中的效果，增强了它们内在的优点。"[36] 在吉尔平和惠特利对于如画的理解中，原始与复制、自然及其表现的关系被颠覆了：在这里，艺术先于自然，制约并培养欣赏自然的方式。因此，如画的本质是一个肯定回答，即没有"纯真之眼"，没有一种对自然的理解脱离人为的认知框架：对于景观的追寻者来说，文化永远都存在其中。

18世纪末期，如画的兴起——作为一个美学术语，作为旅游指南，作为一种欣赏方式，作为一系风景表现规则——在地主尤维达尔·普赖斯爵士（Uvedale Price）和理查德·佩恩·奈特（Richard Payne Knight）以及风景园林师汉弗莱·雷普顿（Humphry Repton）之间引发了一场关于景观和绘画关系慷慨激昂的文学辩论。普赖斯和佩恩·奈特联合起来批判园林设计风格

与能人布朗（Capability Brown）名字的结合，提倡一种新的品味，其原则来自对绘画的研究。普赖斯在1794年发表的《论如画》一文中提出了这一论点，佩恩·奈特同一年发表了很长的说教诗（didactic poem）《景观》（The Landscape）。他们的出版物引起了雷普顿的强烈抗议，雷普顿是布朗的追随者，如今因为"红书"（Red Books）而知名，他写了一封慷慨激昂的信，随后又写了一篇较长的文章以回应这场关于如画的挑战，后者收录在他1795年出版的《景观造园的草图与线索》（Sketches and Hints on Landscape Gardening）一书中。佩恩·奈特随后写了一篇更全面的论文回应普赖斯和雷普顿：1805年的《鉴赏原理分析探讨》（An Analytical Inquiry into the Principles of Taste），而1810年普赖斯发行了《论如画》的新版本，包括了雷普顿的信和普赖斯对自己立场的尖锐辩护。

普赖斯完整的书名，《论如画与崇高和优美的异同》（An Essay on the Picturesque, As Compared with the Sublime and the Beautiful），以及《基于改善实景目标的图片使用研究》（On the Use of Studying Pictures, For the Purpose of Improving Real Landscape）表明了他论述的两个目的。第一个是把如画作为一种独特的审美范畴与美丽和崇高相媲美，同时，放弃了吉尔平与惠特利两人都使用的令人困惑的术语"如画美"（picturesque beauty）。由于对埃德蒙·伯克（Edmund Burke）感性理论的严格遵守，普赖斯相信，由于身体特征这些如画的事物会以一种直接、无媒介作用的方式影响它们的观众。然而崇高的事物是巨大、黑暗而晦涩的，漂亮的事物很小、很光滑、颜色也很精致，相反，如画的事物是多样、复杂和粗糙的。普赖斯对于如画的构想是一个早期将触觉和视觉感知模式相互关联起来的美学理论范例。

普赖斯以这种方式重构景观与绘画的关系，将其纳入感性美学（sensationalist aesthetics）框架。伯克自己一直怀疑绘画是否可以产生崇高的反响：然而他们可能代表的场景是色彩鲜艳的小事物，在生理层面上影响观众的能力有限。普赖斯试图把如画作为一种审美类型，在结构上等同于崇高和美丽，同时也把景观与绘画不断发展的关系向前推进了一步。在他看来，自然界中的事物是不规则、粗糙、粗野、复杂、杂色且斑驳的——如苔藓覆盖的岩石、杂草丛生的废墟、腐烂的木头、脆弱的秋叶、坑坑洼洼的乡间小路或破旧的马车，是绘画使我们知道去探寻价值——直接影响了我们的情感或想象力，如伯克所创作的高耸的悬崖，雷鸣般的瀑布和火山的爆发。

《论如画》第二个目的是为了明确绘画研究有助于园林设计。绘画通过展示构成景观的各种事物如何进行拆分、组合和并置来训练眼睛。普赖斯认为，在观测自然景观时，我们可能很少注意到里面的事物"因为它们散布在大自然的表面"。然而，当这些相同的事物"在一块小画布上（他们）聚集在一起时，给眼睛留下了深刻的印象"。[37]普赖斯认为景观绘画，特别是克洛德和萨尔瓦托·罗萨（Salvator Rosa）的景观绘画，类似于"一系列不同的实验，在实验中树木、建筑、水等可能以最美、最醒目的方式，或以最简单、最田园、最宏伟和最具观赏性等各种风格进行处理、分类和组合"。[38]然而，需要谨慎的是"只研究艺术的人品味会有局限，他们只关注自然，有一种模糊不清的品位，"普赖斯告诫：关键是要对两者进行检验。因此，绘画"不仅仅是为了让我们了解它们所包含的要素和效果，而且在我们寻找大自然中无数没有接触过的各种事物和美景的过程，引导我们通过普通的头脑（正如人们所说的）创作"。[39]通过用绘画训练的眼睛去欣赏艺术和自然，有抱负的改良者则可以编一套样本，然后（应用一个类似于在文学创作中使用普通书籍的程序），通过明智的选择并结合特定的元素以创造出新的景观设计。对于普赖斯来说，现代的景观绘画经典与古代文学经典相似，不仅提供了一套美学原则，而且也是一种把特定文化和阶级团结在一起的共同文化基础："对整个主题的思考越多，我就越加相信对著名画家作品中绘画法则的研究是获得准确、综合的审美和判断的最佳方法，在所有可见物的效果和组合方面都是如此，"他说道。[40]因此，绘画能够使普赖斯减轻伯克激进煽情主义潜在的革命性影响，融合了基于培养和教育而获得的判断力知识。

理查德·佩恩·奈特和尤维达尔·普赖斯具有相似的品位——他们都蔑视能人布朗（Capability Brown）毫无趣味的景观，也同样欣赏杂草丛生和各种腐朽的色彩与质感，但佩恩·奈特与普赖斯不同的是他对审美效果的理解。然而，普赖斯是伯克感性美学教条的追随者，而佩恩·奈特更多是一个怀疑论者。在他《鉴赏原理分析探讨》一文著名的段落中，佩恩·奈特嘲笑伯克关于崇高的定义，其把崇高看作是一种惊奇和恐怖的结合，指出如果《关于崇高与美的两种观念的起源之哲学研究》（A Philosophical Enquiry into the Origin of our Ideas of the Sublime and Beautiful）的作者"没有穿马裤（breeches）却已经走到圣杰姆斯街，会引起巨大和广泛的惊骇；同时，如果他手上携带一支上膛的大口径短枪，这种惊骇会夹杂着一点点恐怖：但我不相信这两种强烈感情的联合作用会产生任何接近崇高的情感或感觉。"[41]对于佩恩·奈特来说，审美反应既不是普遍的，也不是机械的：理解审美反应的复杂性和特殊性的关键是思想的关联性。

雷普顿从一个实践园艺师的角度写作讨论，对普赖斯和佩恩·奈特批判布朗和他们笼统的美学感受提出质疑，特别是他们对实用性的蔑视和对大自然荒野品质的欣赏。在《景观造园的草图与线索》中，他提出（而不是蹩脚地歪曲普赖斯的观点）绘画和景观造园是两个完全不同的领域，而用绘画作为设计的指导意味着忽视了真实景观的多变品质：它们内在的动态、全景视角以及不同明暗的平衡。此外，他发现普赖斯和佩恩·奈特偏爱杂草丛生和腐败的场景，这是有损品味的体现，如果在政治和道德上没有问题，需要高度刺激的品位至少是不合时宜的。虽然"如画效果"确实是景观设计乐趣的源泉，但这只是众多要素中的一个，其他要素还包括那些良好的品质如一致性、简单性、对称性、秩序性、连续性和实用性。[42]引用一封来自某位支持者的信，他有力地总结道："场所不是为了其外表而出现在一幅画里，而应该是为了它们的用途及在现实生活中的体验，与这些意图的统一性才是构成它们真正的美之所在。"[43]

18世纪末，很大程度上由于这一连串争锋对决的出版物，术语"如画"的内涵得到了实质性的拓展。乔治·梅森（George Mason）1801年在《塞缪尔·约翰逊词典的增补》（Supplement to Samuel Johnson's Dictionary）中列出了不下六点："使人感到悦目的事物；奇异非凡的特点；能够通过绘画的力量激发想象力；可以在绘画中表达；提供良好的景观主题；适合从中取景。"[44]前三个定义，"使人感到悦目的东西"、"奇异非凡的特点"、"能够通过绘画的力量激发想象力"，所有这些都与景观的感受有关，具体而言，是感受基于感性美学理解的景观。如画通过激发强烈的想象力带来快乐，它是凭借其独特的品质实现的，这些品质使景色成为绘画的好题材。另一方面，从定义四到定义六与表现有关，"可以在绘画中表达"、"提供良好的景观[绘画]主题"、"适合从景观[绘画]中取景"，都是关于通过勾勒或描绘自然景色的方式来创造景观。这些变动——在真实风景和绘画景观之间，在创作（真实或表现性景观）和感受之间（再次，真实或表现性景观之间）——是如画的根本。作为一种理论方法，它有助于根植于其核心的反复的复杂性，这也是其创造力的关键。然而，定义三"能够通过绘画的力量激发想象力"，这说明了我们一直在探寻的景观和绘画相互交织发展的另一种结果，正因为在这种不断发展的关系中，我们对现代艺术作品的理解才得以被塑造起来。

效果

　　惠特利曾警告过术语"如画"只适用于"自然界中的事物……这些事物适于形成不同的组合"，而且，它绝不应该用于那些"可能充满细节，只有作为个体才具有优点"的事物。[45] 区别一组如画事物和散布的非如画事物的源头可以追溯到法国学者罗歇·德·皮勒斯（Roger De Piles）1708年出版的题为《绘画原理及画家的天平》（*Cours de peinture par principes*）的论著。[46] 德·皮勒斯的论著相当于一门讲座；它的目的是建立一些原则指导绘画艺术领域有抱负的艺术家，向他们展示通往伟大的道路。德·皮勒斯在景观方面也花了很长的篇幅来讨论其他绘画技巧如线条、颜色、阴影、透视和构图。杰出大师的作品，如尼古拉斯·普桑（Nicolas Poussin）、克洛德·洛兰（Claude Lorrain）和萨尔瓦托·罗萨（Salvator Rosa）被分成了不同的流派。普桑，他的哲理性景观（cerebral landscapes）和高尚主题唤起了消失的古典时期几何形式的完美，是英雄式的典范。另一方面，克洛德的古典景观以清澈的天空、明朗的光线、和谐的形式以及柔和的色彩为特色，在田园风格上表现突出。最后，萨尔瓦托·罗萨以其陡峭的岩石，扭曲的树木，凶险的强盗和暴风雨的天空而闻名，是粗野风格画的大师，这三种类型都有其特定的效果。普桑通过对崇高和英雄式思想与行为的沉思来提升心灵；克洛德用清晰的古典阿卡迪亚景象来安抚观众；罗萨用他狂暴和可怕的场景，激起非常令人不安的想法和情绪。[47]

　　传达这些效果主要是通过被德·皮勒斯称为概观（tout-ensemble）的手段。概观（在1743年被译为"整体效果"）是关于绘画的构成，由于绘画的各个部分是相互依存的，因此没有一个部分能绝对凌驾于其他任一部分（图2.11）。[48] 一个成功的概观（德·皮勒斯建议使用凸透镜来创造）确保一幅画不会被视为是一些不同事物的集合（如散布的球体），也不会是一览无余（和一串葡萄一样）。换言之，概观是一幅画的构成，它保证了统一的效果。但概观不仅仅是人类视

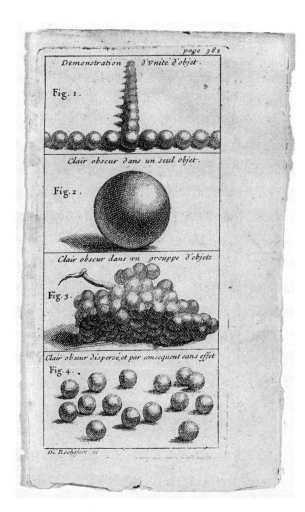

图2.11　罗歇·德·皮勒斯（Roger De Piles），《明暗和概观插图》，《绘画原理及画家的天平》（巴黎，1708）。埃弗里建筑美术图书馆，哥伦比亚大学

觉法则的成功应用，也是将绘画从工匠手艺上升到一种高雅艺术的重要品质。概观类似于绘画的"精神部分"，这就是其区别于普通作品中"真正的绘画"（la vrai peinture）之所在。

在德·皮勒斯令人难忘的表述中，一幅"真正的绘画"可以使观众停下脚步，与他交谈，并"邀请他欣赏这幅画独特的美"。德·皮勒斯主张，画家要成功地与观众进行这种密切的沟通，他们必须"超越平凡，超越自我"，着迷于令人崇敬的极度狂喜。从而，只有这样，才能在旁观者眼里激起一种类似的狂喜状态，并把他们的工作视为神圣的启示。[49] 真正的艺术作品将超越其实物，回应它的观众，扣住他们，呼唤他们并战胜他们的理性，从而给他们灌输一种令人崇敬的狂喜。因此，正是在德·皮勒斯这一系列的论著中，我们发现了美学效果与风景画流派的直接关联。这种联系不仅对英国造园的发展产生了深远的影响，而且对艺术意图的界定也产生了深远的影响。

德·皮勒斯的概观与惠特利对于"品质"的理解密切相关：两者都集中在审美效果的概念上，或是一个事物（或场景）激发想象力的能量。惠特利相信造园胜于其他艺术形式的巨大优势恰恰就在于，其对旁观者产生的影响。花园是由自然界的物体——地面，木头，水，岩石——他们的自然特性产生的感觉和想法："大自然本身就为场景提供了材料，它几乎可以适应所有的表达方式；它们的运作方式是普通的，而结果是无限的，"他争辩道。场景是由"欢乐、忧郁或平静"等直接影响情绪的事物组成：处于这样一种场景中，我们的想象力变得"提升、沮丧或沉着，同时……我们忘记具体的事物；对它们的效果，不问原因，我们追随它们已有的轨迹。"例如，在一片废墟的景象中，"思考在我们面前自然发生的变化、衰败和荒凉；这些现象带来了一系列其他事物，所有这些都带有忧郁的启发。"但场景的效果并没有就此结束，"这种情绪常常延伸到这种场合之外；当激情被唤醒的时候，他们前进的方向无拘无束，当幻想有翅膀的时候，飞行是无界的；放弃那些最初给他们带来春天的无生命的事物，我们可能被一层层想法所引导，思想上有很大程度的不同，但依然有对应的特征，直到我们从熟悉的事物上升到伟大的概念，并全神贯注思考什么是伟大或美丽，那些是我们在大自然中看到的，在人身上感受到的，又或是归因于神性。"[50] 因此，就其观众而言，效果的概念重新定义了艺术作品。艺术作品——像其他自然的或人工的事物一样——使观众产生情感；这些感受带来情绪反应。然而，伟大的艺术作品不同于更加缺少想象的作品，是因为它产生了紧密相连的感觉，当它们结合在一起时，最终迸发出强烈的情感。这种情感的迸发是如此的强大，使得观众超越自我，产生了一种只能与神圣感相比拟的体验。

我认为，正是在18世纪的效果概念中，我们发现了"景观是绘画？"这个长久且重要的问题的关键。问这个问题是在提醒我们，景观和表现是永远不能分开的。从一开始，景观就把观赏者视为它的核心，作为它的原点。抛开文化框架或主观视角理解景观是不可能的，因为没有"外部景观"，景观总是且已经在"内部"。但是景观和绘画之间的关系也可以用另一种方式来说明：不仅绘画是我们理解景观的前提条件，同时景观也改变了我们对绘画的理解。追溯在18世纪景观和绘画之间关系的演变过程，使我们能够理清艺术作品概念的转变，从强调一个源自以工艺技术为基础的创作，转变为着重于它的感受情境。换言之，问"景观是绘画？"这个问题不仅使我们知道绘画有助于启发我们认知和理解景观，而且不断出现的景观概念也同样重新定义了我们对艺术目的与力量的理解。

注释

1　John Canaday, "Art: Themes and the Usual Variations," *The New York Times* (Saturday, September 30, 1967), p. 29.

2　See www.nyu.edu/greyart/information/Samuel_F_B__Morse/body_samuel_f_b__morse.html (accessed January 5, 2014).

3　Canaday, "Art," p. 29.

4　Robert Smithson, "The Monuments of Passaic," *Artforum* (December 1967), reprinted as "A Tour of the Monuments of Passaic, New Jersey," in *Robert Smithson: The Collected Writings*, edited by Jack Flam (Berkeley: The University of California Press, 1996), p. 69. This edition has the date of Smithson's excursion incorrectly printed as September 20.

5　Ibid., p. 70.

6　James Corner, "Eidetic Operations and New Landscapes," *Recovering Landscape: Essays in Contemporary Landscape Architecture* (New York: Princeton Architectural Press, 1999), p. 153. See also Augustin Berque, "Beyond the Modern Landscape," *AA Files* 25 (1993), pp. 33–37.

7　In fact, we might consider Smithson's essay, and his concept of the nonsite more generally, as an attempt to engage with the question "Is landscape *sculpture?*"

8　J. B. Jackson, "The Word Itself," *A Sense of Place, A Sense of Time* (New Haven, CT: Yale University Press, 1996), pp. 2–8, and Kenneth R. Olwig, "Recovering the Substantive Nature of Landscape," *Annals of the Association of American Geographers* 86 (4) (1996), pp. 630–653.

9　Samuel Johnson, *A Dictionary of the English Language: In which the Words are deduced from their Originals, and Illustrated in their Different Significations by Examples from the best Writers*, volume II, 2nd edition (London: 1756).

10　In this chapter, my intent is to provide a history of "landscape" as an English term, and thus to trace its development within an English (later British) context.

11　The significance of this text is discussed by Ernst Gombrich in "The Renaissance Theory of Art and the Rise of Landscape," *Norm and Form: Studies in the Art of the Renaissance* (New York: E. P. Dutton, 1978), pp. 107–121. For more on Norgate see H. V. S. and M. S. Ogden, *English Taste in Landscape in the Seventeenth Century* (Ann Arbor, MI: University of Michigan, 1955).

12　Edward Norgate, *Miniatura or the Art of Limning*, edited, introduced and annotated by Jeffrey M. Mullter and Jim Murrel (New Haven, CT: Yale University Press, 1997), pp. 82–85.

13　Ibid., p. 83.

14　Ibid.

15　Ibid., pp. 83–84.

16　Elizabeth Wheeler Manwaring, *Italian Landscape in Eighteenth Century England: A Study Chiefly of the Influence of Claude Lorrain and Salvator Rosa on English Taste 1700–1800* [1925] (London: Frank Cass, 1965).

17　Tom Stoppard, *Arcadia* (London: Faber & Faber, 1993), p. 25.

18　The phrase is Joseph Addison's from his poem "A Letter from Italy" of 1704.

19　See *The Grand Tour: The Lure of Italy in the Eighteenth Century*, edited by Andrew Wilton and Ilaria Bignamini (London: Tate Gallery, 1996).

20　For the influence of Italian landscape on English garden design, see John Dixon Hunt, *Garden and Grove: The Italian Renaissance Garden in the English Imagination, 1600–1650* (Princeton, NJ: Princeton University Press, 1986).

21　The canonical interpretation of Stourhead as a three-dimensional interpretation of the *Aeneid* is told most fully in Kenneth Woodbridge, *Landscape and Antiquity: Aspects of English Culture at Stourhead 1718 to 1838* (Oxford: Clarendon Press, 1970).

22　Gilpin visited Painshill twice: on May 20, 1765, and on August 14, 1772. The sketches date from his second visit. See Michael Symes, *William Gilpin at Painshill: The Gardens in 1772* (Cobham: Painshill Park Trust, 1994). It is likely that Whately visited at some point in the 1760s as well, since his *Observations on Modern Gardening*, which contains an extended description of the garden's features and scenes, was published in 1770.

23　Thomas Whately, *Observations on Modern Gardening* (London, 1770), pp.186–187.

24　William Gilpin, *An Essay upon Prints; Containing Remarks upon the Principles of Picturesque Beauty, the Different Kinds of Prints, and the Characters of the Most Noted Masters; Illustrated by Criticisms upon Particular Pieces; to which are Added Some Cautions that May be Useful in Collecting Prints* (London, 1768), p. 2. For more on the picturesque, see William Gilpin, *Three Essays: On*

Picturesque Beauty; On Picturesque Travel; and On Sketching Landscape: to which is Added a Poem, on Landscape Painting (London, 1792); Richard Payne Knight, *An Analytical Inquiry into the Principles of Taste* (London, 1805); Richard Payne Knight, *The Landscape, a Didactic Poem, in Three Books. Addressed to Uvedale Price, Esq.* (second edition, London, 1795); Uvedale Price, *Essays on the Picturesque, as Compared with the Sublime and the Beautiful; and on the Use of Studying Pictures, for the Purpose of Improving Real Landscape*, 3 vols. (London, 1810); and Humphry Repton, *Sketches and Hints on Landscape Gardening* (London, 1795). Secondary sources include Malcolm Andrews, *The Search for the Picturesque: Landscape Aesthetics and Tourism in Britain, 1760–1800* (Stanford, CA: Stanford University Press, 1989); Walter J. Hipple, *The Beautiful, The Sublime, and the Picturesque in Eighteenth-Century British Aesthetic Theory* (Carbondale, IL: The Southern Illinois University Press, 1957); John Dixon Hunt, *Gardens and the Picturesque: Studies in the History of Landscape Architecture* (Cambridge, MA: MIT Press, 1992); Christopher Hussey, *The Picturesque: Studies in a Point of View* (London: E. T. Putnam's, 1927); John Macarthur, *The Picturesque: Architecture, Disgust, and Other Irregularities* (London: Routledge, 2007); and Sidney K. Robinson, *Inquiry into the Picturesque* (Chicago, IL: University of Chicago Press, 1991).

25 Whately, *Observations on Modern Gardening*, pp. 146–147, 149–150.

26 Ibid., p. 146.

27 William Gilpin, *Observations on the River Wye, and Several Parts of South Wales &c., relative chiefly to Picturesque Beauty; made in the Summer of the Year 1770* (London, 1782), pp. 1–2.

28 Ibid.

29 Ibid., pp. 32–33.

30 William Gilpin, *Observations on Several Parts of England, Particularly the Mountains and Lakes of Cumberland and Westmoreland, Relative Chiefly to Picturesque Beauty, Made in the Year 1772* (London, 1786), p. 119.

31 Ibid.

32 This, however, did not imply that the image was static, as evidenced by Gilpin's evocative description of the effect of using a Claude glass while sitting in a moving carriage: "In a chaise particularly the exhibitions of the convex-mirror are amusing. We are rapidly carried from one object to another. A succession of high-colored pictures is continually gliding before the eye. They are like the visions of the imagination; or the brilliant landscapes of a dream. Forms, and colours, in brightest array, fleet before us; and if the transient glance of a good composition happen to unite with them, we should give any price to fix, and appropriate the scene." William Gilpin, *Remarks on Forest Scenery and other Woodland Views (Relative chiefly to Picturesque Beauty) Illustrated by the Scenes of New-Forest in Hampshire: In Three Books* (London, 1791), p. 225.

33 William Gilpin II to his father, W. G. from Carlisle 15 September 1788, quoted in Carl Paul Barbier, *William Gilpin: His Drawings, Teaching, and Theory of the Picturesque* (Oxford: Clarendon Press, 1963), P.111.

34 Ibid.

35 Ibid.

36 Whately, *Observations on Modern Gardening*, p. 146.

37 Uvedale Price, *An Essay on the Picturesque, as Compared with the Sublime and the Beautiful; and, On the Use of Studying Pictures, for the Purpose of Improving Real Landscape* (London, 1810), vol. I, p. 5.

38 Ibid.

39 Ibid., vol. I, p. 4.

40 Ibid., vol. II, pp. 369–370.

41 Richard Payne Knight, *An Analytical Enquiry into the Principles of Taste* (London, 1805), p. 377.

42 Humphry Repton, *Sketches and Hints on Landscape Gardening. Collected from Designs and Observations now in the Possession of the Different Noblemen and Gentlemen, For Whose Use They Were Originally Made. The Whole Tending To Establish Fixed Principles In the Art of Laying Out Ground* (London, 1795), pp. 78–83.

43 Ibid., p. 83.

44 Quoted in Barbier, *William Gilpin*, p. 98.

45 Whately, *Observations on Modern Gardening*, p. 150.

46 Roger De Piles, *Cours de peinture par principes* (Paris, 1708), translated as *The Principles of Painting* (London, 1743).

47 De Piles, *The Principles of Painting*, pp. 123–157.

48 Ibid., pp. 64–70.

49 Ibid., p. 70.

50 Whately, *Observations on Modern Gardening*, pp. 155–156.

景观是摄影？

罗宾·凯尔西（Robin Kelsey）

景观是摄影吗？虽然这个简单的等式是成立的，但其肯定程度却超乎所想，景观和摄影的历史紧紧地交织在一起。很大程度上，景观导致了摄影的产生，而景观作为一种社会实践，也在摄影作品不断复制的过程中得到了发展。景观和摄影不仅有一段共同的历史，而且也构成了一种社会实践的矛盾结构。从欧洲的历史来看，围绕一点透视建立起来的风景和摄影表面上都源自建立与世界的联系，但却背负着各自独立的需求和愿望。这两个领域中最好的作品都在努力地克服这种矛盾。

浪漫主义的束缚

1839年，法国和英格兰都大张旗鼓地宣称摄影的发明源自对风景的热爱，浪漫主义是决定其产生的意识形态。18世纪末、19世纪初，浪漫主义者认为审美的愉悦来自自然的光线和氛围，同时也来自人们的日常生活，它无意之中为现代公众接受并喜爱摄影做好了准备。受到英国如画式风景启发的新的花园理论，将景观作为一种戏剧空间来构建，通过透视和大量突然却又有序列出现的令人愉悦的视角来组织空间。在绘画和其他视觉艺术中，浪漫主义崇尚历史型的景观，与迂腐的学院式的学徒传承相比，它更倾向于直接地接触世界。在诸多的方式之中，浪漫主义的自然主义议题为摄影的发展铺平了道路。[1]

在浪漫主义转向景观之前，英国和法国受学术理论所支配的图像表达方式对摄影都持敌对态度。他们认为和永恒、精炼、综合和本质相比，瞬间、随意、特殊和偶然是次要的。英国画家约书亚·雷诺兹爵士（Sir Joshua Reynolds）在这方面拥有特别的权威，在其《艺术演说》（*Discourses on Art*）一书中，雷诺兹认为艺术需要选择和综合。他还认为真正的艺术家所传达的恰当的形象应该借鉴"大量集体观察"。[2]艺术家应该基于经验判断，以个案为基础准确地描绘某一基本类型。真正的绘画学生应该"忽略自然中偶然的区别"去辨析其本质的特征。[3]他"允许低级的画家，像花农或贝壳收集者一样去展示那些微小的区别，去区分同一个物种中一个物体和另一物体的差别；而他则会像哲学家一样，用抽象的思维思考自然，并且将这种物种的特征表现在每一个他所描绘的个体中。"[4]雷诺兹认为提供偶然的细节"比无用更糟糕"，因为它"分散了注意力"。[5]

在他的《演讲录》中，雷诺兹通过投影器作为区分优秀画家的辅助工具。投影器是一个黑色的盒子或房间，有一个允许光线进入的小孔，用来投影外面的图像。在摄影出现之前的几十

图3.1 保罗·珊迪（Paul Sandby），《罗斯林城堡》，中洛锡安郡，约1780。中纹纸上的水粉画，装裱在板上，46厘米×63.8厘米。保罗·梅隆收藏，由耶鲁大学英国艺术中心提供

年里，一些艺术家借助这个装置来进行绘画和表达光影效果（图3.1）。但雷诺兹强调这个设备的使用价值应该受到严格的限制，他说"我们可以设想，如果通过投影器所反映的所有真实存在的事物来表现一个自然的场景，而同时一个伟大的画家也呈现出一个同样的场景，对主题选择没有任何的优越性，那么两者进行比较之时会显得多么渺小和平庸。两者的场景应该是一样的，但是区别在于呈现的方式。当艺术家拥有了选择材料和改进风格的能力时，他是否会就具有了特殊的优势？"[6]雷诺兹认为，一个伟大的艺术家即便工作之始通过投影器的视角来观看，仍将会借助于其自身的经验来呈现这些物体所具有的普遍意义，而投影器只能反映展现在它面前的各种细节。艺术家只有结合自然的诸多观察发挥想象力才能突出其画作的优越性。艺术家还可以通过历史的、圣经中的和神话的典故来进一步提升其作品的水平。从这几个方面可以看出当时的学术理论与摄影所具有的特点大相径庭。

然而，到19世纪初期，浪漫主义的领导者开始反对这些教条的理论并将景观作为他们事业的中心。与景观的紧密关系，使他们开始淡化雷诺兹所认为必需的协调、精炼和综合。在摄影出现之前的几年，浪漫的自然崇拜者在描绘通过透视组织构图并突出光线效果的场景时，会以自信满怀的态度肯定自然的细节和偶然的布局所具有的审美丰富性。

在绘画中，英国风景画家约翰·康斯特布尔（John Constable）是这种自然主义转向的领导者。他的作品描绘了萨福克郡和埃塞克斯郡边境，他家乡附近低地的乡村风景之美。1836年，他谈道："我们所做的选择与组合都是从自然中习得的，自然不断地向我们呈现着它的作品，远比人类通过技巧所营造的最满意的编排更加精美。"[7]康斯特布尔批判了"对自然的简单复制"，虽然他认为这些自然元素的构成如此精美，但仍然需要艺术来进行协调。他所倡导的自

然主义也是对当时学术规则的一种挑战。[8]康斯特布尔将现代景观与发现构图和日常视角中的审美能力联系在一起。

康斯特布尔的欣赏者发现，从自然中学习布局意味着在整个艺术作品中保持均等的显著性和关注度。他以平均主义的方式来描绘景观，这违反了当时要求画面集中突出主题，而其他部分居于从属地位的学术惯例。1825年一位批评家就康斯特布尔的作品写道，"植物、树叶、天空、树木、石头所有的一切都是相互缠绕和乏味的，并且用白色粉饰，每一个物体都在吸引着注意力，就好像他正用挖掘器来打扫满是卷心菜和胡萝卜的床。这是一只不可救药的手，缺乏心灵的引导。"[9]康斯特布尔让自然中各种杂乱细小的事物在阳光下吸引着各方的关注，拒绝屈服于教条所要求的方式。他倾向于机会型的使用所遇到的各种视角，并平等的对待其中所有的元素，这种自然主义的景观实践更加偏向摄影。

1839年1月，现代世界开始了解照片的制作，法国的路易·雅克·曼丁·达盖尔（Louis Jacques Mandé Daguerre），在与约瑟夫–尼基弗鲁斯·尼埃普斯（Joseph–Nicéphor Niépce）合作的基础上，发现了一种通过光线射入制作照片的方式。1月底，英国的威廉·亨利·福克斯·塔尔博特（William Henry Fox Talbot）也宣布，经过多年的个人努力，他也设计出了一套制作照片的流程。虽然这些技术有所不同，但都需要在暗箱内放入感光乳剂，并且其产生也都是源于对景观的兴趣。日常景象的审美价值、光学效果和平均主义，造就了这种新的图像机器。

得益于史蒂芬·平森（Stephen Pinson）基金，我们才认识到银板照相法的起源与景观的联系有多紧密。[10]达盖尔的艺术家生涯开始于给巴黎国家歌剧院的首席画师当学徒，多年以来他一直参与舞台场景的绘制。对于歌剧而言，风景既是戏剧的背景也是引人入胜的视觉景象。1803年，歌剧导演约瑟夫–巴尔萨泽·博内（Joseph–Balthazar Bonnet de Treiches）写道："室内装潢的画师比其他任何画家都更应去深入地学习自然的丰富、美丽、偶然、不同的气候以及无尽的产物。并且他们尤其需要学习神话、历史和编年学。学习古代和现代人的习俗、艺术和服饰。"[11]达盖尔在歌剧院工作期间，留下了许多描绘明亮场景的景观草图，这些景观通过拱门和立柱表现了一种空间的消退感。[12]达盖尔对光的布置和效果极为感兴趣。1820年一位作家曾谈到达盖尔是第一位使用"papillon"（箔片）来进行场景装饰的人，papillon是一种半透明的条状金属，表面可以发出珠宝般的闪耀光泽。[13]达盖尔还设计了一种方法在舞台上展示清晨透过弥漫雾气的阳光。[14]

基于他在歌剧院工作的经历，达盖尔与另一位画家查尔斯（Charles–Marie Bouton）一起研究出一种新的视觉展示奇观——透视画。他们使用两个巨大的半透明绘画画幕和一个可以旋转的不断改变关注点的观众席。通常情况下，一块画幕会描绘有空洞的建筑室内或是废墟，而另一个则描绘景观场景。通过照明和其他的装置赋予这些场景天气、晨夕、季节和其他短暂的变化。这种透视画为景观的再现带来了新的活力。[15]

达盖尔在其不同的职业中都试图创造新的视觉体验形式，并确立其艺术的合理性。1824年他在画廊中展出了他的作品《苏格兰教堂的废墟》，一副有着立体透视特点的绘画作品。在有关这幅作品的评论中，评论家阿道夫·梯也尔（Adolphe Thiers）持有一种矛盾的态度，他即指出了其绘画作品所表现出的极高的技巧，同时也将它与错视画派的"低俗乐趣"联系在一起，指出错视画派是一种"最低级的艺术类型"[16]。这是一种走向场景模拟的冒险：威胁到了传统美学的价值，即深思熟虑的协调和判断。对提供"低俗乐趣"的控诉很快开始指向摄影。

透视画是景观从业者在浪漫主义时期发展出的几种视觉技术之一。1781年，早期的浪漫主义艺术家菲利普·詹姆斯·德·劳塞堡（Philip James de Loutherbourg）在伦敦展示了他的"Eidophusikon"，这是一个便携式的微型舞台，布景被画在多层帘子和玻璃板上，同时还设置了灯光和声音效果，来模拟各种自然现象，如雷声，闪电和拍打沙滩的波浪。[17]他还策划了第二年的展示装置，包括："（北美）尼亚加拉大瀑布、城堡落日、多佛的城市和悬崖、雨后的一天以及在日本海岸的岩石背景中，月亮从三种不同灯光效果的喷泉上升起。"[18]在同期的十年间，被称为卡蒙泰勒（Carmontelle）的法国戏剧家和花园设计师路易·卡洛斯（Louis Carrogis）设计并建造了"透明布景的动画"，将一系列的图景绘制在长带状的牛皮纸或米纸上，在两个安装于盒子内的圆筒中间拉伸（图3.2）。[19]将这个盒子放置在一扇窗户前面，阳光可以照亮盒子内的画面，使用者可以通过一个圆筒来选择不同的画面。劳塞堡和卡蒙泰勒的事例给我们带来的启示是，在摄影出现之前，已经有很多利用光线使风景投影在一个封闭盒子里的方法。摄影只是关注于并产生于景观光学呈现的一系列技术之一。当达盖尔了解到尼埃普斯在锡版（pewter plates）上进行"获得视点"的实验时，他正在用磷光颜色修补他的透视图。[20]这两个发明家认识到他们兴趣点的关联性以及他们对景观这种新的娱乐和审美形式的关注。银版摄影法在尼埃普斯去世后才产生。

塔尔博特也将其早期改进摄影技术与转向景观欣赏的过程结合在一起。特别是他在《自然素描》中声称，由于对风景绘画感到沮丧，于是开始尝试摄影。他回忆道，1833年在意大利莫科湖岸边度假时，利用投影描绘器进行速写（图3.3）。投影描绘器是一种光学装置，就像克洛德玻璃一样，使用者用它来减弱或加强景观效果，如同一种绘画的训练。投影描绘器通过放置在眼前的一个棱镜，帮助绘画者转录光影的轮廓和效果。当绘画者通过棱镜观看画面时，能同

图3.2 路易·卡洛斯·卡蒙泰勒（Luis Carrogis Carmontelle），借助光学盒子观看透明胶片的设备。《公民卡门多尔桌上的记忆》，1794。水粉颜料和墨水绘制于纸上，22厘米×38厘米。©INHA, Dist. RMN–Grand Palais/Art Resource, NY.

图3.3　威廉·亨利·福克斯·塔尔博特（William Henry Fox Talbot），《意大利科莫湖的麦尔兹别墅风景》，1833。投影描绘器绘图，铅笔素描，21.8厘米×14.2厘米。由国家媒体博物馆/科学和社会图像图书馆提供

时看到画纸表面的绘画以及装置前方的景象。投影描绘器将绘画和描摹结合在一起。塔尔博特的一个朋友，天文学家以及博物学家约翰·赫维（John Herschel）爵士，是该仪器使用的专家，但塔尔博特自己却不是。他对如此笨拙地通过铅笔进行绘画十分不满，开始思考是否可以直接记录下图像而不通过转绘。正是如此初衷，塔尔博特许多早期的摄影作品拍摄的都是庄园的风景，1845年他出版了一本主要内容为景观的书籍《苏格兰的太阳》（*Sun Pictures in Scotland*）。从摄影最初的两种形式而言，它在一定程度上可以说是景观的产物。

景观与摄影的审美救赎

达盖尔和塔尔博特的发明投入市场不久之后，摄影突然转向了肖像画。[21]技术的快速发展导致了这样的转变，摄影所需的曝光次数减少使生活主题的画面能够清晰展现。这些发展促进了人们对自我、家庭、朋友和人物肖像的巨大需求。摄像技术诞生的前30年所保留下来的照片绝大多数都是肖像画，其中大部分是银板照相、玻璃底片照相、锡版照相、明信片或者柜卡等形式。正如波德莱尔（Baudelaire）所哀叹的，摄影唤起了新兴中产阶级自我陶醉的欲望。这无疑与摄影努力实现快速、准确和廉价有关，这种转向也掩盖了风景摄影这一摄影的起源，也因此逐渐远离了审美的追求。到19世纪50—60年代，维多利亚时代的人们已经开始感叹摄影已经失去了作为艺术媒介的希望。

作家们在景观的语言中追踪这种缺失。维多利亚时代最伟大的肖像摄影师茱莉亚·玛格丽特·卡梅伦（Julia Margaret Cameron）将卡片式时代传统摄影的特征总结为"地形"或"地图

绘制"[22]，她的措辞展现出一些摄影的深层内涵和场所再现的意味。她认为，即使在肖像画的背景中，那种对于精确复制的需求也只说明了景观想象力的失败。卡梅伦的同代人在《伦敦新闻画报》上评论道：

> 经常会听到这样的评论，"早期的摄影实验会偶尔呈现敞亮而迷人的光影效果，并且传达出生活与运动的暗示，但这些内容正随着光学、化学手段以及摄影设备的完善而逐渐消失。"[23]

这位作者引用"敞亮而迷人的光影效果"说明摄影常常被作为评价景观的标准，虽然通常以一种暗含的方式表达。

从这段历史可以看出，19世纪下半叶，为恢复和实现摄影的审美潜力所做的努力主要集中在景观方面。早期的实例是法国画家古斯塔夫·勒·格雷（Gustave Le Gray）的作品，他是法国画家保罗·拉罗什（Paul Delaroche）的学生。他有一个关于摄影雄心勃勃的想法，将摄影作为实践的一种印刷媒介，将照相的底片合成画作或者作为画作的背景。他在1849年至1852年间的作品《枫丹白露的橡树、岩石和森林》，使用塔尔博特所开创的纸板处理过程来制作相片，采用与其他图形媒介一样的形式来表现景观作品（图3.4）。《橡树与岩石》与西奥多·卢梭（Theodore Rousseau）在1848年至1849年间的作品《贝勒克罗瓦高原》（*Vue du Plateau de Bellecroix*）两者有着相同的审美范式（图3.5）。勒·格雷引入卢梭巴比松画派的一些观点来创作他的照片。细致的围绕岩石和树丛布置光影。他因此将摄影与浪漫主义反抗的根源重新联系

图3.4　古斯塔夫·勒·格雷，《枫丹白露的橡树、岩石和森林》，1849—1852。纸上负片，25.2厘米×35.7厘米。珍妮弗·杜克、约瑟夫·杜克和莱拉·艾奇逊·华莱士捐赠，2000；©大都市艺术博物馆；图片来源：纽约

图3.5 西奥多·卢梭,《贝勒克罗瓦高原》,1848—1849。蚀刻,19.9厘米×26.1厘米。保罗·梅隆收藏,由耶鲁大学英国艺术中心提供

在一起,使处于中心位置的树或古典风景中的某一元素成为取景的对象。勒·格雷通过摄影"一切皆有被看的价值"的品质将新媒体与康斯特布尔的自然主义以及使其深受启发的巴比松画派的艺术家联系在了一起。

在19世纪最后的几十年中,画意摄影主义的实践者将注意力不断地转向景观,以实现摄影难以表达的审美意图。画意主义者通常遵守康斯特布尔的准则,即自然能够自行产生有价值的作品,但是仍然需要审美来进行协调,但困难在于寻找一种摄影能够实现的并且令人信服的协调模式。勒·格雷借助于摄影作为一个印刷的过程所提供的可变性和自由裁量权,画意主义者则把希望寄托在自然主义者们所推崇的气氛和晨曦雾气的营造上。如果自然能够自己组成精美的形式,那么它的雾霭或许可以将摄影从那种庸俗的乐趣中拯救出来,成为一种协调的方式。因此自然主义的摄影师可以通过模仿自然来形成自己的审美协调方式。正如伟大的摄影师阿尔弗雷德·斯蒂格里茨(Alfred Stieglitz)所认为:气氛是"我们看到所有事物的媒介"。[24] 按照这种自然主义的原则,画意主义的实践者通过柔焦的方式在他们的照片中制造出雾化的效果,在暗房中设置"雾化"平板,并且倾向于采用铂金印相法和凹版照相来制造"气氛"。[25]

为了完善这种审美模式,摄影师继续从其他现代图像媒体的艺术家那里吸收自然主义的原则,即使这些艺术家正为他们的艺术形式受到摄影的影响而进行着抗争。1885年,艺术家詹姆斯·艾博特·麦克尼尔·惠斯勒(James Abbott McNeill Whistler)在其著名的"十点"讲座中声称,自然"通常是错误的",而且"极为罕见"地去成功地"创作一幅画作"。[26] 他还认为,自然的成功其实是利用了昏暗的灯光和雾化的氛围。他认为:

当傍晚的薄雾如诗般地飘散在河边时，就如同一层面纱，那些残破的建筑消失在朦胧的天色之中，高高的烟囱变成了钟楼，夜晚的仓库变成了宫殿，整个城市飘浮在天空中，仙境在我们面前展开——旅途中的人在匆匆的赶路；工作着的人和有文化的人，智者和开心的人都停止了思考，正如他们已经停止去观看，而曾经一度歌唱的大自然，只向艺术家演唱着她美妙的歌曲。[27]

正如惠斯勒所言，在傍晚朦胧的薄雾中，自然将自己化身为精致且妙不可言的事物，并且"至少这一次"传递着艺术。画意摄影师致力于将雾霭作为"现成的"协调方式，将日常的场景转变为美妙的事物。他们还设计了其他方法，应用摄影的光学和化学过程在照片中营造氛围。

对于那些雄心勃勃的摄影师们而言，气氛能够赋予景观以历史的意义，提升画面的效果。例如，彼得·亨利·爱默生（Peter Henry Emerson）的照片《旧与新的秩序》（图3.6）。这张照片描绘了帆船上的一个男人，他凝视着历史转变的标志，一座蒸汽动力磨坊以及它旁边已经废弃的风车。新磨坊中所冒出的蒸汽使代替了风能的工业化能源变得可以被看见。这依靠风力和人力驱动的船打破了旧的秩序。爱默生使景观和气氛成为了一种让历史可视化的手段。正如马克思在1847年所写到的："风车磨坊带来的是封建主义社会；蒸汽磨坊则是工业资本主义的社会。"[28]

在爱默生创作了《旧与新的秩序》的时候，他正好在努力地协调摄影所带来的新秩序和绘画的旧秩序之间的关系。在他的《艺术类学生的自然主义摄影之书》（1889年）中，他将他的摄影定位于延续了几世纪的绘画传统，承认了他和法国现实主义绘画，尤其是对让·弗朗索瓦·米勒（Jean-François Millet）的作品之间显而易见的关系。[29]但是这种设定的历史延续性无法掩盖一个事实：即爱默生并非米勒，他通过现代及工业的手法将传统乡村生活理想化。画意摄影主义新奇的策略是把乡村的质朴与摄影的创新联系起来。《旧与新的秩序》正彰显了这一新旧秩序间的矛盾。

图3.6 爱默生，《旧与新的秩序》，来自《诺福克湖区生活与风景》，1886。铂金印相法，12.0厘米×23.4厘米。由乔治·伊士曼公司，国际摄影电影博物馆提供

爱默生的照片通过一种循环来传达这其中的意味，我们所看到的景观包含了一个正在观看风景的人。这种循环唤起了人们对这一景观类型中蕴含的紧张和矛盾的关注。景观所描述的历史进程与照片的序列及其展示的内容如何联系在一起？《旧与新的秩序》提醒着我们景观一直都是通过重新定位自己的历史而走向未来的一种方法。传统乡村生活的画意主义者的理想化是一种将现代性视为失落（loss）的方法，将其定性为一种历史的缺失或毁灭。但同时也宣告了一种对历史及其结果产生新的感悟的方式。与其将《旧与新的秩序》中蒸汽视为一种新秩序的出现，倒不如将其看作是现代性的出现。

这张照片将现代历史意识与摄影联系在一起。如果蒸汽磨坊和风力磨坊成为一对象征现代性开始的标志，那么与之类似，被画面分割开的观察者们，观看照片的人和帆船上的人显然也是一对象征现代性开始的标志。观看照片的人因此也参与到了观察新秩序的活动之中。帆船和风车都来自风能，而蒸汽磨坊和摄影都利用了工业时代的化学魔法。新的秩序通过摄影本身传达给观看的人，而旧的秩序则需要一些实物来传递，例如画面中的帆船。或许这艘船所传达的意思并非如此，或许帆船展现在画面中是象征着绘画的残余。爱默生将它作为一种现实存在的图像化的平面，一种不曾被艺术家碰触的景观。照相机如实的将帆船呈现出来，新的秩序吞噬了旧的秩序。在这种循环中《旧与新的秩序》通过将景观作为历史性矛盾和道德思考的场所来重新恢复摄影已失去的审美潜能。

景观摄影作为环境保护主义

至少，这是爱默生在旧世界中发挥的重要作用。新的世界被颂赞为没有旧秩序的地方。美国可以吹嘘自己拥有原始的景观，一个没有被历史之罪沾染的伊甸园。这当然是废话，因为拥有这片伊甸园需要暴力的占领并摧毁其他民族和文化。但是这个神话却十分强大，并且摄影也支持着这一神话。20世纪中叶，安塞尔·亚当斯（Ansel Adams）和艾略特·波特（Eliot Porter）等人创造了通过摄影来描绘景观的方法，这种方法试图将美国想象成一片未被触碰的美景（图3.7，图3.8）。他们的照相机避开了那些停车场、电线和贫困的区域，只在取景框中保留那些"自然"之物，例如树木、叶子和河流。他们更喜欢清爽的空气而不是雾霭，并且喜欢拍摄景物清晰的轮廓。他们所获得的名望和成就与塞拉俱乐部密不可分，塞拉俱乐部出版了大量包含他们照片的图书、贺卡和日历。对数百万美国人来说，亚当斯和波特所拍摄的风景成为荒野保护这一社会理想的典型代表。[30]

在追求理想的过程中，塞拉俱乐部一直怀有一种信念，摄影能够远距离的呈现出受到发展所威胁的美景最直接的境况。20世纪60年代早期，联邦政府宣布将在科罗拉多州的国家恐龙化石保护区修建一个大坝，俱乐部的执行董事戴维·布劳尔（David Brower）以出版摄影画集《这是恐龙》一书对此事作出回应。[31]这次出版促使布劳尔发起了利用摄影来促进荒野保护的"分水岭计划"。这个计划一个基本却很少被讨论的前提是，未开发土地的价值首先是视觉的价值。这一前提隐含在通过摄影的方式表现这些受保护的土地的做法中，也或多或少的体现在俱乐部公约"探索、欣赏和保护美国内华达山脉和其他风景资源"中。几个世纪前，"风景胜地"（scenic）和"风景"（scenery）这两个词与自然还联系甚少。"scenic"源自法语的"scénique"，

图3.7 安塞尔·亚当斯，《半圆丘，默塞德河，冬天，加州约塞米蒂国家公园》，约1938。明胶银印刷，27厘米×34.5厘米。亚利桑那大学创意摄影中心，©安塞尔·亚当斯版权信托基金

图3.8 艾略特·波特（Eliot Porter），《枫树、桦木树干与橡树叶，新罕布什尔州帕萨科纳韦路，1956年10月7日》，1956。染料自吸印刷，选自作品集《私景观》（Intimate Landscapes，1979），150/250，33.9厘米×27厘米（图片/纸）。迈伦·索尔德和莎拉·索尔德捐赠，由芝加哥艺术学院提供

这个词在14世纪时意为"属于舞台或者戏剧"。到17世纪末,英语单词中的风景与舞台装饰有了更多的联系。随着18世纪晚期如画式风景的崛起,风景和它的同源词开始被应用于描述自然画面。[32]谈到自然风景或景观资源就好像自然是一个剧院,一系列静止不动的视觉片段,为人类观众所准备,等待人们去发现。摄影产生自如画的风景,并且因为忠实的呈现静止的视觉图像而闻名,它是一种很有前景的,可以评估、传达和宣传自然风景的方式。

在国家恐龙化石保护区运动成功之后,布劳尔和塞拉俱乐部发行了"展示计划"系列书籍,丛书分为很多卷,包含了文字介绍和高质量照片。[33]《这就是美国土地》(*This Is the American Earth*)是系列书籍的第一卷,其中一些典型的照片由几位摄影师负责,特别是亚当斯,而正文文字则由摄影策展人及作家南希·纽霍尔(Nancy Newhall)负责。为了与当时的摄影艺术风尚以及亚当斯的个人审美偏好相一致,书中所有的照片都采用黑白形式。第一张照片是一个跨页图,是亚当斯拍摄的著名的《加利福尼亚州内华达山脉的隆派恩》。[34]在这张照片的下面,纽霍尔写道:"作为公民,我们都是继承人,这是我们热爱和生活的地方,是需要我们智慧的使用并传给未来世世代代的财富。"亚当斯后来承认,他让助手"抹去"了照片中山坡地上用白色石头拼出的小镇名称的首字母。

塞拉俱乐部前主席埃德加·韦伯恩(Edgar Wayburn)回忆道,《这就是美国土地》是"一个巨大的成功",它改变了布劳尔对保护运动的看法。[35]这个系列中的第四卷是《世界蕴藏于荒野之中》(*In Wildness is the Preservation of the World*),所选用的文字出自亨利·戴维·梭罗为艾略特·波特所拍摄的彩色照片。这也是"一个巨大的成功"。[36]亚当斯喜欢通过精准灰阶呈现史诗般壮丽的约塞米蒂,而波特则倾向于用精美色调呈现怡人的林地。后来的"展示计划"系列书籍,包括《荒野》一书都通过使用模糊的或没有历史定性的哲学片段和自然美景摄影来避免争议。随着时间的推移,文本和论点逐渐退化为标题。在《荒野》一书中,自然被理想化地认为是规格变化的季节周期,恰好拥有精美的色彩和形式。其结果是俱乐部的宗旨具有明显的市场化倾向。一个明显的转变是,俱乐部董事会成员和俱乐部的工作人们开始使用"宣传"一词来形容出版计划。从展示受到发展威胁的特定地区的奇特风景到提供大尺度的美国荒野的视觉盛宴,俱乐部的出版物放大了摄影的作用。

俱乐部试图通过树立对未开景观的崇敬之情来培养环保意识,并进而将俱乐部与这种崇高的精神寄托联系在一起。正如布劳尔警告在国家恐龙化石保护区筑坝时的提议:"这条河流,这片土地的塑造者,它的激流和涛声将会永远沉默,它所有流动的魅力和驰骋的乐趣,安静地从教堂走廊般的石头中穿过,一切都将完结。"[37]文本和图像相结合,表达了户外游憩的精神价值:从约塞米蒂的半圆顶,到科罗拉多河及其支流的教堂廊道,景观为美国提供了最神圣的建筑。[38]国家公园和其他保护区是卓越的自然恢复保护区的典型。1966年夏天,在俱乐部成功阻止建设大峡谷大坝的斗争中,《纽约时报》和《华盛顿邮报》中刊登了一则广告,其中问道:"我们是否应该淹没西斯廷教堂,好让游客能离天花板更近一些?"

摄影因此开始服务于世俗传道,致力于保护那些因为优越的自然资源而被视为神圣之地的自然景观。在布劳尔的领导下,俱乐部的出版计划意图说服更为广泛的公众"在经济开发的压力之下保护那些美丽的未曾开发的土地是一件至关重要的事情"。而摄影是一个制造公共舆论的工具。奥古斯特·弗鲁克(August Frugé)是加利福尼亚大学出版社的长期编辑和俱乐部董事会成员,他将《荒野》称之为"常规自然宣传"。[39]当俱乐部出版委员会考虑提高书籍价格时,销售经理约翰·斯康哈尔（John Schanhaar）警告说："我确定我不必指出俱乐部有责任去销售更多的书籍，以实现其宣传的功能。"[40]俱乐部画刊运动的成果引起了广泛的关注，一位作家在《收藏家季刊》中写道：

> 塞拉俱乐部在这一新思潮中所发挥的独特功能可被追溯至这一系列出版物，这些出版物成功地歌颂了美国无与伦比美丽的自然与风景资源。阅读完安塞尔·亚当斯（Ansel Adams）的美国公园照片或艾略特·波特（Eliot Porter）关于气候变化的记录，几乎所有有责任感的公民都成为了潜在的保护美国荒野的义务警员。[41]

俱乐部摄影刊物所取得的巨大成就也与其成员数量膨胀有着密切联系，该俱乐部成员的人数从20世纪50年代初期不到7000人增加到1967年的55000人。[42]根据韦伯恩（Wayburn）的说法，这一系列书籍"无疑地……在这次扩张中发挥了巨大的作用"，使塞拉俱乐部成为了"一个全国性的组织"。[43]

虽然"展示计划"丛书是最令人印象深刻的摄影刊物，但俱乐部还有许多其他图书。20世纪60年代早期，俱乐部开始出售一系列利用亚当斯、波特和其他人所拍摄的照片制作的"荒野的问候便签"。这些照片都来自"展示计划"丛书，并且两者相互关联[44]，俱乐部通过这种低价产品的销售方式获取利润，并反过来刺激消费者对高价商品的需求。到1967年，宣传的压力进一步增大，促使图像的展示方式更加高效。作为一种回应，布劳尔开发了一系列色彩艳丽的海报。[45]然后他说服出版商巴兰坦（Ballantine）共同发行"塞拉俱乐部荒野日历"。[46]这些日历获得了巨大的轰动，并以年刊的形式发行至今。

虽然荒野日历仅仅是俱乐部出版计划中为了筹集资金而产生的一种补充形式，但从某一方面而言却是出版计划的一个高潮。日历的形式使整个计划逐渐趋向于缩减文字，并使文字成为从属的部分。日历中的文字最多只占据封面内的一个单页，并且当日历悬挂起来的时候就不可见了。秉承波特所设定的先例，所有照片都有着鲜艳的颜色并随季节变化；和《这就是美国土地》之后展示计划丛书中的摄影作品一样，这些照片所展示的风景名胜都没有任何人类文明的痕迹。每张照片都将自然想象为伊甸园，时间的印迹只存在于季节更替之间，也因此为以下的行为提供了一个完美的对比：每月的日历网格都会有一些约定事件的提醒，如"下午3点，牙医"、"朱迪的音乐会"等等，日历所提供的美丽风景成为平淡的日常生活的解药。在这些单调的网格和潦草的字迹上方，美丽的风景提供了一个优雅的、未被污染的、不朽的世界，一个远离日常事务的庇护所，一种令人心动的永恒与瞬间的调节。"展示计划"丛书完结于1968年，但是荒野日历已经成为该俱乐部及其使命永久的象征。即使是在今天，它依然是理想的自然和理想的摄影最完美的融合。

随着俱乐部出版计划的扩张，不断扩大的摄影师群体为其提供了更多的照片。这些出版物又反过来让数以千计的业余的和专业的摄影师认同了亚当斯、波特以及俱乐部其他同盟的风景摄影作品。20世纪60年代至70年代，无数尼康和佳能相机的使用者都努力遵从俱乐部所传播的美学原则，对这些从业者而言，热爱风景就是拍摄风景。

在塞拉俱乐部的风景摄影范式盛行期间，并非所有的从业者都遵从这一范式。早期的反对者有弗雷德里克·萨默（Frederick Sommer），他的父母来自欧洲，在巴西长大，并于1930年定居美国亚利桑那州，在那里他的肺结核得到康复。第二次世界大战期间，他颠覆了亚当斯模式的各种重要规则，开创了"无地平线的风景"。[47] 虽然萨默和亚当斯一样使用大画幅相机并且制作了精致的黑白相片，但他却拒绝将自然塑造成高雅的如同雕塑一般的形式。如他在1943年所拍摄的《亚利桑那州风景》（Arizona Landscape），整张照片所呈现的是看似并不起眼的沙漠中一段整洁的视觉片段（图3.9）。眼睛从照片中一个视点转移到另一个视点却无法寻找到特殊的景物来组织整个画面。前后景关系的消失形成了视觉上并不明确的斜坡，不再显示远或近。根据萨默的说法，观看这些风景的人无法在画面中寻找到一个值得他们关注的物体。"没有什么可看的，没有什么特色，出了什么问题？"萨默用这样一句话来形容观看者对他照片的反应。[48]

对于萨默而言，这种无地平线的风景是将自然作为超越人类先验价值之外的理想化存在的一种方法。对他来说，亚当斯的方法所强调的是清除风景中那些凌乱的死亡与腐烂的东西，这种凌乱对萨默来说却无法与大自然所具有的繁殖与再生能力相分离。萨默曾说过"（亚当斯）选择使这件事情变得崇高。但它却被这种崇高卡住了，不是吗？这种崇高也许会成为一种永恒但却僵化和空泛，因为最终它剩下的只是干净。"[49] 塞拉俱乐部所推崇的风景审美，对于萨默而言是枯燥乏味的。在战争期间他不再创作没有地平线的风景，转而开始拍摄腐烂的动物尸体和被丢弃的残缺的鸡，这正是亚当斯和他的同好者所避而远之的有机的混乱。萨默所拍摄的风景体现了生态系统各个要素的整体性。当观众对其摄影表现出不安，质问照片中的各个元素是否

图3.9　弗雷德里克·萨默，《亚利桑那州风景》，1943。黑白照片，19.4厘米×24.3厘米。©弗雷德里克和弗朗西斯·萨默基金会

经过布置或重新组合时，萨默认为这种看法十分奇怪并且毫无意义。难道他自己不是自然的一部分吗？"有人说回归自然，我想知道他本来在哪里？"[50]

萨默对亚当斯和波特所发展和完善的景观审美方式的批判是有先见之明的。到20世纪60年代至70年代，许多年轻的摄影师从各个不同的角度对这种审美方式提出了反对意见，产生了大量作品揭示出这种当时十分盛行的景观摄影方式，掩盖了它所预设的和强调的疏离感。李·弗里德兰德（Lee Friedlander）在这方面十分敏锐。1976年他出版了《纪念碑》（*Monuments*）一书，他在书中探讨了美国人与历史和土地之间不正常的关系。该书中最为犀利的一幅照片记录了游客游览拉什莫尔山，这座山被毁坏并被雕刻来赞颂人类（图3.10）。这张照片利用游客中心建筑材料的透明和反射的特点将游客大厅当作数面镜子。游客站在大玻璃窗格前后，而玻璃窗格上反射着山的影像。人类看起来似乎不太真实、无穷无尽、不断重复、迷恋于自己理想化的自我形象。这一往复之外的自然似乎消失了。

弗里德兰德的摄影将风景审美的社会环境纳入到整体框架之中，而这正是被亚当斯和波特拒之于视野之外的。弗里德兰德并没有去助长那种幻想，即欣赏纯净的、未被触碰过的风景，他认为风景实际上是通过社会和材料力学才最终被游览和观看的。亚当斯审美所推崇的"干净"也透露出了"僵化与空泛"，他在"崇高"方面所做的各种努力不过是带有欺骗性质的陷阱。弗里德兰德的照片所表现的可能是，拉什莫尔山或许是美国西部所有辉煌的山峰的真实写照：文化产业助长了他们沉浸在自我陶醉中的嗜好，而这源自掩盖了疏远所带来的孤独感。有人可能会说，在弗里德兰德的摄影中，风景日历的网格已经从风景图片中淡出，表明与其说后者是一种解药，还不如说是同谋者。当自然被切分成方便的矩形表格，它就自相矛盾的成为一种超验的存在。

图3.10　李·弗里德兰德，《拉什莫尔山》，南驿站旅行社，1969。明胶银印刷，22.3厘米×33厘米（图像）。哈佛大学艺术博物馆/福格博物馆，由卡彭特视觉艺术中心转送来；©哈佛大学

图 3.11　乔·斯坦菲尔德，《黄石国家公园》，1979年8月，印刷于1986年。显色印刷，来自《美国景观》丛书，40.1厘米×50.9厘米（图片）。由芝加哥艺术学院提供，拉尔夫·西格尔和南茜·西格尔捐赠

　　乔·斯坦菲尔德（Joel Sternfeld）比弗里德兰德年轻10岁，他以另一种方式实践了塞拉俱乐部的美学。1979年8月刊的《黄石国家公园》中，斯坦菲尔德将他这一代所具有的解构主义使命带入亚当斯所极力推崇的荒野之中（图3.11）。斯坦菲尔德拒绝将照相机设置为传统景观摄影所青睐的深远的空间透视角度，而是倾向于那种平淡的甚至有些尴尬的构图。两丛前景树以一种古典的方式构成风景，但一条小河却穿越了它们，平行于画面横穿整个场景，而非弯弯曲曲的流向远方。除此之外，一片并不起眼的松树如一堵墙一般出现在视线的远方。没有那种通常让人感觉安心的可以接近和占有的标志。

　　这种并不优雅的风景容纳了人类平凡的活动。人类分散在水边远观对岸的麋鹿。和爱默生和弗里德兰德一样，斯坦菲尔德也将"风景观察"作为他的主题，提醒我们特定的历史环境塑造了特定的风景观察，风景观察实际上也是一种社会实践。斯坦菲尔德并没有让观众沉浸在看似无限的自然之中去享受那种极端孤独的视觉快感，而是促使我们去观察参与荒野交往的情况。这种疏离的交往形式通过水道将图中的观察者和他们凝视的对象分离开来表现。在《旧与新的秩序》中的那条船，虽然被构图锁定在画面中，却仍然是一个充满希望的运输标志，而斯坦菲尔德画面中的那条河则明显成为观赏者与荒野理想之间的阻隔物。这样的荒野是一个充满幻想的地方，在其中你可以想象回归自然，同时又有一定的缓冲。

　　虽然景观经常被解读为一种"归于其中"（to belong）的愿望，但萨默、弗里德兰德和斯坦菲尔德的摄影却引起了与其相反的主张。他们认为将景观理解成为一种"居于其外"（not belonging）的幻想会更有成效。[51] 更特别的是，他们把景观描绘为这样一个命题：你属于我

们，但我们不属于你。这种景观幻想的构造需要将这种他们所幻想的分离掩藏在渴望归属其中的表面之下。这一幻想宣称，我们要居于这个美丽之所的中心！但这个地方美丽的前提是我们不在它的核心位置。这也就是说，除了视觉的愉悦，我们并没有身处那个有着蚊子、鹿蜱虫、寄生虫、尸体或任何其他让人难受东西的地方，而这些东西也是摄影会刻意省略的。正如《黄石国家公园》提醒我们的，即使游客背着背包深入荒野之中，他们也会带上他们亮色的尼龙外套将寒冷和干燥与他们隔离开。他们重返自然之中，却仿佛是来到另一个世界的游客。萨默照片中所特有的那些腐烂的动物尸体并非他们心中所想的那种与自然结合的方式。

由于拒绝承认"不归属"的内在意愿，风景的浪漫主义幻想令人安心地认为，我们与地球的疏离只不过是被忽略、认知错误或精神上的固执之类的问题。只要我们能回到最初的那个地方，我们就可以把自己拉回到画面之中。浪漫主义观点的问题在于我们喜欢它，因为它展现出了一幅前景。而景观的问题，换句话说，并非是获得归属感的图像，而是试图通过图像来实现归属的问题。这就是拉什莫尔山和黄石国家公园等照片可以告诉我们的。

从这个意义上讲，风景就是摄影，摄影作为人类与世界之间的一种连接方式是现代社会对图像最基本的投资。因为这种方式是以分离为前提的，摄影历来都是意识形态最出类拔萃的媒介。景观和摄影一样，如果这种与意识形态之间的共谋关系被打断，那么景观就必定是机械地重复其自身的矛盾。（景观和摄影）这两种社会形式如果要认识并解决人类生活中不安定和不确定的各种状况，就必定居于"归属"与"不归属"的恐惧之中。

注释

1 Although I would draw different conclusions from Peter Galassi's argument that photography "was not a bastard left by science on the doorstep of art, but a legitimate child of the western pictorial tradition," the proposition is, putting the moralizing diction aside, correct. Peter Galassi, *Before Photography: Painting and the Invention of Photography* (New York: Museum of Modern Art, 1981), 12. Galassi's much repeated formulation has attracted commentary and dissent. See, for example, Rosalind Krauss, "Photography's Discursive Spaces," *Art Journal* 42, no. 4 (Winter 1982): 311–319; Geoffrey Batchen, *Burning with Desire: The Conception of Photography* (Cambridge, MA: MIT Press, 1997); and Douglas R. Nickel, "History of Photography: The State of Research," *Art Bulletin* 83, no. 3 (Sept. 2001): 548–558.
2 Joshua Reynolds, Discourse XIII, in *Discourses on Art*, ed. Robert R. Wark (New Haven, CT: Yale University Press, 1997), 230.
3 Reynolds, Discourse III, in *Discourses on Art*, 52.
4 Ibid., 50.
5 Reynolds, Discourse XI, in *Discourses on Art*, 192.
6 Reynolds, Discourse XIII, in *Discourses on Art*, 237.
7 John Constable, Lecture IV, "The Decline and Revival of Landscape" (1836), in *John Constable's Discourses*, comp. R. B. Beckett (Ipswich: Suffolk Records Society, 1970), 68.
8 John Constable, "Lecture II: The Establishment of Landscape" (1836), in *John Constable's Discourses*, 57.
9 "The British Institution, No. II," *The London Magazine*, September 1, 1825, 67.
10 Stephen Pinson, *Speculating Daguerre: Art and Enterprise in the Work of L. J. M. Daguerre* (Chicago, IL: University of Chicago Press, 2012).
11 Ibid., 15.
12 See ibid., 24–30.
13 Ibid., 27.

14 Ibid., 28.

15 Ibid., 31.

16 Ibid., 49.

17 Laurence Chatel de Brancion, *Carmontelle's Landscape Transparencies: Cinema of the Enlightenment*, tr. Sharon Grevet (Los Angeles, CA: Getty Publications, 2008), 19–20.

18 Ibid., 20.

19 See Pinson, *Speculation Daguerre*, 57–59.

20 Ibid., 105.

21 As much scholarship has noted, these releases differed decidedly, with Daguerre obtaining a state pension in exchange for giving his technology freely to the public, while Talbot sought to protect his intellectual property through patent, licensing, and litigation. See, for example, Derek R. Wood, "A State Pension for L. J. M. Daguerre for the Secret of his Daguerreotype Technique," *Annals of Science* 54, no. 5 (1997): 489–506; Keith P. Adamson, "Early British Patents in Photography," *History of Photography* 15, no. 4 (1991): 313–323; and Derek R. Wood, "The Involvement of Sir John Herschel in the Photographic Patent Case, Talbot v. Henderson, 1854," *Annals of Science* 27, no. 3 (1971): 239–264.

22 Cameron to Sir John Herschel, Dec. 31, 1864, RS. Quoted in Colin Ford, *The Cameron Collection: An Album of Photographs Presented to Sir John Herschel* (Van Nostrand Reinhold, 1975), 140–141.

23 "Art in Photography," *The Illustrated London News*, July 15, 1865, 50.

24 Alfred Stieglitz, "A Plea for Art Photography in America," *Photographic Mosaics* 28 (1892): 136–137.

25 On fogging lantern slides, see Alfred Stieglitz, "Some Remarks on Lantern Slides," *The American Amateur Photographer* 9, no. 10 (October 1897): 447. On platinum printing and atmosphere, see Alfred Stieglitz, "Platinum Printing," in *Picture Taking and Picture Making* (Rochester, NY: Eastman Kodak, 1898), 67. For more on pictorialism and vapor, see "The Fog of Beauty," in Robin Kelsey, *Photography and the Art of Chance* (Cambridge, MA: Harvard University Press, 2015).

26 Ibid., 14.

27 Ibid., 15.

28 Karl Marx, *The Poverty of Philosophy* (Chicago, IL: Charles H. Kerr, 1920), 119.

29 P. H. Emerson, *Naturalistic Photography for Students of the Art* (London: S. Low, Marston, Searle & Rivington, 1889).

30 For more on the Sierra Club and photography, see Robin Kelsey, "Sierra Club Photography and the Exclusive Property of Vision," *RCC Perspectives* 1 (2013): 11–26.

31 Wallace Stegner, ed., *This Is Dinosaur: Echo Park Country and Its Magic Rivers* (New York: Alfred A. Knopf, 1955).

32 The Sierra Club's mission statement under Brower drew on a long history of associating land preservation with the preservation of scenery. In his foreword to *These We Inherit: the Parklands of America*, Brower quoted a passage from Frederick Law Olmstead, written in 1865: "The first point to be kept in mind … is the preservation and maintenance as exactly as is possible the natural scenery; the restriction, that is to say, within the narrowest limits consistent with the necessary accommodation of visitors, of all artificial constructions and the prevention of all constructions markedly inharmonious with the scenery or which would unnecessarily obscure, distort, or detract from the dignity of the scenery." Ansel Adams, *These We Inherit: the Parklands of America* (San Francisco, CA: Sierra Club, 1962), 9.

33 "Our interests are nationwide in scope," Adams insisted, "our strength comes from public enlightenment; we need more publicity." Michael Cohen, *The History of the Sierra Club, 1892–1970* (San Francisco, CA: Sierra Club Books, 1988), 153.

34 See Errol Morris, "The Chimera of the Perfectionists," Cartesian Blogging, Part Three, Opinionator, *New York Times*, November 12, 2008.

35 Edgar Wayburn, "Sierra Club Statesman, Leader of the Parks and Wilderness Movement: Gaining Protection for Alaska, the Redwoods, and Golden Gate Parklands," interview by Ann Lage and Susan R. Schrepfer, Regional Oral History Office, Bancroft Library, University of California at Berkeley, 1985, 192.

36 Ibid., 194.

37 Quoted in Cohen, *History of the Sierra Club*, 159.

38 On this, see Martin Berger, "Overexposed: Whiteness and the Landscape Photography of Carlton Watkins," *Oxford Art Journal* 26, no. 1 (2003).

39 Quoted in Cohen, *History of the Sierra Club*, 296.

40 Report by John Schanhaar, Sales and Promotion Manager, to the publications committee, n.d., 3, Sierra Club records, carton 304, Bancroft Library, University of California, Berkeley, CA. At issue was whether to postpone a price increase from September 1, 1967 to January 1, 1968.

41 Preprint from *Collector's Quarterly Report*, 1963, Sierra Club records, carton 304, Bancroft Library, University of California, Berkeley, CA.

42 Wayburn, "Sierra Club Statesman," 194–95.

43 Ibid., 194, 195. Cohen concludes that by 1969, "Brower's publishing program had made the Club a national force." Cohen, *History of the Sierra Club*, 429.

44 See Sierra Club records, carton 304, Bancroft Library, University of California, Berkeley, CA.

45 Minutes of the September 5, 1967 board meeting, Sheraton-Palace Hotel, San Francisco, Sierra Club records, carton 54.

46 Ibid.

47 For more on Sommer and his work during the war, see "Frederick Sommer Decomposes Our Nature" in Kelsey, *Photography and the Art of Chance*.

48 Transcript of interview at Visual Studies Workshop, 1973, Frederick Sommer Archives, Center for Creative Photography, Tucson, Arizona.

49 Ibid.

50 "Frederick Sommer: 1939–1962 Photographs," *Aperture* 10, no. 4 (1962): 153.

51 See Robin Kelsey, "Landscape as Not Belonging," in *Landscape Theory*, ed. James Elkins and Rachael Delue (2007), 203–213.

景观是造园？

乌多·维拉赫（Udo Weilacher）

弗雷德里克·劳·奥姆斯特德（Frederick Law Olmsted）是第一个在现代意义上使用"景观设计师"（Landscape Architect）职业称呼的人，这与19世纪中叶他在曼哈顿北部从事的规划工作有关。正如查尔斯·瓦尔德海姆（Charles Waldheim）在本卷的其他地方所指出，这个委员会是美国第一个真正的"景观设计师"委员会：聘请景观设计师来塑造城市是很重要的。考虑到复杂的城市规划任务，奥姆斯特德不得不与之抗争，若只是称之为"造园"（landscape gardening）或"花园艺术"（garden art）似乎是不合适的。然而，尽管不情愿，奥姆斯特德还是使用了术语"景观设计"（landscape architecture）。[1]

中央公园，奥姆斯特德著名的设计方案，占地面积340公顷，它是由于社会结构和城市生活的深刻变化而产生的，是当今世界上最进步和最具开拓性的开放空间之一。这座公园经常被作为成功的景观设计典范（图4.1，图4.2）。在过去140年中，随着这种特殊模式的普及，"景观设计"这个名词也在世界各地传播开来。与此同时，花园也越来越被怀疑对今天的景观和城市

图4.1　在19世纪建造中央公园时，弗雷德里克·劳·奥姆斯特德认为称其"造园"或者"花园艺术"是不合适的。
©乌多·维拉赫

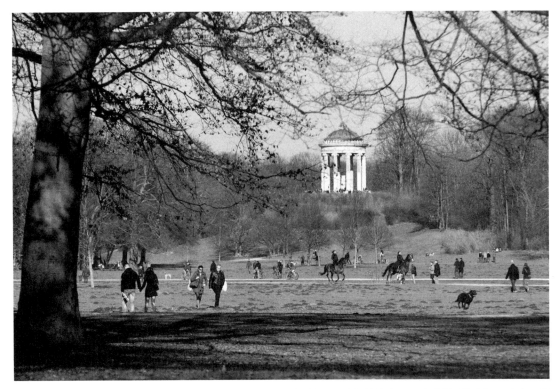

图4.2　1789年慕尼黑的英国花园据说是纽约中央公园参照的对象，至今仍被认为是一种"花园艺术"。©乌多·维拉赫

的发展没有发挥作用。20世纪的景观设计，由于大规模、全球性的重要任务和工业城市发展面临着日益严峻的挑战，也不再将园艺作为一种有用的规划和设计方法。花园营造工作与那些被视为和现代进步观念形成鲜明对比的小规模、私人背景以及传统自然和景观的观念有关。

人类的未来无疑将成为城市的未来。花园作为讨论城市和景观可持续性的主题之一，例如在"都市园林"（urban gardening）的背景下，其再次成为21世纪景观设计关注的焦点。这是一种趋势指向，抑或只是一种与我们从理性设计的城市回归到美丽安全的花园这种浪漫理念有关的时尚？是奥姆斯特德的名言在当今世界已经过时，并且未来的景观设计真的应该更多地致力于造园吗？为了解造园为何不再是景观设计的中心，有必要对过去一个世纪的景观设计发展进行一番回顾。

造园并非艺术

20世纪初，人们仍然坚信花园营造在社会进步方面的作用，而绿化被认为是非常现代的。1881年出生在但泽（Danzig）的莱伯里切·米吉（Leberecht Migge）被认为是最重要的德国花园改革者，他的作品在全世界都被认可。米吉坚定地相信工业社会的未来只能通过新型造园文化才能得到保障。然而，在他的作品中，他极力拒绝与艺术有任何联系，并宣称"作为他职业的第一个代表——花园艺术的死亡，强调花园的功能必须表现出来，不应该有任何审美方面的考虑。"[2] 1913年，莱伯里切·米吉在汉堡-布兰肯塞（Hamburg-Blankensee）开设了自己的景观设计事务所，同年他写了《20世纪的花园文化》（The garden culture of the 20th century）这本书，六年后，他又写了《人人自给自足！通过新花园解决问题的办法》（Everyman self-sufficient! A solution to settlement issues through new gardens）。[3] 这两本书就像他的许多其他著作，是对重新思考花园必要性的激昂宣言，它们是在第一次世界大战前欧洲贫困的工人阶级在战后时期食物短缺的背景下完成。米吉和许多同时代著名建筑师一起合作，包括厄恩斯特·梅（Ernst May），布鲁诺·陶特（Bruno Taut）和马丁·瓦格纳（Martin Wagner）。他为多个具有代表性城市规划项目的发展做出了贡献，如柏林［马蹄铁社区（Hufeisensiedlung）］和法兰克福［罗马城（Römerstadt）］，并在实践中证明花园文化与城市规划相得益彰（图4.3，图4.4）。对于米吉来说，没有花园的城市生活是无法想象的。

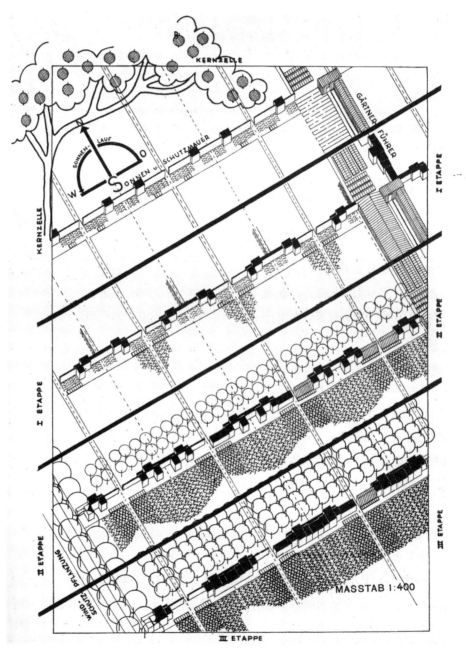

图4.3　德国花园改革家莱伯里切·米吉（Leberecht Migge）深信新的住区应该建立在合理的造园原则基础上。
©卡塞尔大学

图4.4　1925—1931年间，莱伯里切·米吉和德国建筑师布鲁诺·陶特一起设计了柏林-布里茨的马蹄铁社区（"马蹄地产"）。© AKG-Images

受到强烈的社会改革意识启发，米吉不仅仅赞赏适应现代工业社会生活方式改变的新型花园文化，1920年，他还在沃普斯韦德（Worpswede）创办了集中住区校园（Intensive Settlement School），在大约4.5公顷的土地上，教授学生有关生产性花园文化的实践与标准化住宅的发展。他还开发了花园的革新技术，如Metroclo，一种用于粪便堆肥的厕所。1913年，他强调：

> 这种所谓的花园艺术不过是建筑和空间艺术的反复无常而又自然的姐妹关系，或者说是更好的精心营造。我认为它是应用艺术的一部分。因此，它具有一切应用事物的特点：在某种程度上依赖于目的、场地和材料。当我真的想否定它的时候，为什么还要谈论它呢？因为我希望人们停止和我们这些设计花园的人谈论那些只有通过工作才能创造的东西。你可以看到这是多么危险：只是试着让那些努力工作的人在日常斗争中生存下来，从压倒性的园艺美学中获得更多自由，究极恐惧，我几乎开始了花言巧语。[4]

对于莱伯里切·米吉来说，"未来花园"[5]只是一个水果和蔬菜园，在他看来，这不一定要是美丽的，或是特别的园林风格，因为如有必要，一种风格会自行发展，"在自己的时代里成才起来"。[6]然而，关于花园的设计，米吉有非常具体的想法。这位花园设计师在关于设计基础的章节中写道："为了将来建成一个好的花园，有必要抛开一些今天被认为是美丽花园艺术的旧工具。"然后他解释说：

> 建造一个花园时总有特定的目的，而这种目的需要被体现和塑造出来。但如何操

作？花园的建造设计对我们来说尤其重要，因为它如此简单。因为它的元素是最容易处理的，而且本质上是如此的经济，以至于在我们这充满问题的时代，它们只能让我们产生某种广泛的影响：我向往基于伦理、经济和社会的考虑而建造花园。[7]

有趣的是，这个自称"绿色斯巴达克斯"（Spartacus in green），并宣称美丽花园艺术已经死亡的人，现在却被城市花园的追随者认为是"城市花园的一种指导精神"。[8]这是对20世纪初以来在经济、生态和社会条件等方面发生的重大变化的漠视。现在看来，在新的环境中，造园在景观设计中的作用再次受到重视。首先，必须指出的是，米吉明确拒绝造园活动受艺术的影响，从而引发了造园的声誉在景观设计师中的下降。米吉的"与生俱来带有极端观点和革命抱负，以及在行动中冷酷无情的倾向"[9]导致他1933年被国家社会主义者（National Socialist）政权禁止从事他的职业。最后，他的进步思想渐渐的被遗忘了几十年。

造园并非现代

1915年至1932年间，欧洲的现代主义运动，尤其是所谓的先锋派运动，明确地将20世纪景观设计和传统的花园思想分离开来。当奥姆斯特德反对使用术语"造园"时，古典现代主义的先驱们基于意识形态和社会批判的原因也反对任何与模仿、装饰及历史主义有关的事物。他们认为对自然的模仿，包括古典花园艺术和传统花园设计是不可接受的事情。皮特·蒙德里安（Piet Mondrian）是现代绘画、平面艺术、建筑和设计领域最具有影响力的人物之一，他认为在新的设计中，真正的现代艺术家要选择抽象才能从自然和个人的教条中解放出来："真理是纯粹的抽象，因此，新设计是现实的抽象。"[10]现代主义者认为花园建造等一系列设计学科，传统上似乎与自然紧密相连，向自然学习，但这是不可信的。蒙德里安在1908年和1913年间著名的且逐渐抽象的关于树的研究清晰地表明了现代主义艺术家所寻求的真理，但在花园建造中，一棵树仍然只是一棵树。

花园建造师试图达到古典现代主义严格的法则时常常使自己陷入困境，其中的一个例子是在第二次世界大战后瑞士的"好形式"［好的设计（good design）］的发展。"好形式"大概是1945年后瑞士制造联盟（Swiss Werkbund）最形式化的程序化操作运动。其目的是加强战后社会的责任感，并在生活各个领域宣扬一种新的、具有美学约束力的模式。瑞士建筑师、艺术家和设计师马克斯·比尔（Max Bill）在这方面扮演了重要角色。作为1949年巴塞尔（Basel）穆巴贸易博览会（MUBA trade fair）的一部分，瑞士制造联盟展出了一个称为"好形式"的特别展览来体现其战后教育及改革目标。此外，瑞士消费者和耐用消费品的竞争力也在国际市场上得到了保证，这些产品拥有高水平的"造型感和高质量的工艺"（form-instilling, high-quality work）。[11]马克斯·比尔负责展览的设计和实现，在1948年10月题为"功能之美和美之功能"（Beauty of Function and as Function）的主题演讲中，他强调了对生活各个方面进行精心设计的必要性，"从普通的别针到家具，设计出一种从功能发展而来的美感，又通过它的美来发挥其自身的功能。"[12]

"好形式"是每年一次，为好产品设计而颁发的一个奖项。瑞士制造联盟自己的成员，包括瑞士园林设计师古斯塔夫·阿曼（Gustav Ammann）[13] 和厄恩斯特·克莱默（Ernst Cramer）[14] 制定了与设计相关且以社会改革为目标的要求，其受到的争议持续了近20年。1949年，马克斯·比尔[15] 强调说：

> 这些结晶型（crystalline-shaped）的设计问题不仅要在创造消费品时加以处理，同时也是一个关于建筑发展至关重要的问题。如果这些问题不解决——壁画和雕塑只作为装饰元素而不考虑建筑——建筑将像消费品一样只不过是满足了基本需求或将迷失在历史和艺术的伎俩中。

他这样说是希望对我们居住的现代环境设计制定一种高质量标准。

制造联盟的花园建造师不得不提出了问题：是否他们的项目能够满足"好形式"的标准并且使他们摆脱自然的约束。1948年，后来成为国际景观设计师联盟（IFLA）秘书长的古斯塔夫·阿曼说道：

> 当我们试图在这个理性和便利的物质化时代细看花园概念，我们非常惊讶没有看到一个对这种概念的表达，而只是一种现代的浪漫和自由，这与我们日常生活方式的鲜明对比使我们感到惊讶。就好像现代人要在花园里寻找所有他们在其他日常活动中无法体会的事物，如果我们可以这样称呼，这应该是一种自我逃离和一种"天堂状态"（heavenly state）的表达。去指责花园设计者想生活在一个完全不同的世界而将他们的想法实施于业主的花园，这是错误的。他们只是发出了想被听到的声音的工具而已。[16]

花园设计师的这种形象不是作为一个主动的转译者，而只是作为一个被动的客户工具，这显然与制造联盟——现代主义先锋派——制定的道德和审美取向相矛盾。这仅仅证实了许多批评家的观点，即造园既没有对当代艺术和建筑做出相应的贡献，也没有推动现代社会的进步。

在第一版"好形式"标准问世之后的十年，苏黎世的一位景观设计师成功地建造了一个花园，它在空间、设计和几何纯粹性的概念上首次符合古典现代主义的标准，也超越了传统花园的限定：即厄恩斯特·克莱默在第一届瑞士园艺展G59（Swiss Horticultural Exhibition G59）中展出的"诗人花园"（图4.5，图4.6）。在二战结束后的几年里，受制造联盟讨论的影响和未来现代建筑与视觉艺术带来的灵感，1959年，厄恩斯特·克莱默利用这次机会在苏黎世湖旁（Lake Zürich）创造了一个大胆的临时实验。

这种激进简约做法的项目克雷默只超越过一次，那就是1963年他在汉堡建造的剧场花园（theatergarten）。[17] 与当时常见的装饰性园艺项目相反，花园建造师用最简单的方法创建了一个无等级空间的抽象作品，它由四个草地覆盖的金字塔、台地状的锥形和一个内置瑞士雕塑家伯恩哈德·卢根比尔（Bernhard Luginbühl）抽象铁雕塑"好斗"（Aggression）的直角水池组成。作为蒙德里安新造型主义的崇拜者，克莱默深知纯抽象艺术的力量，并且意识到他实际上是创造了一个景观雕塑而非花园。他确信那些仍然倾向于模仿自然和景观的如画式花园设计的同事们将会强烈抗议这座花园。

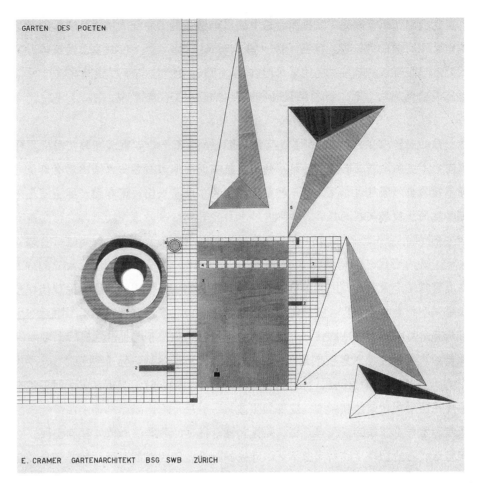

图4.5 1959年，苏黎世，第一届瑞士花园展览会展出的诗人花园平面图。64厘米×64厘米，透明纸上的有色金属。©拉珀斯维尔/瑞士景观设计档案馆

图4.6 诗人花园和苏黎世湖岸边以群山为背景的抽象的山脉。©拉珀斯维尔/瑞士景观设计档案馆

尽管备受权威花园专家的尖锐批评，这个项目仍然受到了广泛的认可。有趣的是，得到了许多与视觉艺术有关的人认可。汉斯·费茨利（Hans Fischli）是一位画家、建筑师、艺术家以及当时的艺术学院院长和苏黎世应用艺术博物馆的馆长，他对这个诗人花园印象十分深刻，并写了一封私信给克莱默，将这个花园建造师的项目描述成是一种景观：

> 你……给我们带来了一种全新的景观，创造了一种前所未有的空间感。你证明了拥有一个巧妙的想法和工艺的精确使用，就不需要像大自然一样去运用有价值的材料。你不模仿自然事件，相反，以一种抽象的方式创造了一个画家和雕塑家多年来一直试图用具体的手段来实现的作品。[18]

1964年，纽约当代艺术博物馆在《现代花园与景观》（Modern Gardens and the Landscape）[19]一书中高度赞赏了克莱默的花园，这本书是历史上第一本从当代美学角度讨论现代花园与自然景观关系的书。[20]美国知名艺术家，纽约当代艺术博物馆馆长，即此书作者伊丽莎白·B·卡斯勒（Elizabeth B. Kassler）曾说道：这个花园，与其说是一座花园不如说是一个可以供人穿行的景观雕塑。[21]如果克莱默曾被问道："景观是造园?"，那么他一定会回答"不"，并争辩道造园本身使用了大量装饰性植物，且仍然停留在与进步相对立的传统主义中，而不是去构建完整的美学体系应对现代建筑和城市的发展。

花园设计并非规划

"现在是所有好人共同拯救地球的时候了"，这个1970年《时代》杂志上的呼吁口号曾被美国景观设计师休伯特·B·欧文斯（Hubert B. Owens）引用，并在一份瑞士期刊上宣布接下来的十年将会是环保主义者的黄金时代。[22]20世纪70年代，他曾经预言生态学家、区域规划师和景观设计师将会共同主导公共空间的设计，这一预言后来被证明是正确的。在20世纪60年代后期，鉴于全球环境灾难和能源危机，景观设计和景观规划开始了激烈的范式转变，这进一步颠覆了传统花园设计，并加强对科学合理的环境规划的需求。

作为20世纪70年代生态运动的一部分，"自然性"在大部分花园设计师眼中的地位至高无上，为了生态利益在花园设计中摒除某些美学因素也被认为具有开拓精神。无论如何，自然都是一个更好的设计者，它会在公园和花园中创造高质量审美。荷兰生态先驱者路易斯·勒·罗伊（Louis Le Roy）作为一个反对过度城市规划设计的"荒野花园人"（wild garden man）而出名，他认为过度设计使自然越来越单调、朴素、冰冷和过分得体。为何反对人为设计，他尽可能地努力创造复杂的结构。[23]在20世纪70年代，他感觉是时候在花园设计中体现新的环境意识，因此他开始参与国际自然花园运动。这些重要的私人花园，目的在于保存多样性，即一种田园般的自然，能够避免自身成为过度理性和目标导向的设计，以及过度关注专业、传统美学的景观设计。

20世纪70年代的范式转变引发了作为交叉学科规划科学的景观生态学的巨大进步，同时也唤起了对于环境和保护问题的更多思考。这对花园设计也有显著影响。这十年间的景观设计项目与时尚和产品设计相似，其以一种反对所谓的冷冰冰的传统现代主义审美为特征。罗伯托·布雷·马克思（Roberto Burle Marx）是20世纪70年代国际著名的景观设计师，他的项目具有高艺术标准和强烈的保护使命特征。1991年，这个巴西人写下"创造一个花园是奇妙的艺术，可能是最古老的艺术表现形式"，同时强调：

> 我们生活在这样一个时代，对大自然的巨大破坏已成为考虑不周和雄心勃勃的人所关注的事情。在我们反对破坏遗产的斗争中，需要明白我们生活在一个与植物共存的世界里，不仅因为物质原因，更是因为它们描绘了出生、成长和死亡，强调自然的不稳定性。[24]

罗伯托·布雷·马克思职业生涯开始于20世纪30年代，他是一个花园艺术家和生态学家，创造了独特的"布雷·马克思风格"：

> 他的景观以不对称的空间节奏为特征，似乎反映了巴西文化，植根于激情和情感表达，以及野生景观的神秘性，包括热带亚马孙、沿海海滩和巴西利亚中东部平原。布雷·马克思的花园设计，基于生命的生态系统，采用现代艺术作为原型。[25]

在他那些著名的作品中，使他享誉世界的是弗拉门戈公园（Flamengo Park，1954）和里约的科帕卡巴纳海滨长廊（Copacabana Beachfront，1970）项目。然而，他的大部分作品是设计精致的私人花园、屋顶花园和庭院。人们对于这位巴西景观设计艺术家的崇拜不论是国内还是国际上都十分狂热，并且延续到了今天。在从事"景观规划十年"里，他像一只稀有的天堂小鸟，强烈捍卫着他对美丽花园艺术的信念，这一艺术理念已经深深地震撼了莱伯切特·米吉（Leberecht Migge）的心。

具有生态意识的花园新理念在第二届瑞士巴塞尔园艺博览会（Swiss Horticultural Exhibition *Grün 80* in Basel）上显而易见。在这个震撼人心的博览会上，花园建造师、建筑师、艺术家、社会学家、生态学家和园艺师创造了46公项田园牧歌式的景观，通过对流动形态、自然要素、花园、湖泊、生境、杂草丛生区和植物种植床的利用，它突出体现了新环境意识特点的目标。"在反思的时代——从数量和质量增长的变化——寻找新的价值观和目标"[26]，这个博览会试图提供一个讨论关于人与自然之间问题的论坛，并希望为改善生态环境和提高生活质量做出贡献。然而，向参观者展示未来生态问题的努力，大都通过吸引眼球且肤浅的花园图像传达，教育意义极少。[27] 大部分参观者想看的是华丽的景色——根据博览会的组织者总结——而不想被带有训诫意味地提醒地球正面临越来越多的环境灾难。大众实际上只对美丽的自然感兴趣（也就是，最初的设想并未实现，人们只是为了追求审美享受和放松），这也是人们想在自然花园中体验的事物。

造园并非进步

对流行的"生态设计"（eco-design）的批评在专业领域中越来越多，因为它被认为只关注对自然田园牧歌式的模仿，无视了设计场地的真实环境条件。20世纪80年代早期对这种趋势最知名的批评者包括苏黎世景观设计师迪特尔·基纳斯特（Dieter Kienast）[28] 和巴塞尔社会规划家卢修斯·伯克哈特（Lucius Burckhardt）。基纳斯特在那时提出一个在今天看来仍然十分重要的问题：在新自然花园运动背后真正隐藏的社会和文化意识是什么？

正如他写道：

> 考虑到这些因素，我们逐渐认识到，自然造园的进步性也与适当的恢复性思想有关。我们对社会问题有一种面向未来的态度，然后面对的是一种保守的立场，这种立场是对文化问题的无知和不加批判的接受。[29]

基纳斯特开始强烈反对这种只关注肤浅"自然"的僵化模式或者所谓的"生态设计"。早在1989年，他就拒绝了"反对人的花园"（gardens against people）的理念，就像他在"自然中心主义"（physiocentrism）的指引下拒绝对自然理念的操纵。[30] 1979年，基纳斯特曾经对要求禁止应用所有外国植物的自然园艺家做出回应：试着想象一下，至少不同植物之间是和平共存的。[31] "我被那些人激怒了——代表他们的同胞——在田园风格中告诉我们什么该做或不该做，什么是好或坏，什么是对或错，甚至涉及了花园。"[32]

"枯萎的花园艺术？"卢修斯·伯克哈特问道。他警告称：

> 园林艺术的危机之所以存在，因为它不断地利用一切可能的动机和对立元素的混合，从而失去了意义，以至于最后观众就如同虚设。这种语言元素的使用，无论其内容如何都被称为形式主义。这里有一个例子：在曼海姆联邦园艺展览会上（Federal Horticulture Show in Mannheim，德国，1975年）有一个人工池塘，堤岸上长满了自然元素——平坦地区的砂和砾石逐渐让位给了有趣的植物种植，充满小阔叶植物如鸢尾等。然而，在池塘里，你可以看到一个大喷泉的喷嘴，它的人工水流与池塘的设计相矛盾。这种符号的错误使用似乎是我们花园艺术的现状。[33]

图4.7　卢修斯·伯克哈特以伊恩·汉密尔顿·芬利的小斯巴达（Little Sparta）作为设计案例，其有助于回归花园艺术和提高花园使用者的洞察力与敏感性。©乌多·维拉赫

伯克哈特把法国景观设计师伯纳德·拉苏斯（Bernard Lassus），苏格兰艺术家伊恩·汉密尔顿·芬利（Ian Hamilton Finlay，图4.7）和荷兰园艺家路易斯·勒·罗伊的花园作品作为能够有助于花园艺术意义的回归，并提高花园使用者洞察

力和敏感性的优秀案例。但是，这几种进步趋势并没有在中产阶级的花园设计中蔓延。花园仍然主要是受传统影响的私人避难所角色，尤其是在城市中。

如今的花园有何意义？

讨论景观设计史中一些重要的事件可以发现20世纪造园在景观设计专业中地位越来越不重要的原因。在这些探讨中，造园即不被看作是艺术或者规划，也不被认为是现代或进步的。当前景观设计面临的问题太过于庞大和复杂，并且发生在全球人口爆炸和环境破坏的大背景下。这些问题不可能仅仅通过造园途径，即保护私人花园的微小举动来解决。相反，正如我在近期的一个采访中所阐述的那样，我们也需要考虑公共福利：

> 我确信我们的工作在公共领域比私人领域更有意义。我的职业是关心如何创造出我们所有公民的宜居环境。当我先为10万个城市居民建一个好公园，然后再尝试去传教10万个园艺师时，这样我能取得更多成就。今天的巨大挑战是城市的集聚化，每天几乎都要占用90公顷的景观用地（在德国）。我在慕尼黑技术大学教景观设计，我坚信我们必须保护，同时进一步发展，或者重新发现城市现有的开放空间，以创造我们所有人都能生存的良好条件，而不仅仅是那些有能力购买自己土地的人。[34]

园艺家本身已有许多关于花园思考的想象，一直在随着历史的进程改变。然而，基本问题仍然不变：什么是自然与文化关系的特征？实用与美观如何联系在一起？如何正确平衡设计和保护的关系？花园一直代表着特定时期内人们对自然和环境的基本理解，并且与当时普遍的社会背景相关。在当今西方消费社会中，私人花园是逃离现代繁忙生活的主要场所，是十分私人的避风港。对于大部分人来说，造园是极其私人的活动，"当人们在设计一个花园时，他们渴望的是一个天堂。"

任何人在规划一个花园时也是在设计他的理想世界。他使用独特的自然要素或者在一个花园中找到某些事物，然后把他们塑造成自己的理想世界。这可能是一个能够让他减少对食品生产行业依赖的瓜果蔬菜园，也可能是一个如巴洛克时期那样的代表性花园，花园中的轴线强调这是一个统治者居住的地方。如今，花园趋于成为一个装饰精美，能够让人逃离日常高压生活的绿洲。[35]

在莱伯切特·米吉的时代，因为园艺师是工人阶级食物安全的保证，因此在许多人的生活中仍然占据重要地位。然而，在1930年，世界上只有20亿人，而现在世界上有超过70亿的人口，高效的农产品行业只专注于最大限度的收益以确保食物的供应。但是，这一切给自然和环境造成的不利影响需要被仔细研究。只要花园像上个世纪初那样仍然发挥重要作用，园艺就会被看作是一个核心竞争力，花园也会被看成是复杂的城市和景观机理中具有多重价值的一部分。今天，园艺在发达国家主要作为一种休闲活动，许多业余组织、社团、协会和俱乐部以各种各样的理由保持着园艺传统，而最大化收益已不再是主要目标。

当要创造可持续性的城市和景观结构时，景观设计就不再关注花园设计，特别是在对景观的理解（即景观概念）在过去数十年间已经发生了巨大变化：

> 景观不是环境的一种自然特征，而是一个综合的空间，一个在地面上叠加的人造空间系统，其功能和演变不是遵从自然规律但却服务于社区——因为所有人或观点都认同景观的这一共性。因此，景观是一个有意创造的空间，以加速或减缓自然的进程。[36]

1984年美国的一位景观研究之父，历史学和文学家约翰·布林克霍夫·杰克逊（John Brinckerhoff Jackson）提出的这个定义，仍然被国际专家看作是具有突破性，且与传统的关注于自然美学的景观理念相反，例如约阿希姆·理特（Joachim Ritter）在1963年提出的定义。[37]在景观空间系统中，花园是唯一一个无法脱离基本景观结构系统和公共基础设施而存在的组成部分。

当代花园的复兴

景观设计是造园吗？如果有人从历史的证据中做出结论，那他一定会持否定意见。但事实上如此迅速就满足这样的答案，或者在景观设计中缺乏花园理念，实际上是非常冒险。鉴于国际景观设计中未来的发展战略，这种与花园有关的思考可能会给我们一个强大的推动力。

早在1983年，德国动物学家和行为学家休伯特·马科尔（Hubert Markl）曾提醒我们，地球上的一切生命都基于自然和文化的完整共生关系中：

> 我们对生活的责任必须在自然和文化和谐共生关系的成功上得到证明。我们都熟悉的这种共生现象的一个例子是花园，这是一种土地利用形式，而不仅仅是收益最大化的生物技术。关于对地球的利用，我们需要将这种花园理念当作一种针对经济规划计算基本法则的人性化补充。花园理念并不意味着要竭尽所能获取我们能从土地上得到的一切。花园绝不是由非生产性的、栽培的植物决定并主导它，但它也绝不仅仅是一个生产效能的场所。它始终是一个有机的、和谐幸福的地方，尽管需要不断的照顾，但它只能被准备好，不能被生产，更不用说被强迫了。一个美丽的花园会因其丰富的自我表达而兴盛，从有序到混乱，从干预到任性，从规划到自我设计。它不仅是一种秩序，因此也不仅是一个种植园，它不仅是荒野，因此也非常具有价值。一个适宜的花园是自然与文化的和谐结合。如果我们认真对待生命，那么我们也必须要有像对待花园一样的理念和行动……把它作为土地利用和土地设计的基本原则。[38]

20世纪90年代早期，迪特尔·基纳斯特（图4.8，图4.9）提到过花园及其理念在我们今天生活中的另一方面重要性：如今花园是我们最后拥有的奢侈品，因为它需要一些当今社会最稀有和珍贵的东西（时间、专注力和空间）。"这是对自然的真实反映，再一次，我们需要精神、知识及仔细处理宏观和微观世界的技能，变化的社会价值观正带来花园的复兴。"[39]目前被经常称为"城市花园"的趋势，实际上可以认为是花园的复兴。如果是在几年前，蔬菜园在大城市中被认为是不合时宜的事物或者是对城市厌恶的标志，但是现如今蔬菜园被认为是进步的环

图4.8　迪特尔·基纳斯特在他1996年建于苏黎世的小花园里，将自然过程融入现代景观设计中，打破了生态花园设计的刻板印象。©
乌多·维拉赫

图4.9　迪特尔·基纳斯特在2000年设计位于格拉茨的"山的花园"是一个反对传统如画花园设计，走向当代艺术所引导的景观设计
的宣言。©乌多·维拉赫

第 4 章　景观是造园？ 　　　　　　　　　　　　　　　　　　　　　　　　　　073

保意识体现，即使事实并非完全如此。尽管城市中造园活动的理由可能各式各样，从想要自给自足到作为一种抵制家长式制度（planning paternalism）的方法，又或是一种跨文化交流愿望的体现，有一点对所有人来说都一样："那就是在花园中我们学习如何与自然相处的同时，不必否定我们自身的创造力。因此，花园已经成为一种关于如何处理自然与建成环境之间关系的一种模式或尝试。"（图4.10—图4.12）[40]

图4.10　慕尼黑市是德国人口最稠密的城市，它倡导"紧凑、城市、绿色"的口号，把"花园理念"融入当前城市规划方法中。©乌多·维拉赫

图4.11　慕尼黑技术大学景观研究所的花园是创造与试验的基地，并由学生设计、建造和维护。©乌多·维拉赫

图4.12　造园活动促进个人责任感和积极性，这是慕尼黑技术大学景观设计专业学生在校园内耕耘自己的花园的重要原因。©乌多·维拉赫

花园理念的基本原则

对于景观设计而言，花园理念和城市花园的复兴非常受欢迎，因为大量从纽约到慕尼黑的民众将会在他们的花园中学习到许多可持续保护环境品质十分重要的东西，其最终目标与景观设计一样。只有当全世界的人对宜居的户外环境品质意识都提高时，可持续性环境发展的目标才能实现。以下6个方面讨论了城市花园对景观设计的有趣之处：

1. 造园让我们思考生活中的复杂联系

任何一个经历过耕耘土地、栽种植物、灌溉、施肥和日常养护，并在最后收获劳动果实的人都会理解城市生态系统最基本的原则。这种趋势有时被称为"回归土地"（re-grounding），而这种思维方式不仅对理解现代景观设计非常重要，同时对理解它在环境塑造中扮演的角色也一样重要。如果一个花园没有自然要素——即使是比喻性的——那么它就无法存在，不论是作为一种对理想化原始自然的想象，还是一种人为耕耘过的自然的表现，因此，改变不可避免地成为花园最重要的固有特性之一。对于景观设计师来说，考虑复杂的相互关系同样十分重要，因为景观本身也极度复杂。

2. 造园教会了我们在处理自然和环境方面问题需要耐心

追求快速成功和回报的信念与愿望已经主宰了当今的世界，即便是景观设计和景观规划行业也同样如此。一个巨大的由电脑操控的科技工具库在这些领域中使我们不断加速设计和决策的过程。然而，这种速度对于自然和环境的缓慢进程来说不再是一种有意义的关系。自然不像机器那样机械的运转，相反，只有一种永恒的特征：不断地变化。然而这种变化并不会在某种自然力量的爆发中明显表现出来，而是以一种非常缓慢且和谐的方式发生着，造园也教会了我们这一道理。

3. 造园提升个人责任感和积极性

建造和维护花园的人必须要身体力行。面对日益盛行且不断扩张的消费主义，公民身上的责任心和积极性对于景观设计来说也十分重要。对于许多人来说，生活在一个根据他们意愿精心设计的环境中是一件大事。那些积极参与花园活动的人，意味着要承担起繁荣自然和维护他们亲手塑造的环境的责任。我们十分缺少公众的参与以及全球范围支持新城市空间发展的行动。

4. 造园刺激我们的感官，提高各种环境品质的意识

随着时间的推移，在花园中对自然和科技的实践探索将引发更强烈的环境意识，并促进自然和人造、静止和动态、形式和功能、空间和时间之间的互动。在花园中，这些关系通过一种非常直接和可管理的方式传达，形成一种更加敏锐的知觉。将来，如果公众能够欣赏高品质环境设计，景观设计师只能期望公众对他们作品有更大的接受度，而这些欣赏能力将会通过公众自身的创造经验来培养。

5. 造园带来创造性和实验

1996年伯纳德·拉苏斯在追忆文艺复兴时代那些激发创造灵感的花园时曾说："花园是我们用时间创造伟大的地方。"[41]从矮墙到水瀑，花园的创造性是无限的。今天的城市花园综合来看充满了对发明创造性和实验的热爱，不论是作为水源供给、新型植物培育地还是单纯的园艺用途或者是不寻常的城市空间设计。花园先驱者在城市中发现了花园的新角色。景观设计也一定会从中受益，因为它必须在今天人口密集的城市中发现、发展和拓展新的居住地。

6. 造园加强了个人对保护环境的责任意识

特别是在用于维护公共空间所需资源越来越紧缺的今天，不断增强的责任意识是创造城市中新公共空间、保存公共空间的良好基础。如果城市居民缺乏责任感，城市中的公共空间将会由于人们的忽视而受到威胁。只有当地居民乐于对那些他们觉得有归属感的公共空间承担起维护责任，现今的景观设计项目才会有机会维持得更加长久。这种个人与公共责任意识之间有意义的合作经常在新公共空间的规划中被忽视。

遗憾的是，从景观设计角度来看，现今的城市造园运动有一个大问题，那就是许多花园积极分子有意识地将自己描述成自发的业余爱好者并极力反对专业景观设计师从美学角度提高城市内部的公共空间。由此，偶尔也会提到"城市中造园指导精神"的激进立场问题[42]，莱伯切特·米吉说："花园审美是即兴的、趣味性的。然而，实际上这种审美最大的敌人是功能性和完美主义的材料。所有看起来希望获得权威的大尺度且庄重的事物，不论他表面上看起来如何精致，都应该被厌恶和禁止。"

在完整的自然与文化共生关系中，业余爱好者与专业景观设计师都会找到自己的定位。然而，后者必须确保景观是一种由可持续性结构支撑的可适应空间系统，在这个系统中前者必须有发现新事物和实验的机会。在21世纪初，花园再次变得重要起来，因为它可以是艺术和文化的试验场，或是未开发用地的一种过渡手段，又或者是一种城市发展理念的催化剂，这种发展理念受到人们渴望天堂和将田园转变为充满活力和感知空间的愿望所鼓舞。景观是造园吗？不，它不是，但是缺乏花园理念的景观设计，很有可能无法对成功的自然和文化共生关系做出应有贡献，而且非常不负责任。

注释

1 See "Is Landscape Urbanism?" in this volume (Chapter 7). Also Charles Waldheim (2013), "Landscape as Architecture", *Harvard Design Magazine*, Cambridge, MA, p. 17–20. Also, *Studies in the History of Gardens and Designed Landscapes*, vol. 34, number 3, July–September 2014, a special issue on Landscape Architecture guest edited by Edward Eigen and Charles Waldheim.

2 Wimmer, C. A. (1989), *Geschichte der Gartentheorie*, Wissenschaftliche Buchgesellschaft, Darmstadt, p. 368.

3 Migge, L. (1919), *Jedermann Selbstversorger! Eine Lösung der Siedlungsfrage durch neuen Gartenbau*, Diederichs, Jena.

4 Migge, L. (1913), *Die Gartenkunst des 20. Jahrhunderts*, Diederichs, Jena, pp. 142, 151.

5 Migge, L. (1927), Der kommende Garten, in *Gartenschönheit: Illustriertes Gartenmagazin für den Garten- und Blumenfreund*, Verlag der Gartenschönheit, Aachen, p. 64 ff.

6 Ibid., quoted in *Fachbereich Stadt- und Landschaftsplanung der Gesamthochschule Kassel* (ed.), Leberecht Migge 1881–1935, Gartenkultur des 20. Jahrhunderts, Worpswede (1981), p. 70.

7 Migge, L. (1913), *Die Gartenkunst des 20. Jahrhunderts*, Diederichs, Jena, pp. 63–66.

8 Müller, C. (ed.) (2011), *Urban Gardening. Über die Rückkehr der Gärten in die Stadt*, Oekom, Munich, p. 15.

9 Quote in Gröning, G., Wolschke-Bulmahn, J. (1997), *Grüne Biographien*, Patzer, Hannover; p. 264.

10 Cf. Wismer, B. (1985), *Mondrians ästhetische Utopie*, LIT Lars Müller, Baden, p. 42.

11 Cf. Brogle, T. (1949), Der Qualitäts- und Formgedanke in der schweizerischen Industrie, in *Werk* 8, Das Werk, Winterthur, p. 259.

12 Bill, M. (1949), Schönheit aus Funktion und als Funktion, in *Werk* 8, Das Werk, Winterthur, p. 274.

13 Cf. Stoffler, J. (2008), *Gustav Ammann. Landschaften der Moderne*, GTA, Zürich.

14 Cf. Weilacher, U. (2001), *Visionäre Gärten. Die modernen Landschaften von Ernst Cramer*, Birkhäuser, Basel/Berlin/Boston.

15 Bill, M. (1949), *Schönheit aus Funktion und als Funktion*, in *Werk* 8, Das Werk, Winterthur, p. 274.

16 Ammann, G. (1948), Kleinarchitektur und Plastik im Hausgarten, in Schweizer Garten 10, Schweizer Garten, Münsingen, p. 292.

17 Cf. Weilacher, U. (2001), Internationale Gartenbau-Ausstellung IGA 1963 in Hamburg, in U. Weilacher, *Visionäre Gärten. Die modernen Landschaften von Ernst Cramer*, Birkhäuser, Basel Berlin Boston, pp. 151–161.

18 Fischli, H. Letter to Ernst Cramer, dated 26 August 1959, ASL Dossier, 01 March 2013.

19 Kassler, E. B. (1964), *Modern Gardens and the Landscape*, The Museum of Modern Art, New York.

20 The Museum of Modern Art (ed.), Press Release no. 95, dated 11 December 1964.

21 Kassler, E. B. (1964), *Modern Gardens and the Landscape*, The Museum of Modern Art, New York, p. 57.

22 Owens, D. H. B. Environmental design for survival in the seventies, in *Anthos*, issue 3/1970; Graf + Neuhaus, Zürich, p. 37.

23 Cf. Le Roy, L. G. (1973), *Natuur uitschakelen – natuur inschakelen*, Ankh Hermes, Deventer.

24 Burle Marx, R. quote in S. Eliovson (1991), *The Gardens of Roberto Burle Marx*, Timber Press, Portland, OR, p. 7.

25 MacMillan Johnson, L. (2001), Burle Marx, Roberto 1909–1994, in Chicago Botanic Garden (ed.), *Encyclopedia of Gardens. History and Design*, vol. 1, Routledge, London 2001, p. 121.

26 Preamble of the Grün 80 (1980), quote in *Grün 80. 2. Schweizerische Ausstellung für Garten- un Landschaftsbau*, Basel, 12 April–12 October 1980, management's final report, Basel.

27 Cf. *Grün 80. 2*, ibid.

28 Cf. Kienast, D. Vom Gestaltungsdiktat zum Naturdiktat – oder: Gärten gegen Menschen?, in *Landschaft + Stadt*, issue 3/1981, Ulmer, Stuttgart, pp. 120–128.

29 Kienast, D., Die Sehnsucht nach dem Paradies, in *Hochparterre* 7/1990, Curti Medien AG, Glattbrugg, p. 49.

30 Cf. Kienast, D., Vom Gestaltungsdiktat zum Naturdiktat – oder: Gärten gegen Menschen?, in *Landschaf + Stadt*, issue 3/1981, Ulmer, Stuttgart.

31 Cf. Kienast, ibid.

32 Kienast, D., Vom naturnahen Garten oder Von der Nutzbarkeit der Vegetation, in *Der Gartenbau*, 25/1979, dergartenbau, Zuchwil.

33 Burckhardt, L. (1981), Gartenkunst wohin?, in M. Andritzky, K. Spitzer (eds.), *Grün in der Stadt*, Rowohlt,

    Reinbek, pp. 258/259.

34 Weilacher, U., Das Steifmütterchen wird diffamiert, interviewed by Henning Sussebach in *Dossier*, published by Die Zeit, no. 14, 27 March 2013, Die Zeit, Hamburg, p. 15.

35 Ibid.

36 Jackson, J. B. (1984) *Discovering the Vernacular Landscape*, Yale University Press, New Haven/London, p.8.

37 Cf. Ritter, J. (1989), Landschaft. Zur Funktion des Ästhetischen in der modernen Gesellschaft (1963), i *Subjektivität, Sechs Aufsätze*, Suhrkamp, Frankfurt M., pp. 150–151.

38 Markl, H. (1983), Die Verantwortung für den Bestand des Lebens – Evolution und ökologische Krise, i *Mitteilungen der Deutschen Akademie für Städtebau und Landesplanung*, 27th year, vol. 3, DASL, Hannover, pp. 25–35.

39 Kienast, D., Sehnsucht nach dem Paradies, in *Hochparterre* 7/1990, Curti Medien AG, Glattbrugg, p. 50.

40 Kienast, D., Zwischen Poesie und Geschwätzigkeit, in *Garten + Landschaft* 1/1994, Callwey, Munich, pp. 13–17.

41 Lassus, B. (1996), quoted in U. Weilacher, *Zwischen Landschaftsarchitektur und Land Art*, Birkhäuser, Basel/Berlin/Boston, p. 109.

42 Müller, C. (ed.) (2011), *Urban Gardening. Über die Rückkehr der Gärten in die Stadt*, Oekom, Munich, p. 15.

第5章

景观是生态？

妮娜·玛丽·李斯特（Nina-Marie Lister）

> 生态学家和环保主义者可以在后现代主义的语境框架下工作……并透过艺术家的眼睛来看待景观，展望未来而非哀悼过去，寻找一种可以捕捉并赞美幻想、不确定性和混乱的新的隐喻……我们需要摆脱浪漫主义景观的怀抱，与世界重新融合，这是我们唯一拥有的。

埃里森，2013：90

景观与生态都享有与生命本身的原始联系：没有无生命的景观，也没有无生命的生态。然而，景观与生态之间的关系却是十分复杂的：他们都通过"关系"这一概念产生并进行定义，但这种联系是可变的和动态的。根据牛津词典，景观是以最简明的方式体现了场所的品质和生命的状态——一种存在的状态，类似于友谊或伴侣。[1]"生态"一词来源于希腊语中的"oikos"加上"logos"，本意是指有机组织及其与物理环境之间的关系，字面上意思是对住所（house）的研究。随着不断的发展，借助于隐喻、主题和动机，景观与生态从理论到实践之间的关系在材料和介质之间的摇摆。而设计就是在这种关系之中，去组织这种创造性的张力和策划两者间的动态变化。

策划编排需要进行解构：透过最初的多重焦点的镜头去理解丰富的景观元素。生态学中的那些开创性的、现代的和新兴的思想可能有助于阐明生命景观（living landscape）设计的新的策略和方法。生态学首先被定义为一种科学，它为定义及界定景观实体和概念提供了可实证、可控和可观测的证据。有了这种能力，作为科学的生态学为不同尺度和不同目的的景观设计提供信息，从休闲性的城市公园到大型的生产性景观，再到保护和利用野外栖息地，发挥着重要且越来越大的作用。通过在社会、文化和政策等维度不断地强调物种与环境的关系，生态学的定义不断扩展，为景观的构建提供了更为详尽和细致的引导，因此也为景观设计提供了更多途径。从材料到媒介，从模型到隐喻，从主题到推动力，本文思考了生态学在与景观发生关联，以及在设计研究和实践的影响下所发生的变化和承担的新角色，并探讨景观与生态学之间不断变化的关系。

从材料到媒介：生态学作为一门科学的诞生

从根本上说，生态学是研究生物体之间及其与周围环境之间相互关系的学科。常被认为是

1866年由厄恩斯特·海克尔（Ernst Haeckel）所提出。海克尔将"oekologie"描述为"关于生物体与环境之间关系的综合科学"（Uschmann，1972：6）。更具体地说，他将生态学解释为：

> 关于生物体与环境之间关系的科学，从广义上说，包括所有"生存条件"，其中一部分是有机的、一部分是无机的；正如我们所说的，两者对生物体的形式都具有十分重要的意义，因为它们迫使生物体不断去适应。

海克尔，援引Stauffer，1957：140；引用自Egerton，2013：226

海克尔对生态学的定义受到了许多人影响，尤其是受到自然主义者、探险家和生物地理学家亚历山大·冯·洪堡（Alexander Von Humboldt）的影响，促使他养成了对自然界细致观察的习惯（Egerton，2013）。冯·洪堡作为一为严谨的科学家，在其开创性的著作《宇宙》中留下了大量珍贵的笔记和数据，并且他也成为首位定义植物与动物间形态学关系以及确定一系列塑造它们栖息地的物理变量的科学家之一。冯·洪堡的这部著作作为首个综合了生物学、地理学、气象学和地质学的综合性学科奠定了坚实的理论基础。他也是第一个清晰阐明自然形态和环境因素之间联系，并将之命名为"自然界的统一"理论的人之一（Helferich，2005：25）。海克尔所具有的广泛的环境科学背景和跨学科的观察积累为其最初定义生态学，以及更深层次的认识论概念"形式是作用力的表达"奠定了基础，而后者也成为"生态学思维的开端"（Kwinter，2014：337）。

在将早期的生态学概念发展成为一门专门科学的过程中，海克尔也受到了他的同辈人查尔斯·达尔文（Charles Darwin）的深刻影响。海克尔对达尔文的早期著作已经非常熟悉，他阅读过最早的德译本的《物种起源》；并很快成为"德国最狂热的达尔文追随者"，他写信给达尔文以表达他对其著作的钦佩之情，信中还提到这本著作对他产生的"无法抵抗和持久的印象"（Egerton，2013：223）。基于他对生态学新学科的探索，以及对动物学和地理学之间关系的特殊兴趣，海克尔制作了第一个生态学可视化指南——一幅展示物种演化过程的系统进化表（图5.1）。

因为生物学和地质学这两个学科在理

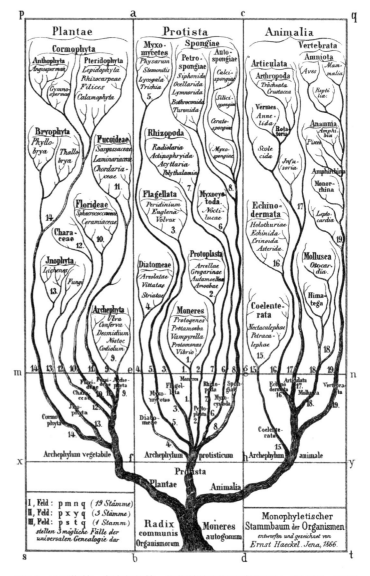

图5.1　厄恩斯特·海克尔的第一幅物种演化的系统进化表。海克尔，1866

论和应用领域都已经拥有既定的谱系，作为这两个学科的爱子（或者可能是表兄弟）的生态学直到19世纪后期才逐渐建立起其地位。到20世纪初期的这50年间，美国植物学家亨利·考利斯（Henry Cowles，1911）、弗雷德里克·克莱门茨（Frederic Clements，1916），以及亨利·格里森（Henry Gleason，1926）和美国的植物学家们，各自通过对植物群落间相互作用的研究，为生态学的基础资料研究作出重大且深远的贡献。他们所提出的多种模型成为演替理论的基础，而这一理论是20世纪生态学发展最为核心的模型之一，尽管这一模型已经产生了更多的变化也更加复杂，但却一直沿用至今。在广义的演替过程中[2]，随着干扰事件的发生，其中一些生态群落被另一些群落所替代，这一过程被许多自然主义者认为实际上是一个景观过程，正如亨利·梭罗（Henry Thoreau，1887）和查尔斯·达尔文著作（［1859］1964）中所提到的一样。在达尔文及其同事同辈人阿尔弗雷德·罗素·华莱士（Alfred Russell Wallace）所合写的一篇论文中提到，他们观察到即使是最小的景观斑块也表现出一种"改变、组织和转换其构成要素种类和比例"的趋势（Darwin and Wallace，1858：48）。亚瑟·坦斯利（Arthur Tansley）爵士是一位颇具影响力的英国植物学家和动物学家，他通过对植物和动物群落与环境之间相互作用的研究在1935年提出了"生态系统"的概念（Golley，1993；引用Tansley，1935）。近来，生态系统稳定和连续状态的概念开始变得更加微妙，现在连续状态被理解成一系列不连续和暂时状态的集合，并且其中蕴藏着多种变化的可能性（参见Lewontin，1969；Holling，1973；Beisner *et al.*，2003；Folke *et al.*，2004中的案例），如图5.2所示。

然而，即使经历了一个世纪，生态学仍然是一个相对年轻的学科，一个复合的领域，关注不同尺度下生命和物理系统的各个方面。鉴于在多个尺度和不同背景下生态学所关注的焦点的复杂性，并不让人惊讶的是，在过去半个世纪中，生态学发展的显著特征是向着整体系统思维

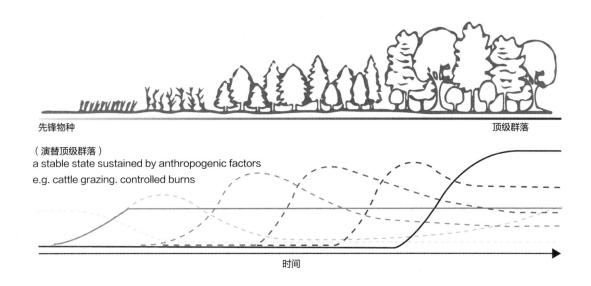

图5.2 植物群落演替的顶级状态，M. Frocki，2014

和特定尺度简单化应用两个极端分裂，这种分裂意味着生态学理论和研究沿着两条不同的路径发展：生态系统生态学和群落生态学。这两条路线共有三个主要的研究领域：结构生态学（涉及描述、分类和自然历史），功能生态学，以及演化生态学。生态学的发展路径之所以会分裂，部分原是因为种群生态学在20世纪基本延续了传统的科学方法，使用调查和实验的还原论模式，而生态系统生态学在过去三十年中却专注于一种复杂的系统视角（Lister，1998，2008）。

基于坦斯利在1935年提出的生态系统模型，尤金·奥德姆（Eugene Odum）和霍华德·奥德姆（Howard T. Odum）两兄弟在20世纪50年代中期共同提出了生态系统生态学。1953年这两位动物学家共同出版了首部关于生态学的英文教科书——《生态学基础》。然而直到20世纪60年代后期，伴随着公众对空气、水污染、人口增长、资源日益枯竭的关注所带来了环境保护主义的兴起，以及1962年蕾切尔·卡逊（Rachel Carson）的代表作《寂静的春天》所揭露的持久的化学物质所带来的健康风险，生态学才真正被认为是一门成熟的科学。并随后被常规科学领域所接纳。[3]由于对环境和资源管理问题研究资金的投入，应用领域研究快速发展，很大程度上促使生态学研究成果发表数量快速增加。正是由于大多数生态学研究是在20世纪后期日益增长的环保意识背景下完成的，生态学无论作为一种媒介还是科学家本身都与环保主义有着密切的关系，就如同常规科学与医学的关系类似（MacIntosh，1976）。但是鉴于生态过程或者更确切地说鉴于景观过程的尺度，以及为观察这些现象所开发的工具，现在这种模式已经开始发生变化。

伴随着生态系统生态学（通过使用遥感和地理信息系统等新的观测技术可以实现复杂数据的绘图和建模，这使关注巨大的空间和时间尺度成为可能）和应用生态学（以解决从生物多样性减少到资源枯竭等紧迫的环境问题为目的）的兴起，在过去的20多年间，生态学作为一门学科已经完成了一次范式的转变。[4]随着关于整个生态系统功能的科学研究和相关论文越来越多，生态学思维跨越了研究和应用之间的障碍，脱离了稳定和控制性的机械模式，转变为更加开放、灵活、弹性和适应性的有机模式。换而言之，生态系统现在可以被理解为一个开放的系统，其行为方式是自组织的，并且在某种程度上是不可预测的。实际上，变化是内置于生命系统之中的，也因此被融入随之而来的景观之中，它们的部分特征是不确定性和动态变化。

从模型到隐喻：新兴生态学与弹性的作用

范式的转变将生态学与景观的关系置于一个新的领域之中，并为设计提供了新的角色。从这个意义上讲，受到生态学启迪的景观设计，与生态学一样既是一门应用科学，也是一种对变化进行管理的结构，一种可持续发展的背景下随时间变化的概念模型（Reed and Lister，2014）。值得注意的是，这种新兴的本体论模式所需要的不仅仅是生态学的知识和媒介：它必须更加广泛地借助生态学思维的力量[5]，以及蕴含在生态学思维之中的相关隐喻、主题和动机，才能够理解和揭示生态学结构、模式和过程。对于景观设计师而言，介入各种生态系统的核心挑战在于如何理解和激活弹性。

在生态、景观和都市主义领域中，相关研究与政策响应之间的协同作用不断增长，而当代的生态学理论中弹性的出现与这些协同作用有着密切的关联。这种新的变化出现的十分及时，它受到了千禧之交几次重大转变的强烈影响。其中最为明显的转变是全球城市化，当代我们的定居模式倾向于大规模的城市化。20世纪的特点是大规模迁徙到越来越大的城市区域，导致"巨型城市"的兴起及其随之而来的郊区、郊外住宅区和与之相关的现代大都市景观现象。[6] 对于世界上大多数人口来说，城市正在快速成为独特的景观体验，而同时生态也变得越来越城市化。[7]

特别是北美，城市化的转变已经（似是而非地）出现，城市物质基础设施的质量和性能普遍下降。上个世纪初期为服务城市中心而建造的道路、桥梁、隧道和下水道在正在老化，甚至在某些情况下已经开始崩溃，但是重建这些过时但又必不可少的公共基础设施的政治意愿和公共资金却正在消失。更为严重的是，气候变化和与之相关的风暴事件的频度及严重程度不断增加，随着这些基础设施的持续衰退，它们越来越容易遭受灾难性的破坏，从而使损失和影响程度更加严重。

生态学新范式的出现代表了另一个重要且伴随着城市化和气候变化发生的转变。在过去25年中，生态学领域已经从经典的还原论，关注稳定性、确定性、可预测性和秩序转变为更加支持动态系统变化和与之相关的不确定性、适应性和弹性。越来越多的生态学理论反映了复杂系统思维的概念，加上拥有经验性的证据因而被发现是一种具有启发式的方法，对制定相关决策特别是景观设计十分有帮助（Lister，2007；Reed and Lister，2014）。

伴随这种新的生态学范式出现了另外一种重要的转变，即为弹性恢复力创造所需的协同作用：在过去的15年里，景观在学术和实践领域的复兴，以及与规划和建筑在学术和专业应用领域的整合。景观学者已经将城市后工业景观的兴起以及不确定性和生态过程视为景观理论与实践复兴的催化剂（Corner 1997，1999；Waldheim，2006）。景观学及其应用被认为是一门广泛融合艺术、设计、生态学知识和生态学思维的跨学科的领域，现在它还包含了城市空间中新的专业实践领域。考虑到气候变化和城市越来越脆弱的应对能力，加上不断变化的城市化背景，转变了我们对景观和生态的理解，景观和生态为当代大都市区域新的规划和设计方法提供了强大的协同作用。这种协同作用也是弹性成为新生态学必要组成部分的重要催化剂。

弹性概念起源于至少四个研究和应用性的学科：心理学、救灾与军事防御、工程学和生态学。对弹性政策的全面审视[8]，显示弹性的概念是广泛参照上述几个学科来进行定义的，这些学科普遍都关注灵活性和适应性等心理特征，例如，应对压力的能力；在压力期后恢复到已知正常状态的能力；如何保持压力状态下的福祉；面对变化和挑战时的适应能力。[9] 然而在如此广义的背景之下使用"弹性"概念也引发了重要的操作问题，即多大的变化是可以容忍的？哪种"正常"状态是可取的或可实现的？在什么条件下有可能恢复到已知的"正常"状态？在依据这些广义的弹性定义而制定的政策中，很少或根本没有明确认识到适应性和灵活性实际上很可能导致转变——因此，需要一种转化能力，这在面对一定尺度上激烈、大规模和突然的系统性变化时所首先需要具备的。以海平面为例，如果我们能够接受水位会在季节性变化幅度之内升降，可能会更好的接受一个变化幅度内的"正常"状态而不是单一的静止状态，后者从根本上说是一个不可持续的脆弱状态。

另一个更重要的，以稳健的系统为导向的关于弹性的思考面临着一个困难却不能回避的问题，在变成一个不可识别并且功能完全不同的实体之前，一个人、一个社区或一个生态系统能承受多少改变（Walker，2013）。如果弹性是一个有用的概念，在普遍的生态学思维和具体的设计应用中，它必须能够指导如何安全地改变而不是完全抵制变化。当前的政策和设计策略强调了一种错误的导向，既关注如何"恢复"到最终无法持续的"正常的"的景观状态，这将威胁到弹性潜力的发挥。

随着与复杂系统生态学和社会–生态系统理论与实践之间越来越多的跨学科研究，景观与生态的关系在跨越千禧年的这三十年间变得更加紧密。这些相对较新的生态学文献为弹性理论的研究和应用提供了广泛的启发和经验的支持。因此，为了实现长期可持续的目标，在我们政策和设计中嵌入、应用和测试弹性的构造和措施显得十分重要。作为可持续发展的基本能力，弹性的应用源于复杂系统生态学的研究，这一理论首先是由美国生态学家尤金·奥德姆和霍华德·奥德姆两兄弟提出的，之后由加拿大生物学家克劳福德·斯坦利·霍林（Crawford Stanley Holling）发展而形成（Odum and Odum，1953；Odum，1983；Holling，1973）。

20世纪70年代末到80年代初期，这项研究标志着生态学科发展的重大转变的开始。总的来说，各个尺度的生态学研究都逐渐远离了基于封闭（通常是机械）系统的工程模型所产生的，稳定性和控制性的预测模式，转向开放性、不确定性、灵活性、适应性和弹性的更为有机的模式。现在生态系统被理解为开放的、自组织的系统，这些系统本质上是多样的、复杂的，并且在某种程度上是不可预测的。

这种新的生态学受到了奥德姆兄弟早期生态系统分析的影响，伴随着复杂科学的兴起和伊利亚·普里高津（Ilya Prigogine）、路德维希·冯·贝塔朗菲（Ludwig Von Bertalanffy）、维斯特·切奇曼（C. West Churchman）、彼得·查格兰（Peter Checkland）等20世纪后半叶其他学者的开创性成果而产生。生态学研究开始自成一体，有别于生物学和动物学，关注于大尺度和跨尺度（联通）生态系统的功能和过程。生态系统生态学作为复杂系统研究的产物，结合了景观生态学新学科和相关空间分析（借助于新的工具，如高分辨率卫星影像），为土地利用规划提供了多尺度、跨学科和综合的研究方法。20世纪70年代，F·赫伯特·鲍曼（F. Herbert Bormann）和吉恩·莱肯斯（Gene Likens，1979）首次进行了哈伯德·布鲁克流域生态系统研究[10]，建立了长期的生态研究计划（称为LTTEPs）。这个项目在20世纪80年代和90年代产生了巨大的影响，越来越多的人开始认识到，动态过程是生命和景观所固有的和必不可少的，并且生态系统应该被理解成开放和复杂的系统，其中的结构和功能是相互关联并且依赖规模效应的。

动态生态系统模型是生态学研究的一个重要发展方向，它与在20世纪占主导地位的传统线性模型有着显著区别。弹性是这一发展过程中出现的一个重要概念。根据本文之前生态演替过程的定义，线性模型认为生态系统逐渐且稳定地进入持续的顶级状态，在这种状态下除非受到系统外部力量的干扰，否则不会发生改变。相比之下，基于各种全球背景下长期研究所产生动态生态系统模型则认为所有生态系统都会经历一个循环过程，这个过程包括四个阶段：快速增长，稳定守恒，释放和重组。被称为适应性循环，或霍林图形8-四格（Holling figure 8, four-box）[11]，这个广义的模型是一个极为有用的概念性模型，描述了生态系统如何随时间变化自我组织，并对变化作出反应。每个生态系统的适应性周期都是不同的，并且是相互关联的。每个系统如何从一个阶段发展到下一个阶段取决于系统的规模、环境、内部连接、灵活性和系统的弹性（图5.3）。

生态系统是不断变化的，往往是不连续和不均匀的，在小尺度或大尺度上缓慢或快速的变

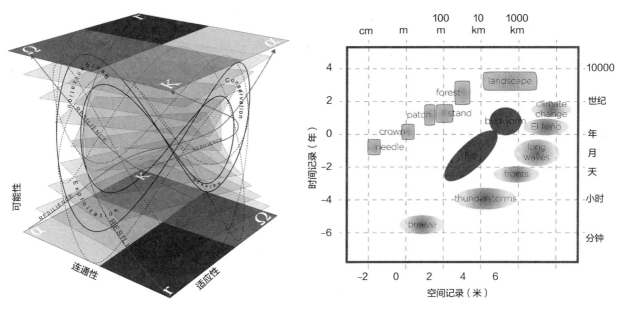

图5.3 改进的霍林四格（生态系统动力学和适应性周期），福尔奇、里德和李斯特重新绘制，2014

图5.4 涵盖多尺度的生态系统动力学。冈德森和霍林，2002（由M·布罗基重新绘制）

化。虽然一些生态系统的状态似乎是稳定的，但这不是数学意义上严格的稳定状态，而是一种人体尺度或有限时间内的停滞感。C·S·霍林（1992）在资源管理应用领域率先提出了这一概念，他将生态系统描述为"变化稳态的嵌合体"，暗示了稳定性的分布并不规则且与规模相关，并非在某一时间或空间点整个系统恒定不变的状态。其关键是生态系统在不同尺度上运作，其中一些较为零散，另一些则是紧密相连，并且所有这些都可能以不同的速率发生变化（图5.4）。我们所理解的在人类一生中稳定的生态系统，可能在更长的时间尺度上是短暂的，这种认识对我们如何管理、规划或设计该系统具有深远的影响。

在稳定，变化和弹性之间存在着重要的连接——一种生命系统的内部属性和系统适应性循环的基本功能。弹性同时具有启发性和经验性两个维度，这是由于它起源于心理学、生态学和工程学。作为一种启发性或指导性的概念，弹性是指生态系统承受和吸收环境变化的能力，以及在这些变化之后，恢复到系统中可识别的稳态（或一种常规循环状态），并在这种状态中，保持其基本的结构、功能和反馈。作为一个起源于工程的经验性结构，弹性是指生态系统（通常是小尺度，具有已知变量）在变化事件发生之后，其结构和功能恢复到已知可识别状态的速率。这些变化事件被认为是干扰，C·S·霍林（1986）则称之为"惊奇"，是正常生态系统动力学的一部分，但它们也是不可预测的，会导致系统突然中断。这些事件包括森林火灾、洪水、虫害爆发和季节性风暴等。系统在某一尺度承受突然变化的能力的前提是假设系统的运行保持着一种稳定的组织模式，并且包含最初的稳定状态。然而，当生态系统突然从一种稳定的组织方式转变成另一种方式（在重组阶段，通过系统状态之间的转换或所谓的"组织方式转变"），就需要对生态系统的动态进行更为具体的评估。这时，生态弹性就是衡量系统从一种状态转变成另一种状态所需要的变化或破坏的标准，而一种新的状态也需要与之前不同的功能和结构来维持（Holling，1996；Walker *et al.*，2004）。

弹性的每一个细节都至关重要，因为这些细节强调了定义"正常"条件时内在的社会文化和经济挑战，以及在不同的尺度上可以接受多少变化。这时理解我们所处的景观系统变得至关重要，并且鉴于其固有的不确定性，我们应该通过多种方式来了解：经验、观察和实验。事实上，如果任何生态系统都有多种可能的状态，那么就没有单一的"正确"状态，只有我们支持或阻止的状态。值得注意的是，这些不是科学问题，而是社会、文化、经济和政治价值观的问题，同时也是设计的问题。弹性的研究有助于探索生命系统中固有的矛盾——稳定与干扰之间的紧张关系、稳定与变化、可预测性和不可预测性——及其对管理、规划和设计的影响。简而言之，弹性"主要是为了学习如何改变，以免被改变"（Walker，2013）。

从动机到目的：景观的弹性

最近，越来越多的应用生态研究，以及政策和设计领域的相关实践，一直试图了解我们认为稳定的那些生态系统的状态是怎样的？它们在什么尺度上运作？它们会对我们产生什么作用？更重要的是，认识到稳定可以是积极的也可以是消极的，正如变化并不一定是好的也不一定是坏的一样。因此，虽然我们希望达到理想的稳定状态（例如，获得负担得起的食物，或者大多数公民的健康），但我们希望避免病态的稳定（例如长期失业、战争状态或独裁统治）。

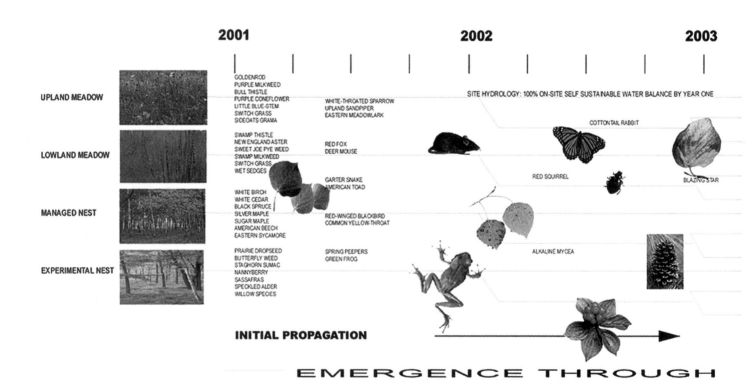

图5.5 适应性栖息地设计，约2000，当斯维尔公园，詹姆斯·科纳、S·艾伦和尼娜·玛丽·李斯特

这对景观管理、规划和设计也具有重要意义，因为这种认知已经意识到人类并非置身生态系统之外，相反，人类参与了生态系统的演变，并且是生态系统设计的原动力。

在此背景下，过去二十年来发展起来的生态学的分支城市生态学为弹性提供了一个新的市场（实例参见Pickett等，2004，2013）。城市设计、环境规划和风景园林的相关实践为更加健康的城市设计和规划提供了不同层面的服务，在这些城市中自然景观将得到很好的保护与发展。一些环境学者的成果，如威廉·克洛宁（William Cronin，1996）、卡罗琳·麦茜特（Carolyn Merchant，1980，1989）和戴维·奥尔（David Orr，1992），以及景观设计师的实践，如安·维斯特·斯本（Anne Whiston Spirn，1984）、弗雷德里克·斯坦纳和詹姆斯·科纳，都挑战了人类与自然的二元论，将自然带入城市的怀抱之中。埃里森哀叹道："充满浪漫的景观概念令人窒息，它让人类远离了自然与世界"（Ellison，2013：87）。然而，在城市生态的时代，"城市"和"乡村"这两个曾经一度分离的概念又纠结在了一起，城市与荒野之间的界限已经模糊，一个新的设计的领域已经出现（图5.5）。

这种边界的模糊，加上当代生态学思维以及随之而来的自然范式是对生态决定论和盲目追求永久稳定的重大突破。对永久稳定的盲目追求是由因为一直幻想着自然平衡的状态，而新的自然范式则强调一种复杂的、动态的开放系统，在这一系统中多样性是必不可少的，不确定性

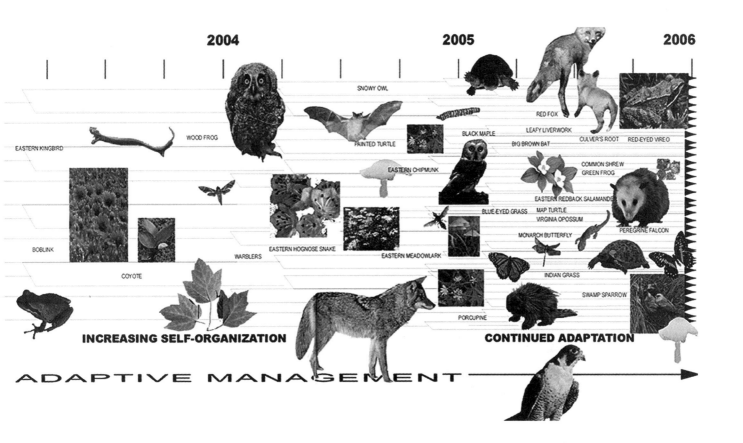

也是常态。例如，在研究原始森林的发展模式时，埃利森观察到，"我们掌握的所有数据都清楚地表明，原始森林至少在森林时期是非常短暂的。它是一种短暂而独特的存在，而不是永恒的平衡，这也是珍惜一个这些原始森林很好的理由"（Ellison，2013：87）。事实上，人们越来越清晰地意识到生命景观的斑块性、动态性和明显的"杂乱性"，它让我们停下来重新思考我们如何定义和评价自然界，以及我们在其中所处的位置（图5.6，图5.7）。随之而来的是，文化和自然生态在我们的城市化景观中日益融合，为弹性思想和实践的发展提供了有利的机会，也为设计提供了新的领域。通过对社会生态系统科学的跨学科研究，形成了一种新的实践形式[12]，在这一形式中，人类与自然系统相互关联成为一种常态。

弹性的景观设计是怎样的？我们需要采用哪些策略来进行弹性设计？为了激活这种设计模式，我们可以概括性的总结当代生态学在普适的适应性复杂系统方面以及具体的弹性方面有哪些关键性原则。[13]首先，在多重尺度上，变化既可以是缓慢的也可以是快速的。这意味着必须

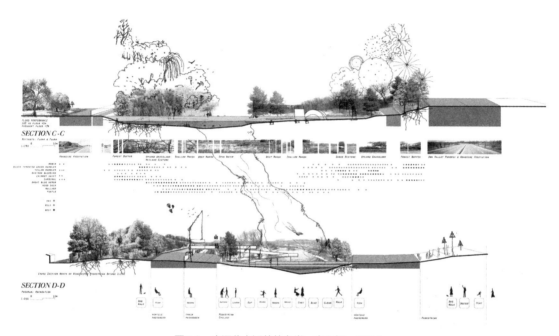

图5.6　唐河谷中迁徙的鸟类，宋和杨，2014

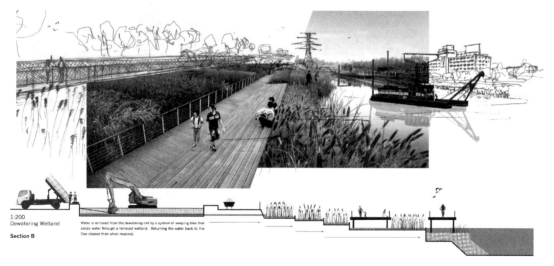

图5.7　顿河下游的土壤冲刷作为生产性景观，L·利特菲尔德和R·菲力克斯，2014

超越某一时间和空间的尺度，使用多种工具来理解整个系统。慢变量可能比快变量更加重要，因为它们提供了必要的（如果是临时的）稳定性，可以从一定距离以外更加安全的进行"变化"研究。但是并不一定有普遍性的进入点或较为理想的有利位置。使用不同的认知方式和多种工具从多个角度去绘制，描述和分析这个系统显得至关重要。如果不确定性不可能减少，而且可预测性是有限的，那么传统的专家的作用也是有限的，设计师的角色可能更加类似于引导者或管理者。

其次，联通性和跨尺度的模块化十分重要，并且反馈机制应该既严厉又宽松。弹性系统如果不是紧密耦合的，就无法经受系统快速和破坏性变化的冲击。例如，儿童应该一定程度暴露在病毒环境中以促进其免疫力的提高，但是也不能使影响程度过大以至危害其长期健康。同样，弹性设计策略必须考虑结构和功能的新颖性和冗余性。一个实例是公园中的路径系统，整个系统通过清晰易读且高效的层次结构联系在一起，但是整个系统又不会连接的十分紧密，以至于破坏栖息地、相互重叠或阻碍了自发性的探索。

再次，生态系统没有单一的正确状态，它可以在多种可能的状态下运作。重要的是确定在自适应周期中，利益体系在怎样的，这样决策制定者和设计者就可以学习其运作模式，并展望其未来变化（如果不能预测它）。最终，各个阶段中被感知的稳定性都将结束，系统将进入自适应周期的新阶段。景观设计的非线性方法包括在生态系统发展的各个阶段内不断往复或改变状态，这将有助于促进变革（图5.8）。例如，设计季节性洪泛景观或短时间内快速

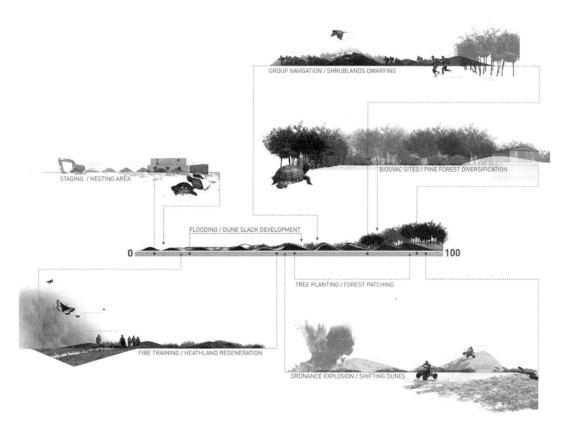

非线性栖息地管理
马萨诸塞州军事保护区

图5.8　非线性的栖息地管理设施，G·沃思，2014

变化的水阶梯。

通过这种方式，生态演替成为了一种对于城市生态系统动态变化而言十分有效的隐喻，或一种启发式的模型。随着时间变化，城市生态系统中城市肌理的某一性质被另一种性质所代替，这一过程或缓慢或快速，例如，去除贫民窟、拆迁、乡绅化、致密化、后工业化、市场经济转变和社区人口变化等。逐渐的，城市景观在结构和功能上变得越来越复杂，因此可以合理地预期，城市的文化和自然将不断交融。例如，城市生物多样性通常是指非本地物种十分丰富，这些非本地物种可以很好地适应新的环境，于是在城市和郊区环境中都能很好地生存下来，最终演变成杂交物种，如北美东北郊狼（coywolf），在城市和荒野之间的重组空间中茁壮成长（Del Tredici，2014；Velasquez-Manoff，2014）。[14]

最后，弹性系统被多样性和内在却不可或缺的不确定性所定义。成功的弹性设计策略应该应用多样化的战术，通过现场试验和生态响应的方式来实施。这些方法即使失败也应该是安全的，即"故障安全"，同时还要避免一些错误的认识被认为是故障安全的（Lister，2007）。这是一个重要的区别，因为传统的工程依赖于预测和确定性来假设故障安全设计的条件，但是在复杂的社会和生态动态条件下这是不可实现的，它的可预测性是非常有限的，最多集中于某一特定尺度内。即使能够非常详尽的了解某一尺度，对它进行专门的管理，却有可能危机到系统整体的功能和弹性。还原主义也告诫道，将某一尺度上所获得的知识应用于整个系统的"按比例缩放"的方式对尺度相互嵌套的复杂系统而言并不适用。应该对支持和促进弹性的景观设计策略进行建模，以验证其相关属性，例如，建立模拟生态结构及其功能的生命基础设施，对其进行测试和监控，以学习和适应不断变化的环境，并将其应用在设计中（图5.9、图5.10）。各种设计实验（Felson，2005）的快速原型（Scharphie，2013）都应该植入到景观基础设施项目的调试过程中，以便在需要紧急解决方案和不确定性的动态环境中使用（Functowicz and Ravetz，2003）。对传统的设计师和专家而言，看似混乱和充斥着方言的社区设计工作坊却可以提供对环境的深刻见解和清晰的当地价值观，这对确保设计项目与当地环境的关联性及管理来说十分重要。当处于一个足够小，不会造成长期影响的尺度时，即使设计实验失败，它们仍然可以确保安全。

在弹性的背景下，生态学范式的转变奠定了这些景观设计方法以及其他新兴方法的产生，而这些方法也反映出了生态学范式转变的一些特征：往往是跨学科的，整合了相关学科，特别是景观、建筑、工程和生态，以及更为广泛的艺术和科学。这些学科并非简单的结合（Handel，2014），而是在彼此之间自由的摇摆，这也正是景观与生态学两者之间的关系。它们跨尺度的自由交叉，并以令人惊讶的新颖方式相互结合。现在的设计越来越多的使用有生命的"蓝色"和"绿色"基础设施来柔化海堤、固定土壤、提供屋顶栖息地、清洁雨水、吸收和保存洪水，以及让动物安全地跨越公路，这些都是共同的和乐观的证明，证明了新的设计形式的出现，这种设计形式模仿、模拟和证实了启迪着我们并支撑着我们的生命系统。然而，激活弹性又是一项管理性的工作，需要通过巧妙而谨慎的方式来进行景观基础设施的设计：一种具有文脉联系的、易读的、微妙的和反应灵敏，规模小但累计影响大的方式。这种新兴的设计模式隐含了一种对易读性的追求：必须使不可见之物可见，基于我们无法看到、认识到、无法命名或评定价值的，且最终无法理解与保护的前提，去揭示各种本质的系统现象（Wolff，

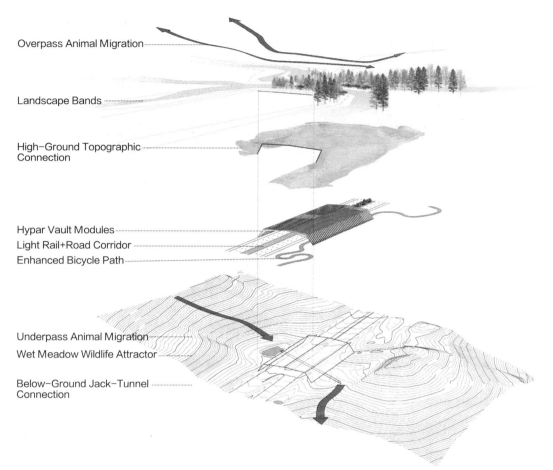

Overpass Animal Migration

Landscape Bands

High-Ground Topographic Connection

Hypar Vault Modules
Light Rail+Road Corridor
Enhanced Bicycle Path

Underpass Animal Migration
Wet Meadow Wildlife Attractor

Below-Ground Jack-Tunnel Connection

图5.9　野生动物穿越基础设施：马鞍拱-穹顶模式，HNTB & MVVA，2010

2014）。运用这种识别力来为改变而设计，我们应该培养一种弹性的文化以及长期可持续性的适应和变革的能力。当然，我们也渴望通过共享景观变革和定义我们的生态系统（the ecologies that define us）来实现蓬勃的发展，而不仅仅是生存：在我们所有凌乱的成就中，从物质和媒介到隐喻和动机。

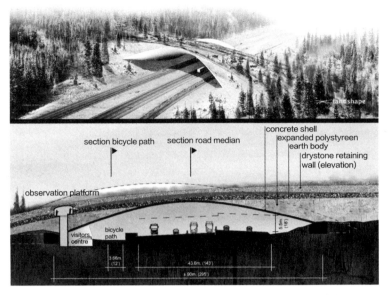

图5.10　野生动物穿越基础设施：景观 ZJA，Zwarts & Jansma 建筑事务所，2010

致谢

　　我非常感谢马尔塔·布罗基（Marta Brocki）所提供的清晰的图像和研究上的帮助，感谢哈佛大学设计研究生院的同学们在我的批判性生态学研讨课程中富有思考性的讨论和创造性的设计成果帮助我形成了这些想法，本文出自2010年至2012年间在哈佛大学设计研究生院举办的查尔斯·瓦尔德海姆系列研讨会中的讲座"景观是生态吗?"，以及随后的批判性生态学研讨会中的讲座。

注释

1 For more on the etymology of landscape, see Vittoria Di Palma's "Is Landscape Painting?" (Chapter 2 in this volume).
2 Succession is a process by which one ecosystem community is gradually replaced by another. In classical ecological theory (Clements 1916), primary succession begins with short-lived, rapidly-reproducing pioneer species (for example, a fallow field colonized by herbaceous plants including weeds) and proceeds through secondary succession to longer-lived and slower-growing species (for example, a closed-canopy forest of old-growth trees). Subsequent communities are usually more diverse in their structures and functions, which lead to greater ecosystem stability—at least temporarily. The terminal or most complex and diverse community for a given bioregion is referred to as the climax community. Climax communities are semi-stable, and can persist indefinitely under prevailing environmental conditions. However, climax communities are eventually and inevitably replaced, when prevailing conditions change, usually through sudden catastrophic events in which many of the structures and functions of the community are disrupted, opening up new opportunities and niches for new species (Whittaker 1953). Contemporary ecological theory has now given way to a less deterministic and more complex model of succession in which there exist multiple stable and semi-stable states through which an ecosystem can oscillate over time. For example, the addition of a disclimax state is a later addition to this model (Greenwood and Edwards 1979) which recognizes that a stable community that is maintained and dominated by human uses (or anthropogenic disturbances) and in which native species are displaced, can be highly stable and effectively prevents the recolonization by native species. For more on the theory and various models of succession see Connell and Slatyer (1977).
3 Normal science is used here in the sense elaborated by Thomas Kuhn (1962), who observed that the

traditional scientific model develops knowledge through accumulation of facts and theories, but that in fact, a cycle of episodic scientific revolutions interrupts this process, resulting in paradigm shifts that change the way knowledge is understood in society. The recognition that ecosystems are dynamic, open, complex systems rather than closed, static, stable systems, is an example of a recent paradigm shift in ecology in the last 25 years (Lister 1998, 2008).

4 See Reed and Lister (2014) and Waltner-Toews, Kay and Lister (2008).

5 In the sense elaborated by Kwinter (2014), for example.

6 The United Nations projects that in 2030 there will be 5 billion urbanites with three-quarters of them in the world's poorest countries (United Nations 2011). In 1950, only New York and London had over 8 million residents yet today there are more than 20 megalopolises, most in Asia (Chandler 1987; Rydin and Kendall-Bush 2009).

7 According to the World Health Organization (WHO) the percentage of people living in cities is expected to increase from less than 40% in 1990 to 70% in 2050 (World Health Organization 2014).

8 See for example, a variety of North American and International examples of resilience policies compiled in the Resilient Cities Series (ICLEI 2012) and in the Rockefeller Foundation's Resilient Cities program (e.g. www.100resilientcities.org, accessed August 2015).

9 The US Department of State's Deployment Stress Management Programme defines resilience in a psycho-social context and the same language of resilience is often used in policy documents referencing resilience (US Department of State 2014).

10 For continuing work based on this pioneering study see the Hubbard Brook Ecosystem Study (USDA Forest Service 2014).

11 First described by CS Holling in "Resilience of ecosystems; local surprise and global change" (1986), and modified by Gunderson and Holling in *Panarchy* (2002), and more recently by Chris Reed and Nina-Marie Lister (2014).

12 The development of social-ecological systems science, supported by case study analyses, can be followed in Gunderson and Holling's *Panarchy* (2002), Berkes et al.'s *Navigating Social-Ecological Systems* (2002), and Waltner-Toews et al.'s *The Ecosystem Approach* (2008).

13 Related versions of these principles, described variously as system attributes, tenets and characteristics, are elaborated in Gunderson and Holling (2002), Waltner-Toews et al. (2008), and more recently Walker and Salt (2012).

14 This poses new challenges for the practice of ecological restoration, which has typically been focused on returning a previous ecosystem state. Often this is a climax state representative of an idealized nature that is no longer present but important for social-cultural reasons, which may require the removal of newer, hybridized species and population better suited to contemporary conditions, and more relevant to a current social-cultural context. For example, plants that were once branded as weeds or as non-native invaders can —in some contexts—provide beneficial functions in soil remediation and building, erosion control and nutrient retention in otherwise degraded urban sites that would prove difficult, costly or otherwise unsuitable for ecological restoration work (see e.g. Del Tredici 2014; Handel 2013).

参考文献

Beisner, BE, Haydon, DT and Cuddington, K 2003, Alternative stable states in ecology, *Frontiers in Ecology and the Environment*, vol. 1, no. 7, pp. 376–382.

Berkes, F, Colding, J and Folke, C (eds) 2002, *Navigating Social-Ecological Systems: Building Resilience for Complexity and Change*, New York: Cambridge University Press.

Borman, HF and Likens, G 1979, *Pattern and Process in a Forested Ecosystem*, New York: Springer-Verlag.

Carson, R. (1962) *Silent Spring*, Houghton Mifflin, Boston.

Chandler, T 1987, *Four Thousand Years of Urban Growth: An Historical Census*, Lewiston, NY: St. David's University Press.

Clements, FE 1916, *Plant Succession: An Analysis of the Development of Vegetation*, Washington, DC: Carnegie Institution of Washington.

Connell, JH and Slatyer, RO 1977, Mechanisms of succession in natural communities and their role in community stability and organization, *The American Naturalist*, vol. 111, no. 982, pp. 1119–1144.

Corner, J 1997, Ecology and landscape as agents of creativity, in *Ecological Design and Planning*, eds G

Thompson and F Steiner, New York: John Wiley.

Corner, J 1999, Recovering landscape as a critical cultural practice, in *Recovering Landscape*, ed. J Corner, Princeton, NJ: Princeton Architectural Press, pp. 1–26.

Cowles, HC 1911, The causes of vegetational cycles, *Annals of the Association of American Geographers*, vol. 1, no. 1, pp. 3–20.

Cronin, W 1996, *Uncommon Ground: Rethinking the Human Place in Nature*, New York: WW Norton & Company.

Darwin, C [1859] 1964, *On the Origin of Species*, facsimile of 1st edition, intro. E Mayr, Cambridge, MA: Harvard University Press.

Darwin, C and Wallace, AR 1858, On the tendency of species to form varieties; and on the perpetuation of the varieties and species by natural means of selection, *Journal of the Proceedings of the Linnaean Society of London: Zoology*, vol. 3, no. 9, pp. 45–62.

Del Tredici, P 2014. *The Flora of the Future*, in *Projective Ecologies*, eds C Reed and N-M Lister, New York: Harvard GSD and Actar Press, pp. 238–257.

Egerton, FN 2013, History of ecological sciences, part 47: Ernst Haeckel's ecology (contributions), *Bulletin of the Ecological Society of America*, July, pp. 222–244, http://esapubs.org/bulletin/current/history_list/history 47.pdf (accessed August 22, 2014).

Ellison, A 2013, The suffocating embrace of landscape and the picturesque conditioning of ecology, *Landscape Journal*, vol. 32, no. 1, pp. 79–94.

Felson, A 2005, Designed experiments: new approaches to studying urban ecosystems, *Frontiers in Ecology and the Environment*, vol. 3, no. 10, pp. 549–556.

Folke, C, Carpenter, S, Walker, B, Scheffer, M, Elmqvist, T, Gunderson, L, and Holling, CS 2004, Regime shifts, resilience, and biodiversity in ecosystem management, *Annual Review of Ecology, Evolution, and Systematics*, vol. 35, pp. 557–581.

Functowicz, S and Ravetz, J 2003, Science for the post-normal age, *Futures*, vol. 25, no. 7, pp.739–755.

Gleason, HA 1926, The individualistic concept of the plant association, *Bulletin of the Torrey Botanical Club*, vol. 53, pp. 7–26.

Golley, F. 1993, *A History of the Ecosystem Concept in Ecology: More than the Sum of the Parts*, New Haven, CT: Yale University Press.

Goodland, RJ 1975, The tropical origin of ecology: Eugen Warming's jubilee, *Oikos*, vol. 26, pp. 240–245.

Green, J and Lister, N-M 2011, An interview with Nina-Marie Lister, *The Dirt*, June 7, http://dirt.asla.org/2011/06/07/interview-with-nina-marie-lister.

Greenwood, NH and Edwards, JMB 1979, *Human Environments and Natural Systems*, Belmont, CA: Duxbury Press, p. 39.

Gunderson, L and Holling, CS (eds) 2002, *Panarchy: Understanding Transformations in Human and Natural Systems*, Washington, DC: Island Press.

Haeckel, E 1866, *Generelle Morphologie Der Organismen*, 2 volumes, Berlin: G Reimer.

Handel, SN 2013, Ecological restoration foundations to designing habitats in urban areas, in *Designing Wildlife Habitats*, ed. J Beardsley, Cambridge, MA: Harvard University Press, pp. 169–186.

Handel, SN 2014, Marriage therapy for ecologists and landscape architects, *Ecological Restoration*, vol. 32, pp. 343–344.

Helferich, G 2005, *Humboldt's Cosmos*, New York: Gotham Books.

Holling, CS 1973, Resilience and stability of ecological systems, *Annual Review of Ecological Systems*, vol. 4, pp. 1–24.

Holling, CS 1986, Resilience of ecosystems: local surprise and global change, in *Sustainable Development of the Biosphere*, eds WC Clark and ET Munn, Cambridge: Cambridge University Press.

Holling, CS 1992, Cross-scale morphology, geometry and dynamics of ecosystems, *Ecological Monographs*, vol. 62, no. 4, pp. 447–502.

Holling, CS 1996, Engineering Resilience versus Ecological Resilience, in *Engineering Within Ecological Constraints*, ed. PC Schulze, Washington, DC: National Academy Press, pp. 51–66.

ICLEI 2012, Resilience library, http://resilient-cities.iclei.org/resilient-cities-hub-site/resilience-resource-point/resilience-library/examples-of-urban-adaptation-strategies (accessed July 20, 2014).

Kuhn, T 1962, *The Structure of Scientific Revolutions*, Chicago, IL: University of Chicago Press.

Kwinter, S 2014, Combustible landscape, in *Projective Ecologies*, eds C Reed and N-M Lister, New York: Harvard GSD and Actar Press, pp. 336–353.

Lewontin, RC 1969, The meaning of stability, *Brookhaven Symposia in Biology*, vol. 22, pp. 13–23.

Lister, N-M 1998, A systems approach to biodiversity conservation planning, *Environmental Monitoring and Assessment*, vol. 49, no. 2–3, pp. 123–155.

Lister, N-M 2007, Sustainable large parks: ecological design or designer ecology?, in *Large Parks*, eds J Czerniak and G Hargreaves, Princeton, NJ: Princeton Architectural Press, pp. 31–51.

Lister, N-M 2008, Biodiversity: bridging science and values, in *The Ecosystem Approach: Complexity,*

Lister, N-M 2008, Biodiversity: bridging science and values, in *The Ecosystem Approach: Complexity, Uncertainty, and Managing for Sustainability*, eds D Waltner-Toews, JJ Kay and N-M Lister, New York: Columbia University Press, pp. 83–107.

MacIntosh, RP 1976, Ecology since 1900, in *Issues and Ideas in America*, ed. Benjamin J. Taylor and Thurman J. White. Norman, OK: University of Oklahoma Press.

Merchant, C 1980, *The Death of Nature*, San Francisco, CA: Harper and Row.

Merchant, C 1980, 1989 *The death of Nature: women, ecology, and the scientific revolution*, San Francisco, CA: Harper and Row.

Odum, HT 1983, *Systems Ecology: An Introduction*, New York: John Wiley & Sons.

Odum, E and Odum, HT 1953, *The Fundamentals of Ecology*, Philadelphia, PA: Saunders.

Orr, D 1992, *Ecological Literacy: Education and the Transition to a Postmodern World*, Albany, NY: State University of New York Press.

Pickett, STA, Cadenasso, ML and Grove, JL 2004, Resilient cities: meaning, models, and metaphor for integrating the ecological, socio-economic, and planning realms, *Landscape and Urban Planning*, vol. 69, no. 4, pp. 369–384.

Pickett, STA, Cadenasso, ML, and McGrath, B (eds.) 2013, *Resilience in Ecology and Urban Design: Linking Theory and Practice for Sustainable Cities*, New York: Springer.

Reed, C and Lister, NM (eds) 2014, *Projective Ecologies*, New York: Harvard GSD and Actar Press.

Rydin, Y and Kendall-Bush, K 2009, *Megalopolises and Sustainability*, London: University College London Environment Institute, www.ucl.ac.uk/btg/downloads/Megalopolises_and_Sustainability_Report.pdf (accessed July 1, 2014).

Scharphie, M 2013, Rapid prototyping, unpublished paper, in GSD 3447 Critical Ecologies, Harvard GSD, Cambridge, MA.

Whiston Spirn, A 1984, *The Granite Garden: Urban Nature and Human Design*, New York: Basic Books.

Stauffer, RC 1957, Haeckel, Darwin, and ecology, *Quarterly Review of Biology*, vol. 32, no. 2, June, pp. 138–144.

Steiner, F 1990, *The Living Landscape: An Ecological Approach to Landscape Planning*, New York: McGraw-Hill.

Tansley, AG 1935, The use and abuse of vegetational concepts and terms, *Ecology*, vol. 16, no. 3, pp. 284–307.

Thoreau, HD 1887, *The Succession of Forest Trees and Wild Apples, with a Biographical Sketch by Ralph Waldo Emerson*, Boston, MA: Houghton, Mifflin and Company, https://openlibrary.org/books/OL7182297M/The_succession_of_forest_trees (accessed August 23, 2014).

United Nations 2011, *World Urbanization Prospects: 2011 Revision*, New York: United Nations.

Uschmann, G 1972, Haekel, Ernst Heinrich Philippe, in *Dictionary of Scientific Biogeography*, ed. CC Gillipsie, New York: Scribners, vol. 6, pp. 6–11.

US Department of State 2014, What is resilience?, www.state.gov/m/med/dsmp/c44950.htm (accessed July 5, 2014).

Velasquez-Manoff, M 2014, Lions and tigers and bears, oh my! *New York Times Magazine*, August 17, pp. 32–37.

Waldheim, C (ed.) 2006, *The Landscape Urbanism Reader*, Princeton, NJ: Princeton Architectural Press.

Walker, B 2013, What is resilience? www.project-syndicate.org/commentary/what-is-resilience-by-brian-walker (accessed February 14, 2014).

Walker, B and Salt, D 2012, *Resilience Practice: Building Capacity to Absorb Disturbance and Maintain Function*, Washington, DC: Island Press,

Walker, B, Holling, CS, Carpenter, SR and Kinzig, A 2004, Resilience, adaptability and transformability in social–ecological systems, *Ecology and Society*, vol. 9, no. 2, p. 5.

Waltner-Toews, D, Kay, JJ and Lister N-M (eds.) 2008, *The Ecosystem Approach: Complexity, Uncertainty, and Managing for Sustainability*, New York: Columbia University Press.

Warming, JEB 1895, *Plantesamfund, Grundtraek af den økologiske Plantegeografi*, Copenhagen: Philipsen.

Whittaker, RH 1953, A consideration of climax theory: the climax as a population and pattern, *Ecological Monographs*, vol. 23, pp. 41–78.

Wolff, J 2014, Cultural landscapes and dynamic ecologies: lessons from New Orleans, in *Projective Ecologies*, eds C Reed and N-M Lister, New York: Harvard GSD and Actar Press, pp. 184–203.

World Health Organization 2014, Global health observatory: urban population growth, www.who.int/gho/urban _health/situation_trends/urban_population_growth_text/en (accessed July 1, 2014).

第6章 景观是规划?

弗雷德里克·斯坦纳（Frederick Steiner）

景观规划决策的过程中，需要运用自然和文化两方面的知识。目前景观规划可以应对四个方面的挑战：在什么地方设置人群安置点才能将自然灾害的影响最小化？如何使生态系统服务价值最大化？如何拓展绿色基础设施？以及如何抚平城市化的创伤和管理大尺度景观？在过去二十年里，全世界范围内无数次的海啸、飓风、地震、洪水、干旱和野火无一不在提醒着我们，我们生活在一个脆弱的星球上。气候变化的趋势也表明这样的自然灾害会愈演愈烈。生命会因此消逝，财产也会遭到毁坏。如果人类居住区的组织结构设计与景观理念能够结合在一起，其结果可能会拯救更多的生命和家庭。与此同时，生态系统服务的概念也让我们明白了环境为人类带来的好处，并让我们重视那些以前认为是理所当然，但如果环境无法再供应则需要我们自己生产的东西。环境不仅提供直接的与辅助性的服务，同时也产生文化效益。任何提供生态系统服务的地方都可以被视为基础设施。而对生态系统服务和绿色基础设施的理解也可以帮助我们减少自然灾害的影响，恢复逐渐衰退的城市环境以及保护大尺度景观。同时，为了可以持续回应这些挑战，我们应该明白规划是一种安置人口的核心措施，并加以利用。

景观是规划的媒介

根据我所使用的景观和规划的定义，景观就是规划或者更确切地说，景观源自于规划，是规划的媒介。通常景观有两种定义的方式。第一种，它是一种风景，就是乡村的那种风景。第二种，景观代表了一种特性的混合，包括了自然的和文化的特性，通过这两方面特性可以将地球的各个地方区分开来。这些特性包括了土地、建筑、山丘、森林、水体和人们的聚居地。我更倾向于第二种定义。

我甚至更倾向于原始的荷兰语中的景观的定义：由人制造出来的领地（territory）。一些相似的将景观定义为领地的观点可以从日耳曼语系向拉丁语系翻译的过程中体现出来。例如，如果查阅意大利语（拉丁语系）–英语词典就会发现，意大利语中的景观"peasaggio"和"territorio"有相同的荷兰语词根，因此含义十分接近。法语中的"terroir"同样如此，因此甘特·沃格（Günter Vogt）把它定义为"一个特定地方的适宜性，包括其隐含的所有特性"。[1]

沃格的"适宜性"指的是一种理想化的，而且是经过人类改造的结果，但这种结果通常是短暂的。借用奥尔多·利奥波德（Aldo Leopold）的话来说，景观是我们自己的写照。[2]景观不论其好与坏都来自我们的规划，也就是说，景观可能是我们预先计划不周的产物。

景观的名词含义来源于规划的动词定义。而在英语中，景观名词形式的简化定义，既不能表达其代表了一种观点，也不能表达其领土与范围的含义，它仅仅暗示了一种浅显而且表面的修饰，而非动态景观的复杂性。

规划这个词也有很多种含义。规划，既可以在科学、技术以及别的知识体系中作为决策的依据，也可以在一系列选择中，用来推进思考并且达到某种一致性。约翰·弗里德曼（John Friedmann）对这个术语进行了简明扼要的解释，即"将知识和行动联系起来"。[3]而赫伯特·西蒙（Herbert Simon）对设计的定义也同样适用于"规划"，即"将现有的情况转化为我们更喜欢的样子"。[4]

生态学在景观规划中起着核心作用。生态学研究的是所有生物之间的相互关系，以及它们与自然之间的相互关系。这也包括了我们自己。因此我认为：

- 景观是被规划的（或者被设计的）事物；
- 规划是一个转变的过程；
- 生态学是理解景观的媒介，也是理解规划的媒介。

受传统美国教育影响的规划者将建成环境分为：邻里、社区、城市和区域。但他们很少超越当地发展需求去思考景观。这很遗憾，因为景观的多维度，文化与自然交互性的特点也可以使城市规划获益颇多。

20世纪70年代，景观和规划都经历了一个鼎盛时期。一方面，布隆·立顿（Burton Litton）和伊万·卒博（Ervin Zube）等学者关注景观的第一种定义，并且优化了我们处理大尺度公共空间视觉效果的方式。[5]另一方面，伊恩·麦克哈格（Ian McHarg）、菲利普·刘易斯（Philip Lewis）和其他景观设计师则将景观视为生态的领域。[6]而格兰特·琼斯（Grant Jones）及其事务所的同事所做的华盛顿和阿拉斯加的河流规划则将这两种观念结合了起来。

现如今，景观规划也可以帮助我们应对4个方面现代的挑战：

- 在什么地方设置人群安置点才能最小化自然灾害的影响？
- 如何使生态系统服务价值最大化以及如何拓展绿色基础设施？
- 如何抚平城市化的创伤？
- 如何保护和管理大尺度景观？

为了解决这些问题，我们需要认识到，规划是一种解决人口安置问题的重要工具。自然主义者已经意识到，并不是那些最强壮或者最聪明的物种可以生存下来，只有那些能适应环境的物种才能得以生存。[7]我们也是一种生物，因此我们学会了预先计划去打猎、集聚、种植、煮饭和保护自己生存下来。同样，我们也需要用我们这种深深植根于内心的适应能力去思考未来的景观。

如何使人们免遭伤害

21世纪初，无数大规模的海啸、飓风、地震、洪水、干旱和野火无一不在提醒我们，我们生活在一个危险的星球。2011年，仅美国就发生了14次损失超过10亿美元的自然灾害，每一次灾害还造成了无数生命的消亡。在这之后的一年，也就是2012年，美国又发生了11次损失超过

10亿美元的自然灾害。在过去的几年，美国每年还会发生三到四次这样的自然灾害。另外，2011年，巴西、澳大利亚、泰国等国家，也爆发了大规模的洪水。同年，日本东北地区的自然灾害造成了15.8万人死亡以及2350亿美元的损失。并且亚太地区非常容易受到自然灾害的影响。乔·科克伦（Joe Cochrane）指出，在2001年到2010年之间，亚太地区共计2亿人受到自然灾害的影响，其中每年有超过7万人因此死亡。[8]"这些灾害是极端天气以及人们和生态系统对这些极端天气抵抗力不足共同造成的结果。"[9]除非我们可以更好的规划我们的社区，否则我们的生命财产还会继续受到威胁。而将景观纳入社区结构规划之中，既可以降低死亡率，也有利于挽救人们的生命和家庭。

巨大的自然灾害也激发了人们对规划新的思考。例如，1755年的万圣节，里斯本被地震以及地震所引起的海啸和大火所摧毁。超过20座挤满人的教堂倒塌，仅在里斯本，就至少有1万人丧生（有的预测数据高达10万人），更不用说在葡萄牙的其他地方。不仅是教堂，市内85%的建筑倒塌。国家首席工程师曼努埃尔·德·马亚（Manuel de Maia）和他的小组提出了一系列重建方案。国王何塞一世（José I）、首相何塞·德·卡瓦略·梅洛（Sebastião José de Carvalho e Melo）以及继任首相庞巴尔侯爵（Marquês de Pombal）选择了其中最具野心的线性网格计划。马亚的这一计划包含了大型广场，林荫大道以及宽阔的街道。新的建筑也是世界上首批考虑到地震保护的建筑。正如约翰·穆林（John Mullin）所说，这种大尺度规划一般都是"专制性的规划"。[10]

我们可以通过更加民主的规划来减少自然的不稳定性所造成的影响。例如，19世纪90年代，弗雷德里克·劳·奥姆斯特德和查尔斯·埃利奥特设计并建造了波士顿翡翠项链公园带有效地减少了洪水的危害，并净化了这个区域的水源。在这一过程中，他们创造了一个了不起的区域性公园系统。1913年，洪水摧毁了俄亥俄州的丹顿（图6.1），之后阿瑟·摩根（Arthur

图6.1　俄亥俄州，丹顿市中心，从商场建筑向第四大街东看的视角，1913年3月，莱特州立大学，特殊收藏和档案

Morgan）建立了迈阿密保护区来处理洪水问题。他们在沿河的重要位置修建大坝，用以在风暴来临之时拦截洪水。同时，他们购买了大坝上游的土地以保护泛滥平原和农田。这个区域性的公共空间系统既保护了丹顿地区免受洪水侵袭，也创造出了一系列休闲活动设施。奥姆斯特德兄弟设计了这个系统的重要部分。这个项目为丹顿地区带来了诸多效益。我们能从这些伟大的工程中学到很多东西，最有用且最基本的是，将解决实际问题的规划和有意思的设计结合起来。

2011年的特大干旱导致了得克萨斯州10%的树木死亡并引发了大规模的森林火灾。在全州范围内，大火烧光了370万英亩（149.7337万公顷）土地，2700户居民无家可归。仅在奥斯汀西部的巴斯特罗普县，就有3.4万英亩（13759公顷）土地、1600户居民的建筑被烧毁、超过四百万棵树木消失，并导致2人死亡（图6.2）。野火的威胁广为人知，并被记录在案。在2008年社区野火保护计划中，巴斯特罗普县的工作人员确定了多达70多块可能会产生野火危险的区域。[11] 这个计划还提出了扑灭野火的方法。但不幸的是，这些措施并没有产生任何效果，该计划中被强调的区域还是在2011年发生了火灾。一项计划只有在真正采取行动之后才有可能成功。我们也能从这些失败的案例中学到：如果我们忽略了那些最基本的事情，坏事就有可能发生。

来自自然灾害和气候变化的挑战也为景观规划和设计带来了机遇。我们需要去理解景观借以了解各种隐藏的自然灾害的威胁。之后我们应该把这些知识转化为决策者们可以理解的形式，以便他们采取必要的措施来保护人们的健康，安全和福祉。生态系统服务和绿色基础设施的概念在这个过程中将起到十分重要的作用。

图6.2　2011年9月，得克萨斯州，巴斯特罗普县，鸟瞰野火过后的情况。威廉·路德/圣安东尼奥，Express-News/ZUMApress.com

提升生态系统服务功能以及扩展绿色基础设施

生态系统服务功能的概念，可以让我们更好地去理解和描述环境带来的好处。以前我们总觉得这些好处是取之不尽的，但是将来如果环境不再为我们提供这些好处，就需要我们自己去生产。这包括了直接的物品，例如：空气、自然光、水、食物、能量和矿物质。以及环境的调节功能，例如，水净化、碳回收、减缓气候变化、垃圾降解、植物授粉以及病害控制。环境还带来了营养流动与循环，种子散播，以及文化的进步，例如，智慧和精神启迪、娱乐、生态旅游以及科学发现。

2005年联合国举办的千禧年生态系统评估大会上也强调了生态系统的服务价值。这次大会的起草人写下了如下内容：

> 此次评估关注于生态系统和人类福祉之间的关系，尤其是生态系统服务功能与人类福祉之间的关系。自然系统是一个由植物、动物、微生物种群和非生命性环境所组成的动态复合体和功能单元……文化和技术虽然在一定程度上起到了缓冲环境变化的作用，但从根本上来说人类还是依赖于生态系统的运作。[12]

在厄瓜多尔、美国、伯利兹和中国有很多案例，可以清楚地体现生态系统服务的影响。加拉帕戈斯群岛就是一个展现生态系统服务影响的案例（图6.3）。1535年欧洲人发现了这个群岛，之后这片贫瘠的土地以及火山岛就开始遭受海盗、捕鲸者、移居者以及科学界长达几个世纪的虐待，直到1959年厄瓜多尔政府在这里建立起国家公园，暴行才得以停止。加拉帕戈斯群岛97%（1714000英亩/693700公顷）的土地都成为国家公园。到1986年，又建立起加拉帕戈斯

图6.3　红嘴热带鸟，加拉帕戈斯群岛，厄瓜多尔，2011年5月由弗雷德里克·斯坦纳拍摄

群岛保护区，这整片的水域也得到了保护。现阶段保护区规划的主要关注点是，平衡日益增长的旅游需求与保护这片生机盎然但是脆弱的景观之间的关系。

正是由于现行的公园和保护区规划，全球的科学领域和厄瓜多尔的经济都从中获益。加拉帕戈斯群岛可以持续的产生生物和地理新发现，同时，也成为生态旅游和休闲的好去处，为厄瓜多尔政府创造了就业，带来了经济的复兴。

纽约的流域保护计划是另外一个生态系统服务应用的案例。纽约城市水域覆盖面积大约5180平方公里。19个水库每天为900万纽约人提供450亿升的饮用水。20世纪90年代，纽约市决定投资12亿美元用以在10年内恢复和保护他们的水源地，并以此代替一个需投资8亿美元建设和每年3亿美元运营的新的水净化工程。1997年，通过制定流域谅解备忘录，这些资金被用于购买土地和投资流域内环保型的经济发展。[13]

除了惠及百万纽约居民并且节约了纳税人的钱，居住在流域范围内的社区居民也从中获益良多。当地居民获得了干净的水源，保护了农田，并催生出生物栖息地，同时也产生了更多休闲娱乐活动的场地。这样的先例还有20世纪60年代由麦克哈格主导的波特马克河流域改善计划以及20世纪70年代，琼斯在华盛顿州所领导的诺克萨克流域改善计划。

伯利兹的珊瑚礁和红树林也是一个展现如何通过规划使生态系统服务价值最大化的案例。世界资源研究所估计，伯利兹与珊瑚礁和红树林有关的渔业、旅游业和海岸保护项目每年可以带来3.95亿美元到5.59亿美元的收入。[14]2007年伯利兹的社会生产总值为13亿美元。[15]而且，他们还估计，2007年与珊瑚礁还有红树林相关的旅游者将会花费1.5亿到1.96亿美元，这些收入占到了伯利兹社会生产总值的12%—15%。[16]

中国的俞孔坚和他的土人景观也将生态系统服务的理念带到了他们的公园设计中（图6.4）。俞孔坚曾建议人类"与洪水为友"，意思是我们应该把洪水理解成一种自然现象，并将其运用

图6.4　贵州六盘水水城河和明湖湿地公园，中国，贵州省（设计时间：2009—2011年），土人景观

于规划之中。[17]他也基于提升生态系统服务能力，为北京设计了一套生态设施规划。中国的规划者们也在北京和深圳探索生态系统服务的应用。[18]中国中央政府还提出了"美丽中国，生态城市"的政策，而生态系统服务也将为实现这一政策提供了一种框架性的指导。

生态系统服务的概念也是可持续场地评估体系（SITES）的基本纲领。这个组织是由得克萨斯大学的伯德·约翰逊野花研究中心（the Lady Bird Johnson Wildflower Center）、美国植物园协会以及美国景观设计师协会（www.sustainablesites.org）联合领导。这个成立于2005年的组织其核心目的是建立一个与美国绿色建筑委员会的绿色能源与环境设计体系（LEED）等同的景观设计体系，以推动生态学基础上地可持续场地设计。超过160个项目参与到SITES的试点工程（2010—2013年）之中，这些项目主要位于城市中，且其中80%位于所谓的棕色或灰色地带。迄今为止，已有46个项目获得了SITES体系认证，另外40个项目正在认证过程之中。正是由于这些试点项目，2013年SITES建立起一套认证和信用体系，为美国的绿色生态认证公司提供了进行认证和鉴定的基础。这表明SITES体系和生态系统服务概念可以应用在对不断退化的城市景观的规划之中。我们也能从生态系统服务的多种运用中学到如下道理：生态系统服务是推动景观和场地规划的一个有效的途径。

生态系统服务的概念也可以推进绿色基础设施的发展。绿色基础设施，或者用一个更好的术语"生态"基础设施可以让我们在城市中，用一种实用的方式来实现生态系统服务，就像凯特·奥尔夫（Kate Orff）和她的公司在2010年所做的布鲁克林红树林和格瓦纳斯河道污染改善项目那样（图6.5）。奥尔夫的规划基于她所谓的"牡蛎架构"，社区规划和牡蛎养殖相融合的新型生态基础设施规划。这个规划可以提供清洁的水源，减少海浪，同时对抗海平面上升所带来的威胁。美国景观保护署（EPA）将绿色基础设施定义为："用来描述运用自然系统或者模拟自然过程的工程系统，以提升环境质量并提供公共设施的一系列产品、科技和实践的术语。"[19]

图6.5 牡蛎架构，纽约，2010，SCAPE景观设计事务所

生态基础设施可以作为一种城市肌理，将自然环境和人工环境结合在一起。生态基础设施还提供了一种综合性的方式，以缓解极端天气对脆弱的沿海地区带来的负面影响。目前世界上越来越多的城市人口生活在沿海地带，而其中的穷人、残疾人、老年人和小孩尤其容易受到极端天气的威胁。生态基础设施系统可以减少自然灾害的影响，促进环境保护和经济发展，提高生活在易受影响社区中的居民的健康水平。[20] 而当生态基础设施系统经过缜密规划融入城市之后，就可以提高供给效率，减少当前基础设施系统负担，从而降低公共和私人支出。[21] 除此之外，清洁的水源、空气和土壤也会降低公共设施的开支，并且提高应对气候变化的适应能力，创造美丽且适宜步行的城市环境。[22]

然而，在那些脆弱的社区中进行生态基础设施规划也伴随着相当大的挑战。由于缺少经济和政策支持，这些社区通常缺少最基本的公共设施，例如，供水、排水以及固体垃圾处理系统。为了解决这些问题，很多社区也发展出了非正式、创造性和可持续的解决方案来满足其对于这些设施的需求。这些社区可能会利用那些所谓的"基础设施机会主义"或"战术城市主义"，在有可能的情况下，利用时间机遇采取干预而获得优势。[23] 但是社区本身的特点经常被忽视，生态基础设施的原理和好处也很少被理解，新的（通常并非是绿色的）设施通常在没有充分考虑当地条件和社会影响的情况下被实施。社会关系、环境条件、经济的限制，以及宏观政治调控都会对社区生态基础设施的规划设计、实施以及之后运行的效果产生影响。[24]

人们逐渐意识到，生态湿地、雨水花园、绿色屋顶以及生命墙都属于基础设施，因而在规划、管理以及监督不同尺度的城市区块时，会应用新的且符合城市化特点的基础设施。重建生态基础设施需要更多的投资、监管以及调控。协调一致的干预措施能带来多功能的景观，不仅可以建立新的生态基础设施，也能保护现有的自然区域。因此，在此概念指导下所开发的功能性生态基础设施，既具有稳定性也具有恢复能力。

治愈城市的创伤

奥尔多·利奥波德指出"接受了生态教育之后，人们会悲伤地发现，他们独自生活在一个充满创伤的世界中。"[25] 人类对我们的星球造成了非常严重的破坏。在近几年，我们开始修补这些伤口，并在此过程中建立起美好的新城市。一些先驱项目，例如理查德·哈格（Richard Haag）的西雅图煤气厂公园，拉兹及其合伙人（Latz+ Partner）设计的北杜伊斯堡景观公园，为20世纪后期的发展奠定了基础。同时，波尔图的城市公园项目、首尔的清溪川项目、马德里的里奥项目以及纽约的高线公园项目，也增加了大尺度城市景观恢复的可能性。

上述每一个项目都重新利用了城市中的废弃地。波尔图港口城市公园（Parque da Cidade Porto），是一个通过长期规划来挽救日益衰退的城市景观的案例（图6.6）。这个长期规划开始于1961年的波尔图城市规划，此次规划将波尔图沿大西洋的海滨区域设立为公园。占地84公顷的场地其中一部分原来是废弃的农田和垃圾填埋场。1982年，公园由里斯本设计师西德尼奥·帕达尔（Sidónio Pardal）主持设计。早些时候，他已经聘请美国宾夕法尼亚州立大学的E·莱恩·米勒（E. Lynn Miller）和詹姆斯·德·塔克（James De Tuerk）进行了公园设计和相关案例的研究。帕达尔和他的美国同事提出了如下问题：什么是公园？什么是景观？

经过深思熟虑的规划之后，波尔图港口城市公园于1991年开始建设并持续至今。帕达尔的设计也将这个逐渐退化的场地转化为一个使用率很高的公园。[26] 他从该地区的乡村中获得灵感，并通过大规模的地形改造，利用原始石材以及大面积的种植园创造出一个舒适的城市景观。同时他也关注场地中水资源的管理，包括了控制水的流量、流向和提升水质。这个公园的水资源管理系统容纳并保留了这片区域所有的地表径流。

图 6.6　波尔图城市公园，葡萄牙，2013年7月，弗雷德里克·斯坦纳拍摄

朝鲜战争后，清溪川被大火破坏，此次清溪川项目恢复了这条8.4公里的河流，并实现了它的经济和社会价值（图6.7）。清溪川公园计划由首尔市长提出，西奥·安（Seo Ann）设计，自2005年开放以来一直广受欢迎。马德里的里奥项目也恢复了曼扎纳河一段长达9.66公里的，被高速公路破坏的水道。这个由WEST 8事务所，在2006年到2011年间所设计的项目，将城市中那些被高速路切割成不同社会等级和经济水平的区域重新连接起来。

高线公园将下曼哈顿城一段1.6公里的废弃高架铁路线转化成了城市公园（图6.8）。高线公园取得了巨大的成功，以至于很多城市都希望他们的城市里面也有自己的高线公园项目，就像19世纪纽约中央公园出现后，大家也希望自己的城市有一个类似中央公园的景观一样。这个由詹姆斯·科纳的场域运作设计事务所（Field Operations）与Diller Scofidio + Renfro事务所联合设计的高线公园，自2009年第一期开放以来，一直广受赞誉。高线公园也是一个持续数年的规划项目，在高线之友（高线公园规划组织）介入之前，区域规划协会和其他规划组织就已经参与到了对高线进行再利用的讨论之中。[27]

我们可以从煤气厂公园和高线公园这样的城市再生项目中学到很多。这些项目通过设计的手段将逐渐衰落的城市空间转变成为城市中重要的开放空间。像清溪川公园，马德里的里奥项目以及高线公园这些项目之所以取得成功，需要的是设计的灵感，同时也需要仔细的规划和坚实的政策支持。例如，首尔和马德里的项目都进行了周密的交通规划，以缓解拆掉的高速路所带来的交通压力。纽约和首尔的市长也分别在高线公园和清溪川公园项目中扮演了十分重要的角色。这些项目不仅要解决宏大的环境议题，同时也有着雄心勃勃的社会和经济目标。同时，这些项目也改变着我们对城市景观的看法，让我们思考长远规划如何衍生出创新性的设计内容。

图6.7 清溪川公园，首尔，韩国，2008年5月，来源：ExploringKorea.com

图6.8　高线公园，纽约，2009年8月，弗雷德里克·斯坦纳拍摄

拒绝短暂的规划

城市规划的介入，使许多现代的规划难题得以借助更宏大的，上升到区域级别的规划方式来解决。区域级规划在有效连接交通、水源、能量以及生态系统这些问题上，显得尤其重要。这也是美国区域规划协会（RPA）倡导美国2050年规划的原因。

这份倡议最初是2004年由鲍勃·亚罗（Bob Yaro）、阿曼多·卡波内尔（Armando Carbonell）以及乔纳森·巴雷特（Jonathan Barnett）在所教授的宾夕法尼亚大学的设计规划课程中提出的。这个课程的参与人员确定了十个贯穿整个美国的大型城市带。这些城市带所覆盖的区域在2000年至2050年间将提供美国74%的人口和经济增长。之后美国区域规划协会又增加了一个的城市带，变成了11个城市带，分别是：亚利桑那太阳走廊区、卡斯卡迪亚区（太平洋西北区）、佛罗里达区、弗兰特山脉区、墨西哥湾岸区、五大湖区、东北区、北加州区、皮埃蒙特大西洋区、南加州区以及得克萨斯三角区。美国区域规划协会主要关注改善这些区域的基础设施（主要是东北区的高速铁路网络）以及大尺度景观的保护。

美国区域规划协会也设立了东北区城市带的景观保护愿景（图6.9）。该愿景由罗伯特·皮拉尼（Robert Pirani）负责制定，提出了一个整体的且长期的规划，涵盖13个州7200万人，并且到2048年还会增加1500万人。[28]基于社会和环境状况的综合考量，以及对目前景观保护项目的仔细分析，皮拉尼和他的同事提出了五项措施，包括：强调整体性系统、管理土地使用方式变更、投资基础设施建设、减缓和适应气候变化，以及获得必要的资金支持。[29]这些措施将以一种全新的方式来评估东北区域城市带复合型景观的价值。

得克萨斯三角区是另一个重要的城市带，休斯敦和圣安东尼奥组成了城市带的底边，达拉斯-沃思堡市构成了三角区的顶点（图6.10）。这个包含休斯敦、圣安东尼奥、达拉斯-沃思堡市以及奥斯汀的城市带是美国发展最快的区域之一。得克萨斯州给人的印象是乡村和西部，但事实是这个州已经城市化并且还在不断的城市化之中，在这个过程中原本西部的特征也逐渐消失，得克萨斯2600万居民中约有85%生活在城市区域。该区的总人口中，约有75%居住在得克萨斯三角区。到2050年，得克萨斯州约有3000万人（占预计总人口的70%）将生活在构成该城市带的四个大型城市中。2010年至2050年间，得克萨斯三角区总人口将增长93.3%达到3800万人。

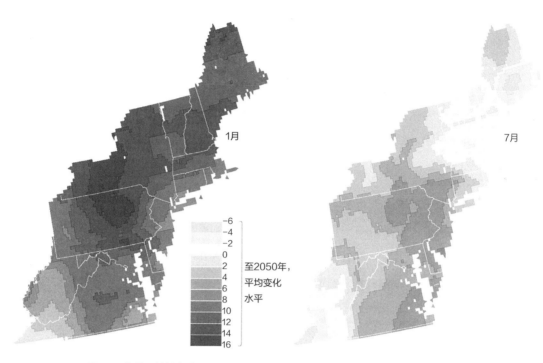

图6.9　东北区域城市带21世纪中期人口变动预测，2012年2月，美国区域规划协会

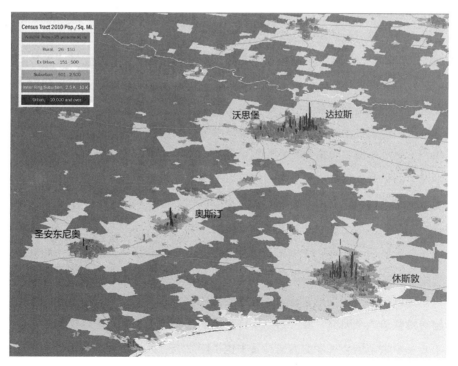

图6.10　从休斯敦视角看得克萨斯三角区城市带，2009

随着得克萨斯州的发展，城市周围的牧场、农田与珍贵的野生动物栖息地一起消失了。与此同时，水资源也变得十分稀缺。虽然得克萨斯州能源丰富，但能源与水的关系却是极大的挑战。能源的使用需要更多的水，而水（特别是热水）的消耗又需要更多的能量。水资源是得克萨斯州未来发展的关键所在。过去丰富的水资源为生态系统服务提供了很大的帮助，但干旱正改变着这一情况。

得克萨斯州不仅正在发展更多的城市，而且也正在变得更加多样化。达拉斯牛仔正在被墨西哥牛仔所取代。自2004年以来，少数族裔特别是拉美裔总人口数已经超过了人口普查分类为"白人"的人口数量。因此，景观规划面临的挑战不仅是规划更多相互关联的绿色基础设施，而且还需要具有更高的文化敏感性。

得克萨斯三角区具备一些独特的优势、劣势、机遇以及威胁。[30]优势包括：得克萨斯州的城市有超出其行政区划的规划能力（被称为额外地域管辖权），这项权利所带来的自由度和法律支持使市政府可以扩大并占用大片的土地、拥有多样性的生态系统和景观、可用的地表水和丰富的降雨量（在次城市圈地带）、州域内部水域规划的能力，以及发展新型能源尤其是生物能和太阳能的潜力。

尽管这些优势已经摆在得克萨斯州三角区的规划者和政策制定者的面前，但也有一些劣势会阻碍其未来的发展，如：对扩张发展的控制性不足、圣安东尼奥至奥斯汀一带水资源的匮乏，以及由于气候变化所导致的水资源问题的恶化。而这些优势与劣势构成了未来规划的机遇与挑战。区域内一部分地区拥有相对的土地控制权，而另一部分则由于郡县一级管辖权薄弱而缺乏控制能力，整体的管控权利并不平等。类似的不对等还体现在水资源、能源以及生态系统多样性的管理上。

为了得克萨斯三角区能以一种负责的，可持续的方式发展下去，这些优势需要被放大，劣势需要被减少，或者转化成机遇。对于规划者来说，利用和扩大司法权力，重新思考淡水的收集和分配，并且为可再生能源进行分类评级，都是这一区域未来规划的机遇。得克萨斯州三角区中的城市有大量快速流动的选民，这也为激发公众对此举措的支持提供了一个良好的机会。

资源的匮乏以及乡村地区发展的控制性不足，是未来得克萨斯州三角区发展最大的威胁，这些威胁可以分为被权力结构所影响的资源分配以及生态系统的破坏。如果不减少这些威胁，可能会导致这一城市带出现资源滥用、人口增长率降低和经济增长减缓的情况。我们可以从得克萨斯州三角区的规划中学习到，城市区域也是由多样性的景观所组成的，而这些景观会给规划带来优势、劣势、机遇与威胁。

俞孔坚在中国也制定过类似的大尺度规划。生态学理念为俞孔坚的作品带来了启迪。通过国土尺度的生态安全格局规划，俞孔坚的生态观也得到了很好的诠释。这项工作运用了生态评测和地图叠加等方法，很明显地受到了麦克哈格的影响。

20世纪90年代早期，麦克哈格和几个同事为美国国家生态测评建立了一个原型数据库。早在1972年到1973年，他就在美国国家环保局（EPA）所做的国家级生态调查中提出过建立该数据库的建议。美国国家环保局的管理者（也是麦克哈格的崇拜者）比尔·莱利（Bill Reilly）委托麦克哈格继续从事该项研究，并于1993年将其成果提交给了美国国家环保局。麦克哈格和他的同事提出了一个大范围多尺度的方案，其中包括国家级、区域级和地方级等不同尺度，有关地理、气候、水文、土壤、植物、动物和土地利用的信息。[31]

与之相类似，俞孔坚也带领来自北京大学的研究者，利用GIS技术，完成了一个国土尺度的生态安全格局规划。[32]这份国土尺度的生态安全格局规划是中国环境保护部（现生态环境部）支持的试点项目，试图建立一份包括环境、生态和文化遗产在内的全面的空间调查评测。俞孔坚对GIS技术和景观生态的运用，也表明了他的哈佛大学的导师卡尔·斯坦尼兹（Carl Steinitz）和理查德·福尔曼（Richard Forman）对他产生的影响。[33]麦克哈格极力提倡这样的全国性的生态测评，并提出了实施框架。而斯坦尼兹利用GIS等工具使这一想法最终得以实现。俞孔坚和他的同事综合了以上的研究成果，并在中国加以应用。他们对气候、地形、水文、土壤、植被、野生动物栖息地和土地利用等重要自然过程进行了系统的分析和详尽的记录，揭示出需要进行水源保护、水土流失防治、雨洪管控、荒漠化防治和生物多样性保护的区域，根据这些数据，俞孔坚和他的同事利用GIS将需要保护的重要生态资源划分成高、中、低三个不同的安全等级。[34]

俞孔坚谈到，2006年中国中央政府宣布了"社会主义新农村建设"运动，旨在通过城市反哺农村发展，减少城市和农村间的经济不平衡状况。他意识到根据他对中国农村的广泛考察和对地方领导层的了解，这项政策意味着修建宽阔的道路、河道被混凝土硬化、旧村庄被拆除和自然的景观变成"现代"景观。中国的乡村景观正面临前所未有的破坏：千年历史的生态和人文景观，数代人的实践积累都将被彻底破坏，就如同过去几十年间城市景观的变化一样，让人感觉到害怕。

俞孔坚还谈到，在农历新年的第一天（听到新政策宣布的那天），他给温家宝总理写了一封信，信中指出在实施新政策之前进行国家生态安全规划的重要性，生态安全规划可以保护中国的生态景观和人文景观，而正是这些精心管理的生态景观数千年以来一直保护着密集聚居的中国人民。中国不同于其他地域的人，他们可以在贫瘠的资源环境中生存下来，这种人文和生态的景观系统可以保护当代中国社会的和谐，并保护整个国家的景观免于失去其生态适应力以及那种可以提供生命支持的文化和美学价值。信中还特别指出，京杭大运河建于2000多年前，跨越中国东部全长1700多公里，如今正面临各种环境的威胁，需要立即将其作为一项国家遗产和生态廊道进行研究和保护，否则四年后，发展和建设对于生态安全的威胁将会更加严重。

总理很快回复了信，要求俞孔坚和环保部部长一起讨论国土尺度生态安全格局的问题。部长同意并支持他们的国土生态安全格局的研究，他们因此可以用最小的代价获得来自政府部门的相关数据，之后他们在该项目上花费了两年时间，大概30多人参加，主要为其博士生、李迪华老师和一些北京大学的博士后研究员。最终的研究成果被环保部部长高度重视，国土资源部也将其一系列的研究，包括"反规划"、安全格局和生态基础设施的理念纳入到国土规划的指导思想之中。文化部也开展了大运河保护项目，北京土地资源部门也聘请其制定生态安全格局规划以及郊区土地利用规划。国土资源部制定了总体土地利用规划指南，首次确定并界定了生态用地，得益于此指南，生态用地将优先于其他任何的土地利用形式，在土地利用规划中被预先留出空间。俞孔坚的团队也受邀参与编写此指南。[35]

俞孔坚说："这是一个试点项目，我们现在还在继续进行这项研究，并将基于此建立一个国土层面的城市化发展规划。"[36]任何一个国土层面的规划都是一项需要勇气的事业，俞孔坚和他的团队能完成这样的项目的确令人震惊。考虑到这项规划的规模，这些国家层面的信息并不十分精细，这也强调了区域和地方层面调查的重要性。即使这些并不精细的信息也可以很好地帮助中国的规划者和景观设计师去辨识大尺度的保护区域，并在区域和地方层面进行更为细致的规划。[37]

作为一个试点工程，要阐明国土尺度生态安全格局保护性规划的潜力还有很长的一段路要走。俞孔坚及其北大团队在利用GIS技术和遥感影像方面做出了卓越的成果。同时，他们也发现了将此理论应用于实践所面临的三方面问题：1）生态保护规划需要规划部门授权以及跨部门的合作；2）需要更多的科学知识；3）高、中、低三个不同安全等级的生态安全评级标准需要更加细化。[38]此外，绘图的成果还应该更加全面，涵盖那些对生态安全有影响的其他内容，如容易发生地震、火灾和台风的地区。而历史、考古和文化领域因其对人类生态所具有的价值也应该被纳入其中。

后麦克哈格时代，国家级景观测评也开始逐渐推广开来，例如鲍勃·亚罗（Bob Yaro）以及美国区域规划联合协会（RPA）。[39]虽然我们还没有完成美国国家级的景观测评，但是美国区域规划联合协会所做的东北部城市带景观评测证明实现这一理想还是有可能的。[40]与俞孔坚的工作类似，美国区域规划联合协会也试图应用GIS技术建立一个基于麦克哈格理念的景观测评框架。同样，北大研究小组认为他们的成果也可以在区域级和地方级加以应用，就像他们所制定的北京生态安全格局规划一样。[41]我们也可以从俞孔坚宏伟的国土尺度生态安全格局规划中得到一些灵感。

结论：向新生态美学进发

当我们计划保护人类不受伤害，推进生态系统服务功能，治愈城市的创伤并制定一个宏大计划的时候，一个新型的生态美学便悄然形成。这种美学涉及与自然和文化过程的感官连接。而这样的连接也提升了我们对周边环境生态关系的理解，并且使我们能够适应各种变化。规划是人们适应环境的一个重要工具，而美学有助于我们适应环境，也使环境适应我们的发展目标。

这种新兴的美学很明显的体现在很多不同尺度地设计和规划中，例如，Dland景观设计事务所（dlandstudio）的布鲁克林海绵公园以及李·温特劳（Lee Weintraub）及其合作人所做的纽瓦克帕塞伊克河保护计划。苏珊娜·德雷克（Susannah Drake）和她的Dland景观设计事务所制定了一项改造布鲁克林瓦纳斯（Gowanus）周边地区的计划。瓦纳斯运河建于1869年，贯穿布鲁克林工业和制造业的核心区，直到纽约港被废弃以前一直是重要的航运枢纽。到了21世纪运河的污染程度已经相当严重，以至于被美国区域规划协会列为超级基金项目进行治理。德雷克将这个项目命名为海绵公园，以说明景观是如何在水流入瓦纳斯运河之前将其吸收并净化的。

除了清洁水源，新的植被、铺装和街道设施也让这个地方变得更舒适宜居和适合开展商业活动。2012年2月，总部位于奥斯汀的全食超市关注到该项目并宣布将在瓦纳斯运河沿线设立一家新店。而海绵公园也协助全食超市发挥了其改善邻里社区的效应。Dland景观公司还通过一系列剖面图来展示瓦纳斯运河沿线景观的运作流程（图6.11）。这个图解展现了如何通过规划来实现一个复杂的生态修复系统，这也为规划的实施者提供了一个模型。

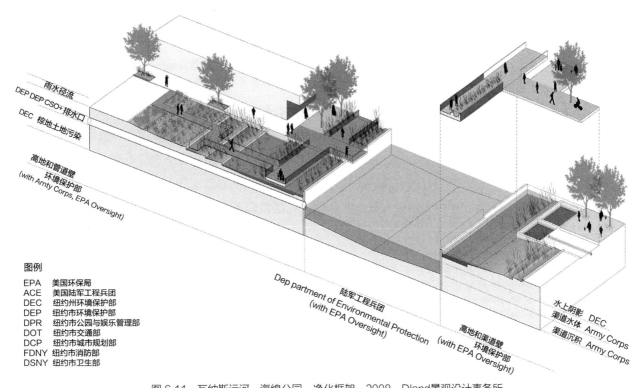

雨水径流
DEP DEP CSO+ 排水口
DEC 棕地土地污染

高地和管道壁
环境保护部
(with Arnty Corps, EPA Oversight)

Dep partment of Environmental Protection
(with EPA Oversight)
陆军工程兵团

高地和渠道壁
环境保护部 (with EPA Oversight)

水上阴影 DEC
渠道水体 Army Corps
渠道沉积 Army Corps

图例
EPA 美国环保局
ACE 美国陆军工程兵团
DEC 纽约州环境保护部
DEP 纽约市环境保护部
DPR 纽约市公园与娱乐管理部
DOT 纽约市交通部
DCP 纽约市城市规划部
FDNY 纽约市消防部
DSNY 纽约市卫生部

图 6.11　瓦纳斯运河，海绵公园，净化框架，2008，Dland景观设计事务所

　　帕塞伊克河项目是美国区域规划协会的另一个超级基金项目，帕塞伊克河水污染严重，对人和鱼都有极大的毒性。帕塞伊克河汇集了那些被凯尔·雅各布（Karrie Jacobs）称为"污水处理"所产生的废物。[42]纽瓦克城市的规划者对这个河滨公园进行了分阶段规划，2012年完成第一期，2013年完成第二期。温特劳布（Weintraub）设计了工程的第二期，其中包括一条花费930万美元全长244米的橙色木板路，这两期工程还将建设超过4.8公里的绿道。[43]该项目的规划目标是将严重污染的河流转化成富有活力的城市开放空间。这种转化也改变了人们对于这条河的认识。我们可以从海绵公园和帕塞伊克河滨公园项目学到很多，其中最为重要的是，美国区域规划协会所制定的景观测评框架可以为设计项目提供所需的基础资料。

　　瓦纳斯运河和帕塞伊克河改造项目以及东北城市带的大尺度景观规划也表明了我们价值观的转变。换而言之，我们正转向一种新的审美方式，去重新审视那些脏乱的、贫瘠的地方以及那些普通的景观。这种转变是如何体现的呢？首先，那些基于生态学的景观设计，如：生态湿地和雨水花园，越来越受到关注。雨水花园便是一个简单的例子，这些花园收集和处理来自周边区域的雨水，雨水经过过滤和净化后可以下渗补给地下含水层。雨水花园中的植物可以提供更多的生物栖息地，协助雨洪管理，还可以使生活在周边的人更加舒适愉悦。

　　其次，快速城市化，人口增长，气候变化和资源利用所带来的社会问题也要求我们用不同的角度来思考我们周围的环境。我们需要去欣赏身边的自然各种微妙细致的变化，并认识到自然并非只在城市之外，也在我们身边。为了解决这些问题，我们需要富有想象力的长远计划以及那些可以改善人类和其他物种生存环境的实际的景观项目。除此，我们还需要具备生态学知识，戴维·奥尔（David Orr）将其定义为：能够理解与周边环境复杂关系的能力。[44]

　　最后，城市的管理者，居民和企业都期待着"绿色解决方案"。"绿色建筑认证体系"

（LEED）的快速普及以及"可持续场地评估体系"（SITES）的兴起都体现了这种期待。这些评估体系所提供的绩效评价指标可以帮助景观设计师和规划师更清晰的向他们的客户以及公众解释项目的效益。绿色建筑认证体系和可持续场地评估体系现在并不完善，还需要进一步的研究和实践。

景观规划可以推进这种基于生态的城市美学。随着规划者和景观师将知识和实践相互联系，这种美学可以帮助我们想象、理解并欣赏这些联系。在此过程中，基于景观的规划也可以改善我们居住和工作的地方。如果做到了这些，我们也会为未来的人们营造出一个更好更安全的地球。我们应该时刻谨记，与所有的人造景观一样，生态和环保的城市景观是人类的表达方式。我们在规划和设计的过程中越多地融入生态的过程，就越强调我们仍然是大自然的一部分，无论我们喜欢与否。

注释

1 G. Vogt (2006), *Miniature and Panorama, Vogt Landscape Architecture Projects 2000–2006* (Baden: Lars Müller Publishers): 167.

2 In 1939, Aldo Leopold wrote, "The landscape of any farm is the owner's portrait of himself." Aldo Leopold (1991), "The Farmer as Conservationist" in *River of the Mother of God and Other Essays by Aldo Leopold*, Susan Flader and Baird Callicott, editors (Madison, WI: University of Wisconsin Press): 255–256.

3 J. Friedmann (1973) *Retracking America* (Garden City, NY: Anchor Press/Doubleday).

4 H. Simon (1969) *The Sciences of the Artificial* (Cambridge, MA: MIT Press): 55–56.

5 See, for instance, R. Burton Litton, Jr. (1968), *Forest Landscape Description and Inventories: A Basis for Land Planning and Design* (Berkeley, CA: Pacific Southwest Forest and Range Experiment Station, US Forest Service); Ervin H. Zube (1973), "Rating Everyday Landscapes of the Northeastern US," *Landscape Architecture* 63 (July): 371–375; US Department of the Interior, Bureau of Land Management (1975), *Visual Resource Management* (Washington, DC: Bureau of Land Management); and E. H. Zube, J. L. Sell, and J. G. Taylor (1982), "Landscape Perception: Research, Application and Theory," *Landscape Planning* 9: 1–33.

6 See, for instance, Ian McHarg (1969), *Design with Nature* (Garden City, NY: Natural History Press/Doubleday). Also, Philip H. Lewis, Jr. (1996), *Tomorrow by Design* (New York: John Wiley & Sons).

7 This is a paraphrase of a quote often misattributed to Charles Darwin. I first saw it on a T-shirt at the Charles Darwin Center gift shop in the Galápagos Islands. Even though Charles Darwin never wrote this, the idea still rings true.

8 J. Cochrane (2013) "Lava, Quakes, and Tsunamis? 'Disaster University' Takes Shape," *International Herald Tribune*: 13.

9 M. V. K. Sivakumar (2013), "Weather and Climate Extremes, Need for and Importance of the Journal," *Weather and Climate Extremes*: 1.

10 Mullin, J.R. (1992) *The Reconstruction of Lisbon following the Earthquake of 1755: A Study in Despotic Planning*, Landscape Architecture & Regional Planning Faculty Publication Series, paper 45 (Amherst, MA: University of Massachusetts).

11 Bastrop County Commissioners' Court, *Bastrop County Community Wildfire Protection Plan* (Approved June 23, 2008).

12 United Nations (2005), *Millennium Ecosystem Assessment* (Washington, DC: Island Press): vii.

13 A. F. Appleton (2002), "How New York City Used an Ecosystem Services Strategy Carried Out Through an Urban-Rural Partnership to Preserve the Pristine Quality of Its Drinking Water and Save Billions of Dollars and What Lessons It Teaches about Using Ecosystem Services" (New York City, November), www.cbd.int/financial/pes/usa-pesnewyork.pdf; David Soll (2013), *Empire of Water: An Environmental and Political History of the New York City Water Supply* (Ithaca, NY: Cornell University Press).

14 E. Cooper, Lauretta Burke, and Nadia Bood (2009), "Coastal Capital: Belize. The Economic Contribution of

Belize's Coral Reefs and Mangroves," WRI Working Paper (Washington, DC: World Resources Institute).

15 Ibid.

16 Ibid.

17 See W. Saunders (2012), *Designed Ecologies: The Landscape Architecture of Kongjian Yu* (Basel: Birkhäuser); K. Yu (2012), "Measuring the Performance of Ecosystem Services Oriented Design (ESOD)," paper presented at Frontiers in Urban Ecology and Planning: Linking East and West Scholars to Advance Ecological Knowledge, Planning, and Management of Urban Ecosystems, East China Normal University, Shanghai, China, October 25–30.

18 See Z. Ouyan, Xiaoke Wang, Yufen Ren, and Weiqi Zhou (2012), "Urban Ecological Research in Beijing, China: Patterns, Processes, and Their Implications for Urban Management and Planning," paper presented at Frontiers in Urban Ecology and Planning: Linking East and West Scholars to Advance Ecological Knowledge, Planning, and Management of Urban Ecosystems, East China Normal University, Shanghai, China, October 25–30; P. Shi and Deyong Yu (2014), "Assessing Urban Environmental Resources and Services of Shenzhen, China: A Landscape-Based Approach for Urban Planning And Sustainability," *Landscape and Urban Planning*, 125: 290–297.

19 See M. A. Benedict and Edward T. McMahon (2006), *Green Infrastructure: Linking Landscapes and Communities* (Washington, DC: Island Press); D. D. Rouse and Ignacio F. Bunster-Ossa (2013), *Green Infrastructure: A Landscape Approach* (Chicago, IL: Chicago Planners Press).

20 See A. D. Dunn (2010), "Siting Green Infrastructure: Legal and Policy Solutions to Alleviate Urban Poverty and Promote Healthy Communities," *Boston College Environmental Affairs Law Review* 37 (1): 41–66.

21 See C. B. Berkooz (2011), "Green Infrastructure Storms Ahead," *Planning* 77 (3): 19–24.

22 See S. E. Gill, J. F. Handley, A.R. Ennos, and S. Pauleit (2007), "Adapting Cities for Climate Change: The Role of the Green Infrastructure," *Built Environment* 33(1): 115–133.

23 See N. Bhatia, Maya Przybylski, Lola Sheppard, and Mason While, editors (2011), *Coupling: Strategies for Infrastructural Opportunism*, Pamphlet Architecture 30 (New York: Princeton Architectural Press).

24 F. Nunan and D. Satterthwaite (2001), "The Influence of Governance on the Provision of Urban Environmental Infrastructure and Services for Low-Income Groups," *International Planning Studies* 6(4): 409–426.

25 A. Leopold (1991), *Round River: From the Journals of Aldo Leopold*, Luna B. Leopold, editor (Minocqua, WI: North Word Press): 237.

26 S. Pardal (2006), *Parque de Cidade Parto: Ideia e Paisagem / Proto City Park: Idea and Landscape* (Lisbon: Baginete de Apoio da Universidade Técnica de Lisboa); J. William Thompson, "Transplanting Traditions," *Landscape Architecture* 85: 82–85.

27 See, for instance, Field Operations, Diller Scofidio + Renfro, Friends of the High Line, City of New York (2008), *Designing the High Line: Gansevoort Street to 30th Street* (New York: Friends of the High Line); Joshua David and Robert Hammond (2011), *High Line: The Inside Story of New York City's Park in the Sky* (New York: Farrar, Straus and Giroux).

28 R. Pirani (2012), *Landscapes: Improving Conservation Practice in the Northeast Megaregion* (New York: Regional Plan Association).

29 Ibid.

30 B. Fleming, Frederick Steiner, and Talia McCray (2013), *The Makeshift Texas Triangle: Building Resiliency Across a Vulnerable Landscape* (Austin, TX: Center for Sustainable Development, University of Texas at Austin).

31 See I. L. McHarg (1996), *A Quest for Life* (New York: John Wiley & Sons).

32 See K. Yu, Hai-Long Liu, Di-Hua Li, Qing Qiao, and Xue-Song Xi (2009), "National Scale Ecology Security Pattern," *Acta Ecologica Sinica*: 5163–5175.

33 The National Ecological Security mapping was an outgrowth of Yu's 1995 Harvard University Graduate School of Design doctoral thesis, "Security Patterns in Landscape Planning with a Case Study in South China." His chair was Carl Steinitz, with Richard Forman and Steven Ervin as committee members. The thesis was partially published, "Security Patterns and Surface Model and in Landscape Planning," *Landscape and Urban Planning* 36 (1996): 1–17. See Frederick R. Steiner, "The Activist Educator" in Saunders, *Designed Ecologies*: 106–115, and "Reinvent the Good Earth: National Ecological Security Plan, China," in Saunders, *Designed Ecologies*: 192–199.

34 From information provided through email correspondence with Hailong Liu (November 12, 2010) and Zhen Wei Zhang (November 10, 2010), as well as from interviews with Yu, November 9 and 11, 2010.

35 Interviews with Yu, November 9, 11, 23, and 28, 2010, elaborated on in email correspondence on January 5, 2011.

36 Ibid.

37 The Trust for Public Land has adopted a similar approach for local-level mapping in the United States through its "Greenprinting" program. See www.tpl.org.

38 From an unpublished English translation of Yu et al., 2009.

39 See F. Steiner, and Robert Yaro (2009), "A New National Landscape Agenda," *Landscape Architecture*: 70–77.

40 See www.rpa.org/northeastlandscapes.

41 See "Let Landscape Lead Urbanism: Growth Planning for Beijing, Beijing, China, 2008," in Saunders, *Designed Ecologies*: 212–221.

42 K. Jacobs (2013), "Nature: Newark Style," *Metropolis* (September): 38–42.

43 M. Bruno (2012), *An American River: From Paradise to Superfund, Afloat on New Jersey's Passaic* (Vashron, WA: DeWitt Press); M. Kimmelman (2013), "Newark Revival Wears Orange Along the River," *The New York Times* (21 July): 1, 19.

44 D. Orr (1991), *Ecological Literacy: Education and the Transition to a Postmodern World* (Albany, NY: State University of New York Press).

第7章 景观是都市主义？

查尔斯·瓦尔德海姆（Charles Waldheim）

1983年，美国景观设计师盖瑞特·埃克博在《景观设计杂志》上发表了一篇题为"景观是建筑？"（Is Landscape Architecture?）的文章。同时，他提出了关于行业起源和目标的基本定义问题。景观设计这一"新艺术"的创始人明确指出建筑学是这一新职业最合适的文化身份。由此，他们基于埃克博的疑问，提出了一个新兴的复合职业身份。这个新的自由职业是在19世纪下半叶为了应对工业城市的社会、环境和文化挑战而形成。在这个背景下，景观设计师被视为是负责市政基础设施、公共空间和环境改善等综合的新型专业人员。在塑造当代城市的过程中，景观设计师的出现引发了近期对埃克博提出的问题更为明确的重读——景观是都市主义？

在过去二十年中，景观学科在设计文化中已经历了类似复兴的过程。这个曾经被认为日渐式微的领域已经从各个方面得到了恢复和发展，并且对当代都市主义的讨论产生了十分显著的影响。其中预示着一个问题是，相对城市设计与规划学科而言，挖掘出的景观新优势具有更重要的地位。那么，除了与研究当代城市问题相关，景观还有可能在更大的城市规划领域引发类似效应吗？更有趣的是，对此最令人信服的论断表明，景观启发规划的潜力来自其设计领域中的新优势和把生态看作是一种隐喻的方式，并非来过去受生态学思想启发的区域规划项目。由于这种观点是该领域一些困惑的潜在根源，并且已经成为一个争论的话题，本章概括性论述了关于景观如何能够有效地启发城市设计和规划领域在当下及未来所履行的责任。

近来的景观复兴被认为可能是受到了后现代主义对该领域的影响。本文提出了一个本质上是现代实证主义的讨论，如果自然科学不是多余的存在，那它则已经被"自然作为一种文化的建构"这一概念所代替。在这一构想中，景观从建立在生态功能机制之上的实证主义，转变为将生态作为理解自然与文化间复杂关系模型的文化相对主义。当然，景观最近所显示的文化相关性与一种独特的组合有关，即大众文化中广泛的环境意识和兴起的捐赠团体，基于此，设计被定义为一种文化。

在某些方面，规划对于景观领域新发展的抵制，在两个学科的发展历史上并不足为奇。在20世纪60年代的文化政治或普遍观念的背景下，许多著名的规划学院（包括哈佛大学和多伦多大学）相继从建筑学中脱离出来，明确了自己的学科身份，以此来摆脱建筑学在艺术设计中占主导地位的霸权。同样的，许多景观设计学院曾经是环境问题的激进分子，也开始脱离建筑学的文化和知识构架。这些事件带来的共同影响是疏远了设计学科之间的关系，并且将建筑学从经济、生态以及社会背景中脱离出来。在设计文化与环保主义相对疏远的时期，规划学科倾向于与环境友好的景观设计同行建立联盟，并且将自己从看似主观和自我的建筑学科中脱离出来。

其中一种解决这些问题的方法便是去检验城市规划学科中已有的范式和理论。在众多主题和立场中，近期的论著显示当下的城市规划领域或许可以总结为三方面历史性的矛盾。第一种是自上而下的行政权力与自下而上的有机社区决策机制；第二种可能的矛盾是规划设计与有机本土语言之间的对立；第三种可能的矛盾是，规划基于环境科学，作为一种实现政府福利工具与其作为自由经济发展的政治驱动力和实施策略之间的一种持续性对立。虽然只是简短概况了这些表面性矛盾，但若回溯到20世纪60年代矛盾形成的政治背景中去看时，这些对立的问题仍然对规划相关问题的讨论产生影响。[1]

为避免再次产生像20世纪60年代以来规划所带来的困境那样，重读学科的发展历史或许十分有益。这个问题的众多出发点中，有一个非常有趣，即关于1956年城市设计的起源。城市设计产生于20世纪50年代中期，从某一方面而言，它的产生是对规划长期以来恪守其已有的经验性知识、科学方法和学科自主性的回应。对于约瑟夫·尤伊斯·塞特（Josep Lluis Sert）及其同时代具有"都市意识"的建筑师而言，城市设计是设计城市物理空间的学科。城市设计有意识地将现代城市所面临的挑战通过空间化的方式予以呈现，以应对规划学科的研究越来越转向公共政策和社会科学的趋势。

在半个世纪以前，对城市设计诞生起同样重要作用的是塞特对学院派的城镇规划（被视为文化的保守分子）和受生态思想启发的区域规划（被视为无可救药的先验论者）的批判。[2] 这使得人们可能从历史的角度去发现最初塞特进行专业分工并构建城市设计学科的不当之处，因为这样做可能显得有些不公正或过于简单。但在城市设计诞生50年之后的今天，这样说或许有些道理，因为这个领域确实存在一些危机。[3]

这也指向了另一个在塞特创立城市设计专业时提及的传统观点：一系列具有生态思想的区域规划，包括帕特里克·格迪斯、本顿·麦凯、刘易斯·芒福德和伊恩·麦克哈格等人的实践和研究。他们代表了生态规划思想的不同方面，但把他们不同的特征以及各个具体项目糅合在一起时就会造成相当程度的冲突，这也正是塞特所批判的。这些思想的共性是具有明显的先验主义思想，以及面对自然世界所具有的形而上学的观念。从这一角度而言，伊恩·麦克哈格重塑景观设计学作为具有环境保护思想区域规划的一个分支学科正是彰显了这一传统，而他也明确了20世纪60—70年代不同的学科目标。这种观点表明，经验主义的城市规划得以施行，主要依赖于强有力的福利社会体制。

当一代景观设计师被训练成经验主义的拥护者时，麦克哈格的范式也走向了一个悲剧性的终结。不论正确与否，麦克哈格理性生态规划的本质被认为是反城市的，同时，作为先验论思想它也是反智力的。最终，在日益衰落的福利社会背景之下显得有些不切实际，而且过分依赖集权规划这一已经过时的观念。[4]

最近，再一次兴起的关于景观与当代都市主义关联性的讨论与麦克哈格的思想毫无关联。这些讨论更多的是对当代设计文化的理解。当今与城市相关的设计类学科面临的挑战以及城市规划的失败，似乎与麦克哈格理论所宣扬的经验知识和科学方法没有什么关系。当今城市面临的挑战也与信息的缺乏没有太大关系，相反与一种文化政策的失败关系更加密切，这种文化彻底放弃了福利国家对理性规划的期望。景观价值的新发现并非源于具有环境保护思想的区域和城市规划，而是与对都市主义的质疑以及与设计文化之间重新建立的友好联系有关。对于那些20世纪60年代成长起来的景观设计师或是自诩为环保主义的拥护者来说，这将是令人迷惑和困扰的转变。但这些标榜为自然拥护者的景观设计师惊奇地发现，近来景观与城市的讨论发生关联更多的是通过设计媒介而非通过公共程序或理性规划。

从许多方面来看，多数新生代优秀景观设计师对当代问题的兴趣可以在过去近25年的建筑学发展中找到，就好像后现代主义最终影响到景观领域一样。[5]其中的证据是，我们可以很容易地列举那些杰出的建筑师向景观设计师角色的转变。通常，许多著名的景观设计师接受的景观生态方面的教育都有赖于建筑学理论的催化。[6]接受此类教育的景观设计师和城市规划师倾向于将多种看似矛盾的生态学结合在一起进行应用。在实施生态理念的各种模式中，许多当代景观设计师将生态学作为城市驱动力和流动的研究模型，成为一种延缓作者身份（deferred authorship）的媒介，或者一种促使大众接受和大众参与的修辞手法。他们也保留了生态学是进行物种及其栖息地科学研究的传统定义，但又常常将其应用于更大的文化或设计议题中。

在由此而来的一个最为有趣的项目中，城市形式并非通过规划、政策或者参照任何先例形成的，而是通过自主、自我调节的自然生态系统产生的。许多案例中，城市形态最终并非通过设计而是通过以文化为目的的生态过程产生。这种将生态学作为景观设计策略与生态学作为自然科学的结合是城市设计师、城市规划师和环保主义者相关讨论中愈发困惑的原因所在。[7]

如果这种模式真的行之有效，那么对规划行业又能够有什么建议？如果这是正确的，那么规划师作为城市自由发展，制定基本规则的公正协调者这一传统定义应该被社会政策、环境保护、设计文化等更加复杂的角色所替代。这样借助规划媒介在项目开发之前进行公共政策和社区参与的协调，这种约定俗成的假设可能会产生争议。规划优于设计学科的优势地位可能终会危在旦夕。在这一构想中，设计媒介成为在大尺度设计中规避、绕开传统规划过程的一种手段。在这些定义景观对城市设计影响的代表性项目中，规划的角色是什么？在这些项目概念和实施阶段，规划行业所扮演的角色又是什么？

对当代国际景观设计实践的粗略调查可能发现一种观点：大多数情况下景观设计的策略走在规划的前面。在这些项目中，生态学的知识影响了城市的秩序，设计机构通过土地使用、环境管理、公共参与以及设计文化等内容的统筹考虑来推动这一进程。这些项目采用了设计竞赛、遗产捐赠、社区共识等方式使那些已经存在的规划制度显得十分多余。在许多这类项目中，景观设计师以及城市规划师对经济、生态、社会、文化进行重组，重新构想了服务于文化生产的城市场地。最终，在这一观点的趋势下，规划学科只能仓促地投身于文件编制、公共关系管理、立法手续以及社区利益等工作。[8]

最近，北美景观都市主义的实践案例表明了一个异于以往的政治经济规划。欧洲景观都市主义的案例致力于从促进社会福利、调整环保标准、补贴公共交通、资助公共领域等公共部门的特定设想中突显出来。过去十年里，纽约、多伦多、芝加哥以及其他城市的实践项目表明了当代北美景观都市主义实践与规划之间不同以往的关系，而且最近一些案例意味了景观都市主义实践的成熟，和呼吁城市形态结合生态过程的顶峰时期。[9]

对近期北美大都市中心区建设方案的观察可以证实上述观点。近年来，北美一些城市通过一系列项目明确了景观都市主义的重要地位。其中一些项目将景观作为城市化的媒介，仅仅暗示了城市形态的界限，另一些项目则专注于更加具体的与景观设计过程相关的建成形式，包括建筑形式、街区结构、建筑高度和红线后退等。其中最典型的案例是多伦多滨水区域，这个项目按照明确的景观都市主义思想对场地进行了重新规划。总而言之，纽约、芝加哥和多伦多近期的案例都预示着景观设计师已经成为我们这个时代的城市规划专家。

纽约是景观设计师实践不断发展的重要场所。2002年迈克尔·布隆伯格（Michael Bloomberg）当选为市长之后，纽约开始了为期十年以景观主导城市开发的时期，这具有非凡意义。其中许多项目属于景观都市主义与生态功能、艺术慈善和设计文化相交叉的领域。

　　弗莱斯垃圾填埋场（Fresh Kills landfill）和斯塔滕岛（Staten Island）的重建和恢复竞赛为景观设计师提供了在一个较早在城市发展尺度上施展才华的机会。詹姆斯·科纳的场域运作（Field Operation）事务所（2001年至今）进行弗莱斯垃圾填埋场项目规划时，主要考虑的是景观修复和生态功能，但该项目也可以被理解成一个高度规划的城市空间。这个公园试图适应场地周边持续的城市化发展，同时满足不断增长的娱乐和游览需求。这个早期的景观都市主义实践项目中，公众对理想公园的渴求与设计一个公园随着时间变化不断演替的过程同样重要。在这样的背景下，奥尔巴尼（纽约州首府）政府办公室的共和党领导人与纽约市长形成了一个罕见的政治联盟，同样也较为罕见地促成了纽约共和党主政下的斯塔滕岛公共资助项目。[10]

　　詹姆斯·科纳场域运作事务所与迪勒·斯科费迪欧和伦弗罗（Diller Scofidio + Renfro）事务所，以及皮耶·奥多夫（Piet Oudolf）事务所合作设计的高线公园（2004年至今；图7.1，图7.2）

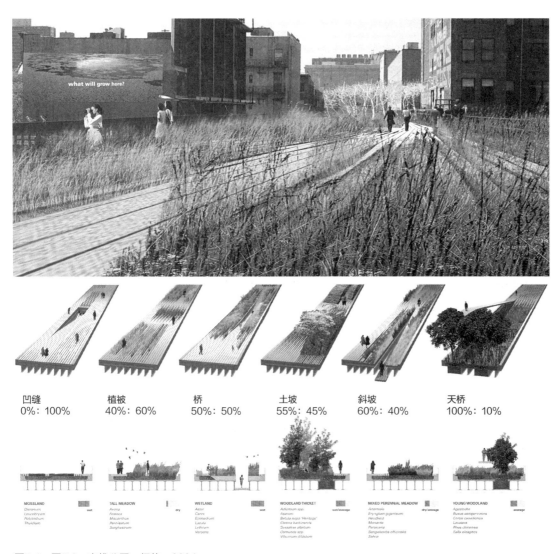

图7.1、图7.2　高线公园，纽约，2004
詹姆斯·科纳/场域运作设计事务所（主持）、迪勒·斯科费迪欧和伦弗罗事务所和皮耶·奥多夫事务所等

是一个更加精致和步行尺度的景观项目，更直接地与城市发展和建筑形态相关联。这个项目产生的原因是当地的社区组织反对拆除一条穿越曼哈顿下西区肉类加工厂的废弃高架铁路货运线。尽管以前政府的城市规划师认为这个废弃的构筑物阻碍了城市的发展，但高线的支持者们成功说服了即将上任的布隆伯格政府，将高线视为城市发展的潜在资源。这些支持者募集资金举办国际设计竞赛，希望将场地改建为高架景观廊道，这让人联想到巴黎绿荫步道（Promenade Plantée）项目。虽然高线项目的设计和建造花费了数百万美元的公共税款收入，但根据相关报道，即使在经济衰退最糟糕的时期，这笔投资税收增量回报率仍然高达6∶1。这个项目虽然被认为是一个景观项目，但对城市产生的影响却是显而易见的，它是通过景观而非传统城市形态的方式进行设计，不但促进了城市的发展，同时也使这个密度最大的北美城市变得活跃起来。高线公园项目将艺术、设计文化、城市未来发展和公共空间巧妙地融合，为景观设计师作为城市规划专家提供了强有力的支持。[11]

在过去十年间，纽约陆续通过各种规划机制建设了一系列公共景观项目。在这些项目中，肯·史密斯（Ken Smith）事务所与SHoP建筑设计事务所（2003年至今）合作的东江（the East River）滨水区设计令人瞩目。同样令人瞩目的还有迈克尔·范·瓦肯伯格（Michael Van Valkenburgh）联合事务所设计的哈德逊河公园（Hudson River Park，2001—2012年）发展规划，以及跨越东江的布鲁克林大桥公园（Brooklyn Bridge Park，2003年至今）。后者是一个成熟的景观都市主义实践案例，它促进了社区共融、城市发展和环境改善，形成了一个全新的城市公共空间（图7.3，图7.4）。最近，阿德里安·高伊策（Adriaan Geuze）的West 8景观设计事务所的总督岛设计方案（Governors Island，2006年至今）也同样展现了景观设施、生态改善与城市发展的重要融合。[12]

芝加哥是北美景观都市主义实践发展的另一个实例。伴随景观都市主义理论和实践的兴起，市长理查德·戴利（Richard M. Daley）支持了一系列令人瞩目的景观项目。千禧公园（Millennium Park）是这些项目中最早的一个，最初由SOM事务所（Skidmore, Owings & Merrill）设计，在规定时间内且符合预算的情况下，将格兰特公园（Grant Park）内废弃多年的铁路站场改造成为仿学院派的公共公园。在芝加哥一些设计文化和艺术界名人的倡导下，该项目逐渐发展成一个国际性设计文化的聚集地。随之而来的新的综合性规划，包括由景观设计师凯瑟琳·古斯塔夫森（Kathryn Gustafson）和园艺师皮耶·奥多夫（Piet Oudolf，2000—2004年）设计的卢瑞花园（Lurie Garden），由建筑师弗兰克·盖里（Frank Gehry）、伦佐·皮亚诺（Renzo Piano）设计的建筑项目，以及由设计师安尼施·卡普尔（Anish Kapoor）、乔玛·帕兰萨（Jaume Plensa）等人所做的装置艺术。[13] 最近，芝加哥废弃的高架铁路线——布卢明代尔铁路线（Bloomingdale Trail）也正在由迈克尔·范·瓦肯伯格联合事务所（2008年至今）负责重新规划，将成为一个类似纽约高线公园，但更加平等和多样的场地。与之类似的项目还有詹姆斯·科纳场域运作事务所（2012年至今）设计的芝加哥海军码头重建项目（redevelopment of Chicago's Navy Pier）以及刚氏建筑事务所（Studio Gang Architects，2010年至今）设计的北岛公园项目（Northerly Island），这些项目都坚持倡导景观作为城市公共滨水空间的媒介。

当代的多伦多也为景观设计师作为城市规划专家这一观点提供了强有力的案例支持。加拿大人口最多的这个城市，后工业滨水区域正在由多伦多滨水公共皇家公司（Waterfront Toronto）负责重新开发。多伦多滨水开发公司委托了包括阿德里安·高伊策、詹姆斯·科纳

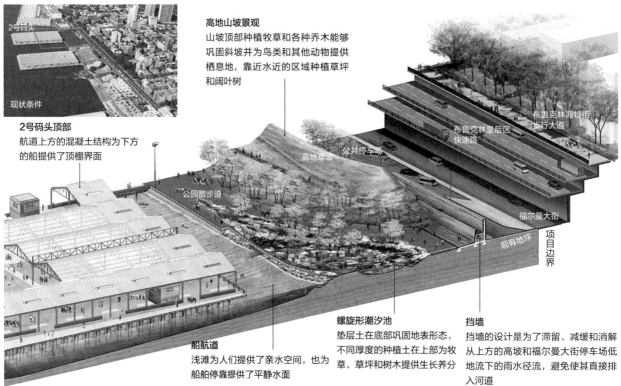

高地山坡景观
山坡顶部种植牧草和各种乔木能够巩固斜坡并为鸟类和其他动物提供栖息地，靠近水近的区域种植草坪和阔叶树

2号码头

现状条件

2号码头顶部
航道上方的混凝土结构为下方的船提供了顶棚界面

公园散步道

高地草坡

公共停车场

布鲁克林皇后区快速路

布鲁克林海特街步行大道

福尔曼大街

现有地坪

项目边界

船航道
浅滩为人们提供了亲水空间，也为船舶停靠提供了平静水面

螺旋形潮汐池
垫层土在底部巩固地表形态，不同厚度的种植土在上部为牧草、草坪和树木提供生长养分

挡墙
挡墙的设计是为了滞留、减缓和消解从上方的高坡和福尔曼大街停车场低地流下的雨水径流，避免使其直接排入河道

图7.3、图7.4　布鲁克林大桥公园，纽约，2003，迈克尔·范·瓦肯伯格和肯·格林伯格事务所

和迈克尔·范·瓦肯伯格在内的一批前沿景观设计师负责城市滨水区域的重建规划。这些项目中，城市新区的公共空间和构建形式与湖泊和河流的生态恢复相协调，它们促进了城市增长。第一个案例是阿德里安·高伊策的West 8景观设计事务所与DTAH景观设计事务所联合设计的中央滨水区开发项目（2006年至今，图7.5，图7.6）。[14]

高伊策的方案从对城市形态进行生态学论证开始，是众多的方案中唯一阐述鱼类栖息地空间和文化内涵、零碳交通和空间可识别性的方案，进而从众多国际建筑师中脱颖而出。最近这个项目正在建设中，预示着连续性的基础设施，雨洪管理系统以及多伦多新的文化形象。在该项目的东端，詹姆斯·科纳场域运作事务所受邀设计一个近1000英亩的公共公园——安大略湖公园（Lake Ontario Park，2006年至今）。安大略湖公园项目的场地原来是一片严重萎缩的工业用地，区域内存在数个鸟类栖息地，具有很高的生物多样性并极具吸引力。在此背景下，该项目将打造一种全新的娱乐设施和生活方式。在高伊策负责的中央滨水区项目和科纳的安大略湖公园之间的唐河下游地区（Down Don Lands），这块场地目前正按照迈克尔·范·瓦肯伯格联合设计事务所和肯·格林伯格（Ken Greenberg）事务所（2005年至今）的设计进行开发（图7.7，图7.8）。

该项目的设计方案源于一次国际设计竞赛，旨在将唐河下游地区完全人工化的河口恢复成自然化的河口，并将河口区域发展成一个可容纳30000名居民的新社区。这个同时包含雨

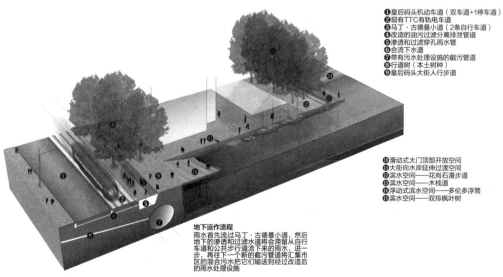

❶皇后码头机动车道（双车道+1停车道）
❷现有TTC有轨电车道
❸马丁·古德曼小道（2条自行车道）
❹改造的油污过滤分离排泄管道
❺渗透和过滤穿孔雨水管
❻合流下水道
❼带有污水处理设施的截污管道
❽行道树（本土树种）
❾皇后码头大街人行步道

❿滑动式大门顶部开放空间
⓫大街向水岸延伸过渡空间
⓬滨水空间——花岗石漫步道
⓭滨水空间——木栈道
⓮浮动式滨水空间——多伦多浮筒
⓯滨水空间——双排枫叶树

地下运作流程
雨水首先流过马丁·古德曼小道，然后地下的渗透和过滤水道将会滞留从自行车道和公共步行道流下来的雨水，进一步，再往下一个新的截污管道将汇集市区的混合污水把它们输送到经过改造后的雨水处理设施

图7.5、图7.6　中央滨水区，多伦多，2006，West 8景观设计事务所和DTAH景观设计事务所

洪管理与控制、生态功能重建和适应城市化的独特项目为景观都市主义实践提供了一个清晰的研究案例。虽然这个国际竞赛另外一些入围方案如之前看到的那些项目一样，都在倡导景观都市主义观点，但迈克尔·范·瓦肯伯格设计团队及其方案是当今北美在建造形式与景观过程融合方面的最佳范例。因此，它也预示了当代景观都市主义实践的未来模式，在这种模式中景观设计师需要引领一个多学科背景的团队，包括城市规划师、建筑师、生态学家和其他相关专家，共同协调密集、可步行和可持续的社区发展与多样、功能性的城市生态系统之间的复杂关系。[15]

景观都市主义的实践改变了北美城市的规划和发展，同时，在世界各地的城市和文化中日益普及。从国际化的视角来看，有两种趋势显而易见。第一类实践是试图将文化设施作为大型景观和基础设施规划的一部分，包括巴特亚姆（特拉维夫）双年展（Bat Yam Tel Aviv Biennale）的景观都市主义展览（2007—2008年），托莱多市ArtNET艺术拍卖网公共艺术与景观设计竞赛（Toledo ArtNET Public Art Landscape competition，2005—2006年）以及锡拉丘兹（纽约）文化走廊竞赛（the Syracuse Cultural Corridor competition，2007年至今）。

图7.7、图7.8 唐河下游地区，多伦多，2007，迈克尔·范·瓦肯伯格和肯·格林伯格事务所

另一类实践是将景观策略作为大型的水资源管理和经济发展项目的基础。其中包括亚历克斯·沃尔（Alex Wall）和亨利·巴瓦景观事务所（Henri Bava / Agence Ter）的横跨莱茵河两岸大都市区的"绿色大都会"规划方案（Green Metropolis planning，2006—2007年），以及近期克里斯托弗·海特（Christopher Hight）负责的休斯敦哈里斯县地区水资源管理局的规划项目（Harris County Regional Water Authority，2007—2009年）。[16]

近年来，东亚地区的景观都市主义实践发展尤为突出，许多景观设计师参与了不同城市的一系列项目。景观设计师和城市规划师为新加坡湾的再开发制定方案，以及中国香港及其周边地区的景观策略。在过去十年中，韩国和中国台湾地区的一系列景观设计竞赛，获奖的是那些采用景观都市主义策略应对复杂的城市与环境问题的方案。

近年来在中国内地，深圳的城市建设一直致力于景观都市主义的实践探索。深圳龙岗中心区的景观设计竞赛为当代景观都市主义实践提供了一个国际性的案例，由深圳市规划局选出的龙岗新区规划获胜方案是由AA景观都市主义联合体团队完成的作品（2008年至今）。参与其中的设计师包括普玛（Plasma）设计事务所的伊娃·卡斯特罗（Eva Castro）和大地实验（Groundlab）事务所的爱德华多·里科（Eduardo Rico）、阿尔弗雷多·拉米雷斯（Alfredo Ramirez）及张之扬（Young Zhang）等人（图7.9，图7.10）。[17]

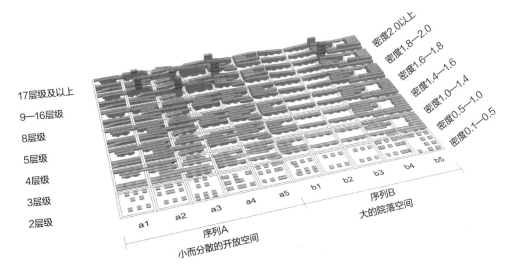

图7.9、图7.10 "厚土"（Deep Ground），深圳龙岗中心区国际设计竞赛第一名，2008。伊娃·卡斯特罗（Eva Castro）/普玛设计事务所和爱德华多·里科（Eduardo Rico）、阿尔弗雷多·拉米雷斯（Alfredo Ramirez）、张之扬（Young Zhang）等/大地实验事务所

在其设计方案中，卡斯特罗和里科等人利用城市形态、街区结构、建筑高度、建筑后退红线等关系到理想环境指标的因素，建立了一个关联性的数字模型。大地实验事务所用一个根据所输入的生态信息、环境基准数据和发展目标产生不同结果的参数化动态关联性数字模型，代替了竞赛所要求的巨大的实体模型。关联性数字模型的发展是景观都市主义实践的最前沿，它试图将更精准的生态过程与城市形态关联起来。最近深圳的前海新城竞赛则表明了对景观生态作为一种媒介的持续性关注，通过它来解决特大城市的发展问题。这个竞赛最终入围的是雷姆·库哈斯的OMA事务所、詹姆斯·科纳场域运作事务所和胡安·布斯盖兹（Joan Busquetts）事务所的三个方案。这三个方案都提出，要规划一个100万居民的新城区，首先需要恢复河流入海口区域的生态功能和环境卫生。詹姆斯·科纳场域运作事务所的获胜方案（2011年至今）以及其他两个入围方案，都通过景观生态学的方式为原本不起眼的城市土地赋予了新的形式与内容。从这一角度而言，这三个入围方案在考虑如何更好地组织和表达城市场地本身这个问题之前，首先考虑的是河流流域和城市的总体形态之间相关定位问题。这种多方位均衡考虑的设计方法十分瞩目，它们源于三个分别由建筑师、景观设计师和城市规划师领导的设计团队。

这些方案的共同特征是什么？它们共同之处在于表明了景观设计师作为城市规划专家时代的来临。这些景观都市主义实践适时提出了当下景观行业和学科身份的根本性问题。虽然"景观"这个词的各种词源在这数十年间受到了学者和从业者的大量关注，但"景观设计"（landscape architecture）作为一种职业身份，它的起源近年来却很少受到批判性的关注（图7.11）。[18]

自从19世纪出现所谓的"新艺术"（new art）以来，专业术语的问题就一直困扰着新艺术的支持者们。关于该专业术语的长期争辩，说明了学科身份和工作范围之间的矛盾关系。这个新领域的创始人涵盖了各种不同的工作岗位——从专注花园历史和乡村改造，到提倡将景观作为建筑和城市艺术。在美国，许多新领域的支持者对英国造园（landscape gardening）实践表现出了强烈的文化情结。但与此相反，欧洲大陆与景观相关的城市改造实践预示了这种新职业完全不同的工作内容。由于许多人渴望一个独一无二的、不容易与现存的职业和艺术类别混淆的身份，使得事情进一步变得复杂化。

这一新领域在美国的发展是为了应对快速城市化所带来的社会和环境挑战，被认为是一种进步。尽管人们对这个新职业有着很大的热情，但却不太清楚如何称呼这种新职业及其相关研究领域。到19世纪末，许多人认为当时已有的职业（建筑师、工程师、园艺师）已经不足以适应新的（城市和工业）发展状况，从而需要一个与景观切实相关的新身份。这个新领域的创始

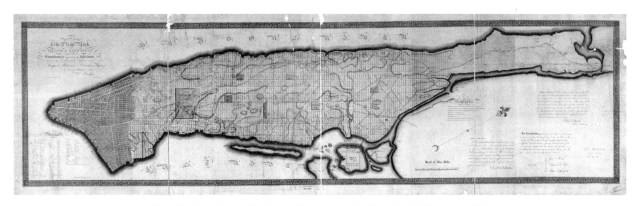

图7.11　纽约规划方案，1811。伊诺（Eno）收藏的纽约城市风光，纽约图书馆

人宣称景观作为建筑（landscape as architecture）有何用意？有哪些可选择的身份适用于这个领域的创建者？如何让这些选择继续推动当下景观领域的专业范围和知识范畴的发展？

到19世纪末，美国新艺术的支持者致力于把这种新生的职业与旧的建筑艺术相关的身份联系起来，并决定将建筑（而不是艺术、工程或园艺）视为最接近景观的职业群体，同时作为其文化维度，而这一决定对于理解当代景观的"核心"是十分重要的。这一历史清晰地解释了后来的发展，即在20世纪最初的十年里，城市规划作为一种独特的职业身份脱离了景观，以及20世纪末关于景观作为一种都市主义形式的辩论。

1857年，弗雷德里克·劳·奥姆斯特德被任命为纽约中央公园项目的主管。奥姆斯特德在种植业和出版业的投资让他身负重债，发现自己前途暗淡之后，在其氏族朋友，即新成立的中央公园董事会委员查尔斯·威利斯·埃利奥特的推荐下，他开始担任这一职位。埃利奥特及其董事会在次年举办的中央公园设计竞赛中授予奥姆斯特德及其合作者英国建筑师卡尔弗特·沃克斯（Calvert Vaux）一等奖。伴随着严格的政治党派投票，在他们的方案胜出后，奥姆斯特德被提升为"总建筑设计师兼主管"，沃克斯则被任命为"咨询建筑设计师"（图7.12，图7.13）。[19]

从1857年奥姆斯特德被任命为中央公园项目的主管，到随后在1858年被提拔为总建筑师的过程中，他并没有采用"景观设计师"这一职业称谓。在1859年11月访问巴黎之前，虽然他可能已经注意到了法国"景观设计师"（architecte-paysagiste）这一职业语汇，也可能知道在英语语言中密森（Meason）和卢登（Loudon）对该词使用的先例，但没有任何证据表明奥姆斯特德认为这一术语是一种职业身份。这一术语真正的应用是在那年11月奥姆斯特德进行欧洲公园旅行并与阿道夫·阿尔方德（Adolphe Alphand）在布洛涅森林（Bois de Boulogne）多次会面之后才出现的。奥姆斯特德很可能看见布洛涅森林公园改造工程的图纸上印着"景观设计部"（Service de l'architecte-paysagiste）字样，更重要的是，他见证了在日益扩展的巴黎城市改造实践中，将造园（landscape gardening）与基础设施改善、城市化以及大型公共项目管理紧密联系起来。在他对欧洲公园和城市改造项目进行深入考察期间，相比其他项目奥姆斯特德更加频繁地参观布洛涅森林公园，在短短两周之内参观了八次之多。[20]于是1859年12月底奥姆斯特德回到纽约之后，在其接受委托的每一个城市改造项目中都提出"景观设计师"这一职业称谓。

1860年7月奥姆斯特德寄给他父亲约翰·奥姆斯特德的私人信件是最早关于美国景观设计师职业称谓的记录证明。这封信以及随后的回信中都提到，1860年4月"纽约岛北部区域规划委员会"委任奥姆斯特德和沃克斯作为"景观设计师"。在这些委员会成员中，负责规划曼哈顿北部地区第155街的是亨利·希尔·埃利奥特，他是中央公园委员会成员查尔斯·威利斯·埃利奥特的哥哥，他曾经推荐奥姆斯特德作为公园主管的职位。[21]埃利奥特兄弟俩很可能在景观设计这一职业发展方面发挥了同样重要的作用，一个是委托奥姆斯特德负责设计中央公园，另一个是授予他"景观设计师"的称号，并与城市扩张规划工作联系密切。美国景观设计师作为一种独立的职业身份接受的第一次委托任务并不是公园、游乐场或公共花园的设计，而是曼哈顿的北部规划。在这种背景下，景观设计师最初被认为是负责规划城市本身形态的职业，而不是城市以外的田园风光（图7.14）。

尽管自己有了新的称谓，奥姆斯特德却仍然"一直为景观设计的命名方式而感到困惑"，他一直渴望一个新的术语来代表这个"森林艺术"（sylvan art）。他埋怨道："'景观'（Landscape）不是一个很好的词，'建筑'（Architecture）也不是，它们的组合自然也不是一个好词，然而

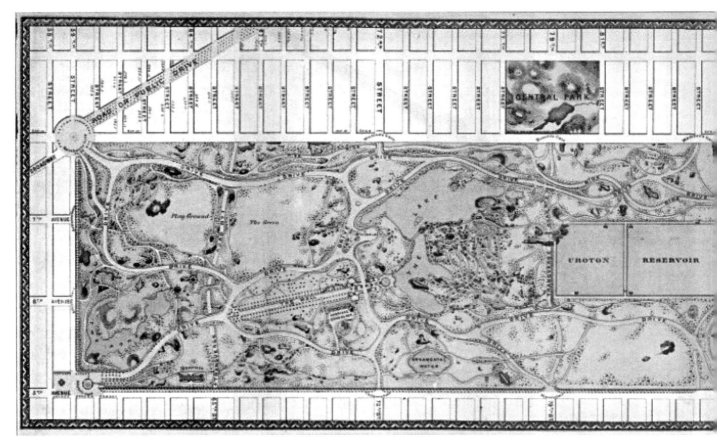

图7.12　纽约中央公园平面，1868，来源于纽约公共图书馆

图7.13　中央公园全景，纽约，1868，来源于纽约公共图书馆

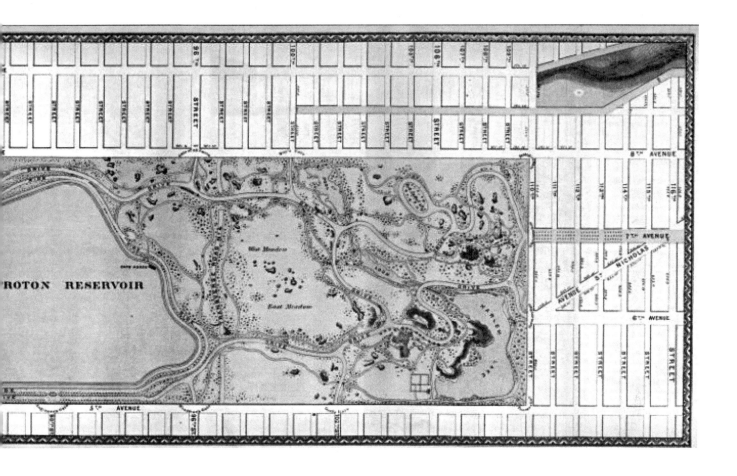

'造园'（Gardening）这个词更加糟糕。"他渴望有针对法语中这一术语的特定英语翻译，以便能更好地捕捉到关于城市秩序新艺术的微妙特征。[22]景观与建筑这两个术语合并带来了持续的焦虑，这一问题尚未解决，为什么新职业的支持者们最终宣称将景观作为建筑呢？奥姆斯特德确信，披着建筑师的外衣更有利于支撑这个公众眼中的新领域的发展，并且能够防止人们误以为这份工作不过是关心植物和花园。奥姆斯特德认为，这也将减少景观未来可能与建筑"毫无关联"的"更大的风险"。他还相信，这一新兴学科的研究领域会随着日益增长的科学知识会变得越来越依赖专门的技术知识，而最终逐渐远离艺术和建筑领域。[23]

19世纪的最后十年，人们狂热地宣称建立了一种新兴职业。尽管大西洋两岸有许多更为早期的实践，但成立于1899年的美国景观设计师协会（ASLA）是该领域的第一个专业机构。由于奥姆斯特德对法语称谓的倡导，美国的奠基者们最终采用了来自法语的"景观设计师"（landscape architect）而不是英语的"景观造园师"（landscape gardener）作为最适合这门新兴艺术的命名。正是由于这种语义上的区别，以及它所暗含的对城市秩序和基础设施规划实践的意图，使这个行业在美国得到充分的展现（图7.15–图7.18）。

正如我们所见，伴随着西欧和北美的工业现代化，景观作为建筑的起源和抱负从特定的文化、经济和社会条件中突显出来。景观设计这一"困惑的命名"最近才出现在东亚城市化的背景中。尽管东亚的日本、韩国和中国有很多特定文化形态下的园林传统，然而这些文化中并没有能产生一个与"景观设计"精确对等的术语。直到最近，随着西方有关都市主义和设计的理论向东方传播，英语术语"景观设计"才开始被中国采纳并使用。不足为奇的是，中国第一批景观设

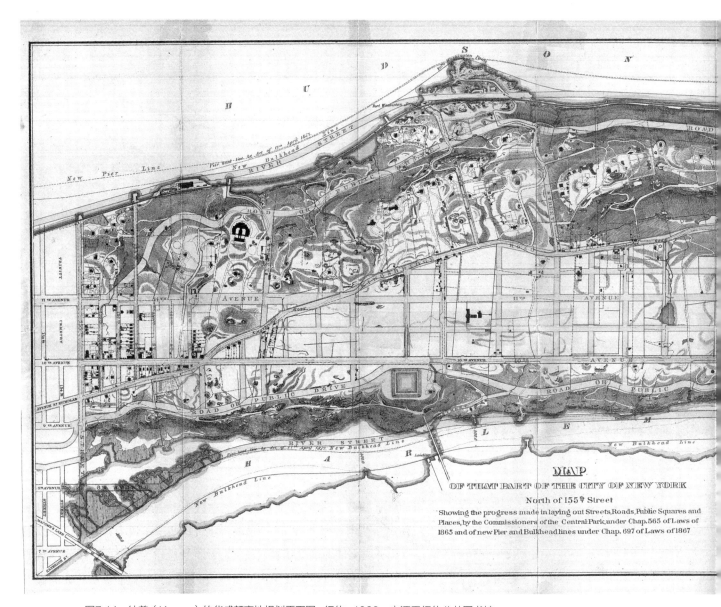

图7.14　纳普（Knapp）的华盛顿高地规划平面图，纽约，1868，来源于纽约公共图书馆

计的专业实践在过去的十年中已经出现，回应了对一种基于生态思想的城市规划实践的需求。

　　俞孔坚是最早在中国遵循西方私人规划设计咨询公司实践模式开设私人公司的景观设计师之一。因此，他在行业历史上显得尤为突出，也可能是当今中国"最重要"的景观设计师之一。在过去十年间，他也成为国际上英语语系大众所认为的中国领军人物。正是由于俞孔坚和他的土人景观在过去十年间所获得的国家级奖项和荣誉，中国本土也趋向于接受土人景观的理念，并尤其受到国家政治和文化部门方面的认可。[24]

　　俞孔坚及其土人景观利用其独特的历史性地位来游说中国的国家领导人和一些市长，在城市、区域甚至国家尺度层面采用西方模式的生态规划实践。这种抱负和雄心从俞孔坚以及土人景观在2007—2008年所做的中国国家生态安全格局规划项目中得到了最为完整的呈现。连续十年，俞孔坚在中国建设部的市长会议（1997—2007年）上演讲，并在中国出版了他极具影响力的专著《城市景观之路：与市长们交流》（俞孔坚，李迪华，2003），他向国内外大众清晰地

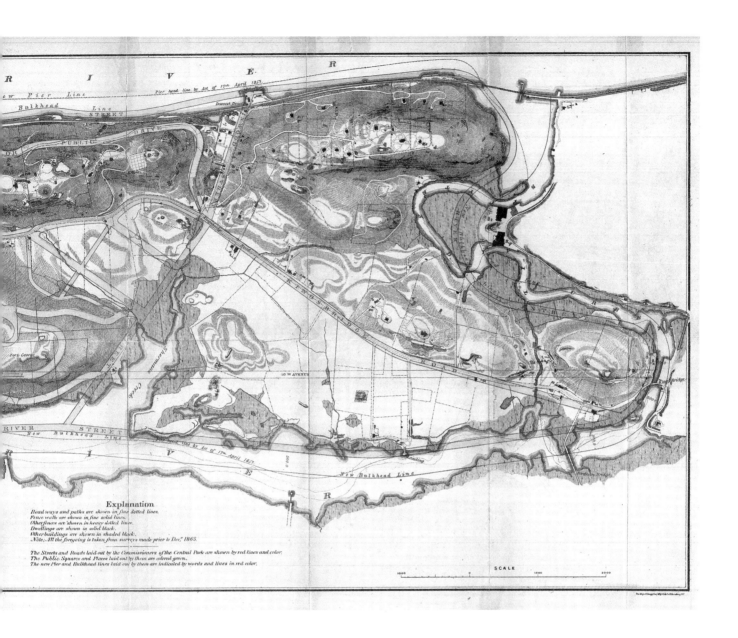

展现了一个在国家尺度上具有科学思想的生态规划模式。[25]

　　俞孔坚是1992年秋季哈佛大学设计研究生院设计学博士项目录取的七名学生之一。与他同期的几位博士同学也对生态和规划领域的发展作出了重要贡献，他们在学术研究和专业实践上也取得了突出成绩，这些人包括克里斯蒂娜·希尔（Kristina Hill）、杰奎琳·塔托姆（Jacqueline Tatom）、罗德尼·霍因克斯（Rodney Hoinkes）和道格·奥尔森（Doug Olson）。俞孔坚是他那代人中最早进入哈佛大学攻读设计学博士学位的人之一。

　　设计学博士是一个研究型学位，最终以学位论文的形式完成学业，但卡尔·斯坦尼兹（Carl Steinitz）建议博士候选人定期参加他的景观规划课程。除了受到斯坦尼兹的教导之外，俞孔坚还跟随理查德·福尔曼（Richard Forman）学习了景观生态学原理课程。他花了大量精力通过地理信息系统（GIS）对收集的大量生态信息数据进行运算和处理。通过与福尔曼一起工作，他初次接触到了景观生态学中战略点（strategic points）的概念。在这段时间里，俞孔坚

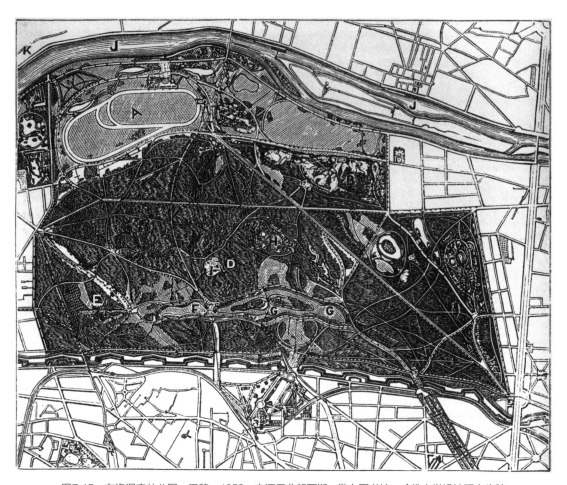

图7.15　布洛涅森林公园，巴黎，1852，来源于弗朗西斯·勒布图书馆，哈佛大学设计研究生院

图7.16　展望公园，布鲁克林，1861，来源于纽约公共图书馆

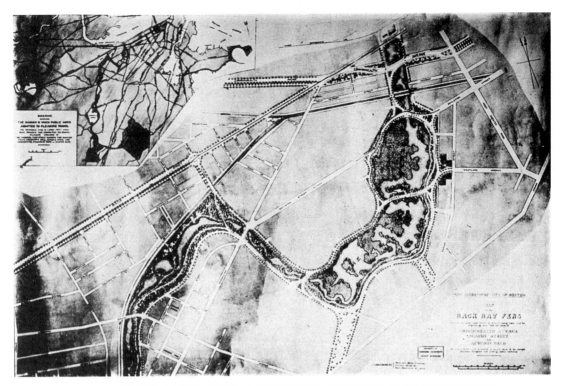

图7.17 后湾沼泽，波士顿，1887，来源于弗朗西斯·勒布图书馆，哈佛大学设计研究生院

图7.18 公园系统平面，波士顿，1894，来源于弗朗西斯·勒布图书馆，哈佛大学设计研究生院

也阅读了博弈论，并将博弈论中有关空间冲突的论述与福尔曼的景观分析论述联系起来，特别是涉及识别和保护景观中特定战略点，而俞孔坚称之为"安全点"（security points），这种理解促使他最终产生了生态"安全格局"（security patterns）的概念。[26]

在哈佛大学就读博士学位过程中，俞孔坚将斯坦尼兹严谨的规划方法、福尔曼对复杂景观模型的分析理论、计算机图形学实验室相关的数字地理信息系统的工具和技术以及"博弈论"的概念整合为一体。俞孔坚首先运用这种综合的方法为中国规划了一个国土尺度的生态安全格局方案。在斯坦尼兹、福尔曼和斯蒂芬·欧文的指导下，俞孔坚完成了他的博士论文《景观规划的生态安全格局》（*Security Patterns in Landscape Planning*），为相关项目的开发提供了概念、方法论、表达方式以及分析方法。这篇论文以中国的丹霞山国家级风景名胜区为例进行了生态安全规划研究，但俞孔坚希望借此提出一套适用于区县、省市、国家等不同尺度的生态安全规划的方法与策略。该论文体现了俞孔坚在北京林业大学和哈佛大学教育的各种影响下的方法整合，包括麦克哈格"千层饼模式"的分析方法、凯文·林奇的视觉分析方法、理查德·福尔曼的生态分析方法，斯蒂芬·欧文的地理信息系统（GIS）方法以及杰克·丹杰蒙德（Jack Dangermon）等人在实验室中所获得的地理信息系统的应用成果。在哈佛大学学习期间，俞孔坚还担任了地理信息系统（GIS）的研究助理和教学助理。在1994年，他整个夏天都在位于加利福尼亚州雷德兰兹的丹杰蒙德的环境系统研究所（ESRI）担任研究员。

俞孔坚论文的创新点之一是识别特定的"安全点"，或者说这些安全点的识别通过分析生态功能来实现，因为其受影响体现在以阶梯函数形式反映的特定阈值变化。俞孔坚发现某些特定的生态功能哪怕在很强的外界影响下，也不会产生同等比例的变化，但会在超过特定的影响阈值时突然发生改变。俞孔坚在论文中提出了三种不同的"安全点"：生态、视觉和农业。[27]因此，他预见性地将他的国家生态安全格局要包含的关于生态、旅游和食品安全主题整合起来。然而，俞孔坚所提出的中国国家生态安全格局的概念在西方并非没有先例。在哈佛大学期间，俞孔坚通过斯坦尼兹的课程学习了各种区域和国家的景观规划先例，包括沃伦·曼宁（Warren Manning）在1992年提出的美国国家规划。[28]

在取得博士学位后，俞孔坚作为景观设计师在位于加利福尼亚州拉古纳海滩的SWA事务所工作了两年。在此期间，他在其博士论文的基础上发表了一系列的文章。[29]1997年，他回到北京创立了自己的景观咨询公司——土人景观，并在北京大学任教。从成立开始，除了国家生态安全格局外，土人景观还做了一系列大型的生态规划项目。[30]土人景观的规划实践包括国家尺度的生态安全格局以及各种跨区域、市和县的规划方案，这些实践展现了一次具有历史意义的科学和文化知识的转变。这些规划除了展现出技术上的效能、预测的精确度和易于实施的特点以外，实际上表明了俞孔坚个人及职业生涯独特的历史背景。因此，这些规划体现了一种伟大的尝试，跨越时空和文化传播了源于西方的具有科学思想的空间规划理念。具有讽刺意味的是，在美国接受景观生态和规划训练的中国第一代专业人员，其实践如今却体现复兴美国已经逐渐衰落的传统规划的极大可能。自1978年至1979年间，中国宣布要实现"四个现代化"以来，美国的政治、经济和文化环境越来越偏离基于科学的空间规划实践的方向，倾向于在新自由主义、分散化和私有化经济之下进行空间决策。不可思议的是在这数十年间，通过设计和规划领域的高等教育培养，生态空间规划的实践在中国繁荣发展，影响了中国的公众舆论和社会主张。当代中国自上而下的集中式决策、对西方科学技术理念的开放态度以及快速的城市化进程，使得俞孔坚实施源于西方的生态规划理念极其容易被接受。暂且不论其是否科学公正（scientific probity）或实施前景，一个简单的事实是，俞孔坚提出的中国国土生态安全格局规划，描绘了一种矛盾，但又有所希冀的景观规划传统的回归，而这方面的发展在西方国家却处于黯然失色的边缘。这些进一步强化了在我们这个时代，景观设计师应该作为城市规划专家的历史性要求。

注释

Aspects of this argument were developed in Charles Waldheim, "Landscape as Architecture," *Harvard Design Magazine* 36 (Spring 2013): 17–20, 177–178; and Charles Waldheim, "Afterword: The Persistent Promise of Ecological Planning," in *Designed Ecologies: The Landscape Architecture of Kongjian Yu*, ed. William S. Saunders (Basel: Birkhauser, 2012), 250–253.

1　This gloss of the current paradigms available to planning has been summarized in *Harvard Design Magazine*, no. 22, "Urban Planning Now: What Works, What Doesn't?" (Spring/Summer 2005); and in the corresponding *Harvard Design Magazine Reader*, no. 3, *Urban Planning Today*, ed. William S. Saunders (Minneapolis: University of Minnesota Press), 2006.

2　Sert's implicit critique of planning and his conception of urban design are described in *Harvard Design Magazine*, no. 24, "The Origins and Evolution of Urban Design, 1956–2006" (Spring/Summer 2006). Also included in that volume is evidence of the ironic and short-lived proposal that urban design at Harvard be housed within the discipline of landscape architecture, see Richard Marshall, "The Elusiveness of Urban Design: The Perpetual Problems of Definition and Role," *HDM*, no. 24 (Spring/Summer 2006): 21–32.

3　The description of urban design in a state of crisis is an oft-repeated claim, most recently summarized in *Harvard Design Magazine*, no. 25, "Urban Design Now" (Fall 2006/Winter 2007). The most specific instance of this can be found in Michael Sorkin's introductory essay which sets the tone for that volume, Michael Sorkin, "The End(s) of Urban Design," *HDM*, no. 25, (Fall 2006/Winter 2007): 5–18. Further evidence is found in the following roundtable discussion moderated by *HDM* editor William Saunders, "Urban Design Now: A Discussion," *HDM*, no. 25, (Fall 2006/Winter 2007): 19–42.

4　This critique is both ambient in the contemporary discourse of landscape architecture and an ongoing source of great debate within and between the various flanks of the landscape discipline. It recommends an area deserving of more serious historical inquiry. As the vast majority of the historical material on McHarg has been relatively uncritical and occasionally veers into the metaphysical, the critical evaluation and historical contextualization of McHarg's work remains to be completed, and would be of great value to this discussion.

5　See J. Corner, "Introduction," in *Recovering Landscape: Essays in Contemporary Landscape Architecture* (New York: Princeton Architectural Press, 1999); R. Weller, "An Art of Instrumentality," in *The Landscape Urbanism Reader* (New York: Princeton Architectural Press, 2006).

6　James Corner studied ecological planning at the University of Pennsylvania and Adriaan Geuze studied ecological planning at Wageningen University in the Netherlands. Both subsequently explored the relation between ecology as a model for design and contemporary design culture associated with postmodern theory.

7　On this question, and the historical reception of McHarg's theories of ecological planning, see Frederick Steiner, "The Ghost of Ian McHarg," *Log*, no. 13–14 (Fall 2008): 147–151.

8　For an overview of the state of planning in the context of major urban projects in North America, see Alexander Garvin, "Introduction: Planning Now for the Twenty-first Century," in Saunders, *Urban Planning Today*, xi–xx; and *Harvard Design Magazine*, no. 22, Urban Planning Now: What Works, What Doesn't?" (Spring/Summer 2005); and for particular case studies in community consultation, donor culture, and design competitions, see Joshua David and Robert Hammond, *High Line: The Inside Story of New York City's Park in the Sky* (New York: Farrar, Straus, and Giroux, 2011); and Timothy J. Gilfoyle, *Millennium Park: Creating a Chicago Landmark* (Chicago: University of Chicago Press, 2006); and John Kaliski, "Democracy Takes Command: New Community Planning and the Challenge to Urban Design," in Saunders, *Urban Planning Today*, 24–37.

9　See David and Hammond, *High Line*; Gilfoyle, *Millennium Park*; and Gene Desfor and Jennifer Laidley, *Reshaping Toronto's Waterfront* (Toronto: University of Toronto Press, 2011).

10　See www.nycgovparks.org/park-features/freshkills-park (accessed December 31, 2013).

11　See David and Hammond, *High Line*.

12　East River Waterfront, Ken Smith Workshop with SHoP (2003–present); Hudson River Park by Michael Van Valkenburgh Associates (2001–2012); Michael Van Valkenburgh Associates's Brooklyn Bridge Park (2003–present); Adriaan Geuze West8's plan for Governor's Island (2006–present).

13　See Gilfoyle, *Millennium Park*.

14　See www.west8.nl/projects/toronto_central_waterfront/ (accessed December 31, 2013); and www.water-frontoronto.ca/explore_projects2/central_waterfront/planning_the_community/central_waterfron (accessed December 31, 2013).

15 See www.waterfrontoronto.ca/lowerdonlands (accessed December 31, 2013); and www.waterfrontoronto. ca/lower_don_lands/lower_don_lands_design_competition (accessed December 1, 2013).

16 See Alex Wall, "Green City," *New Geographies*, vol. 0, ed. Neyran Turan (September 2009): 86–97; Christopher Hight, "Re-born on the Bayou: Envisioning the Hydrauli_City," *Praxis*, no. 10, Urban Matters (October 2008): 36–46; Christopher Hight, Natalia Beard, and Michael Robinson, "Hydrauli_City: Urban Design, Infrastructure, Ecology," *ACADIA*, Proceedings of the Association for Computer Aided Design in Architecture, (October 2008): 158–165; and www.hydraulicity.org/ (accessed December 31, 2013).

17 See http://landscapeurbanism.aaschool.ac.uk/programme/people/contacts/groundlab/ (accessed December 31, 2013); and http://groundlab.org/portfolio/groundlab-project-deep-ground-longgang-china/ (accessed December 31, 2013).

18 Joseph Disponzio's work on this topic has been a rare exception in tracing the origins of the professional identity. His doctoral dissertation and subsequent publications on the topic offer the definitive account of the emergence of the French formulation *architecte-paysagiste* as the origin of professional identity of the landscape architect. See Disponzio, "The Garden Theory and Landscape Practice of Jean-Marie Morel" (PhD diss., Columbia University, 2000). See also Disponzio, "Jean-Marie Morel and the Invention of Landscape Architecture," in *Tradition and Innovation in French Garden Art: Chapters of a New History*, eds John Dixon Hunt and Michel Conan (Philadelphia: University of Pennsylvania Press, 2002), 135–159; and Disponzio, "History of the Profession," *Landscape Architectural Graphic Standards*, ed. Leonard J. Hopper (Hoboken, NJ: Wiley & Sons, 2007), 5–9.

19 Charles E. Beveridge and David Schuyler, eds, *The Papers of Frederick Law Olmsted, vol. 3: Creating Central Park 1857–1861* (Baltimore: Johns Hopkins University Press, 1983), 26–28, 45, n73.

20 Ibid., 234–235.

21 Ibid., 256–257; 257, n4; 267, n1.

22 Victoria Post Ranney, ed., *The Papers of Frederick Law Olmsted, vol. 5: The California Frontier, 1863–1865* (Baltimore: Johns Hopkins University Press, 1990), 422.

23 Charles E. Beveridge, Carolyn F. Hoffman, and Kenneth Hawkins, eds, *The Papers of Frederick Law Olmsted, vol. 7: Parks, Politics, and Patronage, 1874–1882* (Baltimore: Johns Hopkins University Press, 2007), 225–226.

24 Yu has received multiple national awards in China based in some measure on the reception of his work outside of China including the Overseas Chinese Pioneer Achievement Medal (2003), the Overseas Chinese Professional Excellence Top Award (2004), and the National Gold Medal of Fine Arts (2004).

25 See Kongjian Yu, "Lectures to the Mayors Forum," Chinese Ministry of Construction, Ministry of Central Communist Party Organization, two to three lectures annually, 1997–2007; and Kongjian Yu and Dihua Li, *The Road to Urban Landscape: A Dialogue with Mayors* (Beijing: China Architecture & Building Press), 2003.

26 Kongjian Yu, interview with the author, January 20, 2011.

27 Kongjian Yu, "Security Patterns in Landscape Planning: With a Case in South China," doctoral thesis, Harvard University Graduate School of Design, May 1995. Yu makes a distinction between the recorded title of his doctoral thesis and that of his doctoral dissertation "Security Patterns and Surface Model in Landscape Planning," advised by Professors Carl Steinitz, Richard Forman, and Stephen Ervin, and dated June 1, 1995.

28 Carl Steinitz, interview with the author, January 20, 2011. For more on the genealogy of western conceptions of landscape planning that Steinitz made available to Yu, from Loudon and Lenné through Olmsted and Elliot, see Carl Steinitz, "Landscape Planning: A Brief History of Influential Ideas," *Journal of Landscape Architecture* (Spring 2008): 68–74.

29 Kongjian Yu, "Security Patterns and Surface Model in Landscape Planning," *Landscape and Urban Planning*, vol. 36, no. 5 (1996): 1–17; and Kongjian Yu, "Ecological Security Patterns in Landscape and GIS Application, *Geographic Information Sciences*, vol. 1, no. 2 (1996): 88–102.

30 For more on Yu/Turenscape's regional planning projects, see Kelly Shannon, "Ecological Infrastructure as Guide to Regional Development," *Designed Ecologies: The Landscape Architecture of Kongjian Yu*, ed. William Saunders (Basel: Birkhauser, 2012), 200–221.

第8章 景观是基础设施?

皮埃尔·贝兰格（Pierre Bélanger）

狭窄而迂腐的分类学已经使我们认同：在所谓的土木工程和景观设计两个领域之间不存在共通之处，但事实上，历史经验却告诉我们这两者所实现的成就在结果上是相同的。这两个专业可能服务于不同的对象，但是他们都为满足人类需求而组织或规划空间布局，是真正意义上的艺术作品创作。如今，正是意识到这两者目标的相似性，我们最终重新定义了景观：一个为我们的生存提供基础设施或环境背景的人造（人为修复）的空间环境；虽然用"背景"这个词看上去不那么谦逊，但我们应该记住，在现代意义上的"背景"，它不仅强调了我们的身份和存在，而且还强调了我们的历史。

约翰·布林克霍夫·杰克逊（John Brinckerhoff Jackson），"景观词义解析"，1976—1984

现代文化景观的一个显著特征是路径（pathway）比起居住区更具有主导地位……这些现代生活的路径同样也是"能量"（power）传输的廊道，这种能量是具有技术和权力的双重含义。通过引导人流、货物和信息，它们已经形成了线性的力量，使空间关系发生了转变，这些线性空间比起在它们之外的人和场所更享有某种特权……联结系统和路径这一概念主要是现象学范畴而非社会学。这些建筑物是在地理空间中存在的有形且可触摸的结构，它们主要是由实体构成而非社会层面。当工程涉及创造这种结构时，比起科学，它看起来更像是景观设计的"镜像双胞胎"（mirror twin）。

罗莎琳德·威廉姆斯（Rosalind Williams），"大型技术体系的文化起源与环境意义"，1993

在全球城市化进程中，基础设施也变得越来越复杂。作为"现代最令人印象最深刻的事实之一"[1]，基础设施既是推动力也是结果，成为决定地球上绝大多数城市化水平发展特征的一种固化模式。基础设施作为城市发展的背景而经常被埋没或忽视，它是一种隐形的界面——都市主义的幽灵（urbanism's ghost）——通过它我们实现了与物质世界、生物世界和技术世界的互动与影响。如果像历史学家罗莎琳德·威廉姆斯和约翰·布林克霍夫·杰克逊所提出的那样：如果当代城市生活的所有方面都是由大型技术系统来调节的，那么对于基础设施是封闭的、机械的工程化系统这一偏见，需要基于生态学视角从根本上进行反思，应将其视为是一个有生命的开放系统媒介，作用于不同的地理、政治和时间尺度。

生命的模型，开放的系统

随着生态学成为关注的焦点，同时被认为是世纪终极（fin de siècle）的系统和策略，当代社会对于城市基础设施和大规模技术系统的重新思考进一步加强，这主要源于全球盛行的工业化向城市化的转变：20世纪70年代对环境问题广泛的关注，80年代公共工程规划的危机，以及从90年代起战后工程设施结构的退化，根据美国土木工程师协会（American Society of Civil Engineers）的数据，其总额超过2.2万亿美元的遗产急需再投资。[2] 今天，城市经济的纵向、线性和集中化的系统——福特主义基础设施（Fordist infrastructure）——质疑了城市化的本质，其中远程消费模式进一步从生产方式和过程中脱离出来。空间上，这些高度复杂而又僵化的工程环境——地上和地下——不仅大范围取代或破坏了生物物理资源（biophysical resources）的分布及其动态过程，而且开发和建设的基础设施被物流配送、地下传送、内化处理，以及为不断增长的人口提供服务的分散仓库等更为隐蔽的中间系统所掩盖。

从政治和民族主义的角度来考虑，这种看似生态过程的"基础设施的修复和碎片化"理所当然的会导致"摩擦"和"阻力"的产生，而且这些"摩擦和阻力"只会持续增长。人类学家安娜·青（Anna Tsing）[3]，历史学家乔·高迪（Jo Guldi），以及地理学家戴维·哈维（David Harvey）[4]一直走在最前沿致力于解释"灵活性"（flexibilities）是如何被直接内置于集中化的官僚体制、不平衡的土地发展政策及标准化的末端工程等体系当中，这种体系的意识形态源头主要根植于殖民和军事的历史（图8.1）。"基础设施使地区与地区对立，专家与人民对立，阶级与阶级对立。它导致并影响了现代政治中的一致性和差异性特征。"[5]如今，在很大程度上不协

图8.1 种族空间：在约翰·毕肖普·埃斯特琳（John Bishop Estlin）的"北美道德地图，1854"中，密西西比河主要作为自由州、奴隶州和土著领土之间的社会政治划分和边界基础设施。由耶鲁大学数字人文学科——耶鲁奴隶制与废奴门户网站提供

图8.2　城市机构：美国联邦城市化委员会在1937年的第一次报告中，明确了继1921年人口大爆炸之后城市集中化的主要挑战。©1921 纽约时报，由美国政府印刷办公室和美国众议院自然资源委员会提供

调的规划实践已成为具有讽刺意味的反动行为，而土木工程也是治标不治本。最后，面对精疲力竭的环境保护主义前景，机械技术的过度使用和财产的过度监管，加速了环境与经济之间的政治平台的鸿沟日益扩大，同时对城市变化的空间和步伐仍然基本无能为力（图8.2）。

因此，基础设施的改造是否完全是技术上的问题，或完全是自20世纪80年代里根和撒切尔时代以来蔓延至全国的大规模减税和公共服务减少的财政问题？或者说，基础设施的衰退是否代表着一个更深层次的国家政治难题？[6]"究竟什么样的美丽城市才会有糟糕的排水系统，或将一条高品质的混凝土高速公路建在贫瘠的景观上？"[7]

生态学的新精神（L'esprit nouveau）既是世纪之交的反响，也是对这一基础设施的模糊性和环境上种族隔离的前瞻性预测。这种精神是一种战略性的"秩序恢复"（rappel-à-l'ordre），通过对城市生活空间和时间尺度的再现，提出了消费、分配、过程和开采等基础设施的新型地理关系。作为生动的、有活力的且有生命的模型，这种新的生态秩序是由其对立面而发展形成的（而不是受对立面所约束）。通过重新构建城市化基本的"问题意识"（problematization），政治和人为活动（人口、技术、消费、资本）的摩擦以及气候变化和环境压力（海平面上升、大气排放、水污染、热带风暴、季节性干旱）的碰撞，为一个前所未有的转型时代建立新的、可协商的替代模式和协同先例打下了基础（图8.3）。

基于追溯性叙事方式，用两个相互关联的问题探讨这一根本的千年难题：景观是基础设施？也就是说，我们能否将"非机械"、"非线性"和"不稳定"的生命系统媒介视为基础设施？相对的，基础设施可以被认为是景观吗？也就是说，我们是否可以把基础设施的非生物、非动态、非适应性的基础设施材料视为一种构建的景观和生活体验（图8.4）？

基于对过去两个世纪的里程碑事件和权威思想家的记载，这一本体论回顾了一系列思想上的转变与革命，从工程学和经济学到人类学和地理学，为了探讨生态学与基础设施之间的距离，以及景观设计与市政工程之间的差异。通过挖掘支撑基础设施形式的"理性的工具"（instrumentality of reason）背后隐藏的权力结构，将景观作为基础设施（及其实用性的转换，基础设施作为景观）的猜想才能得以揭示和松动僵化的意识形态，从而提出新的设计策略和实践模式以应对我们时代的主要挑战。鉴于目前全球范围内出现的大规模基础设施改造，这种共享的文化工程必定需要"基础设施逆转"（infrastructural inversions）或是"生态学前景化"（ecological foregrounding）。[8] 因为这个提议将质疑任何单一学科解决今天城市和环境巨大复杂性的能力与传统，而这里所提出的是一种复合的、混合和协作的景观基础设施实践构想框架，它解决

图8.3 美国纪念碑：1929年美国地质调查局的标准。在1929年，建立了国家大地垂直基准面来测量高度（海拔），以及凹陷（深度）、平均海平面（MSL）。由美国国家海洋和大气管理局——垂直基准项目提供

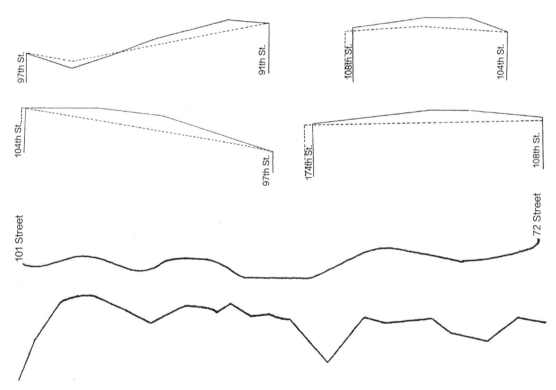

图8.4 剖面分析：由景观设计师弗雷德里克·劳·奥姆斯特德和土木工程师詹姆斯·克罗斯（James Croes）做的关于纽约街道地形的横截面分析。
资料来源：纽约市公共公园管理局，第72号文件，1876

了混乱且不可预测的全球资本流动和人口迁移问题，以及与全球生态系统演化和动态变化的关系。

生态学作为逆向工程

历史上，设计领域缺乏基础设施的出现，而令人惊讶的是，这竟是源于陈腐平庸，讽刺地掩盖了其技术的复杂性。20世纪50年代末，城市设计作为一门学科，集中关注于"城市物质形态规划相关的部分"[9]，其重点是将街道、街区以及建筑设计作为城市成长和发展的生产机器——在基础设施出现的那一刻，忽略了其作为城市化进程的推动者和粘合剂的巨大潜力。此外，"工程师经常比城市规划师更接近未来的发展，"就如西格弗里德·吉迪恩（Siegfried Giedion）评论道："内战期间规划激增，同时工程和建筑之间的差距也愈来愈远，'他们经常只专注于城市主体自身的重组'（图8.5）。"[10]

不管它表现的有多中立，基础设施要素的组成——从下水道和人行道到机场和发电厂——构成了技术设备——自然的硬件——这些硬件共同构成了城市。在其乏味的重复之下，基础设施作为"权利的工具和技术"的器具，就如米歇尔·福柯所引述的那样，基础设施被各种机构部署为"控制线"和"权力设备"贯穿从城市到国家的广袤领土上。[11]

在场地和空间系统堆叠的背后存在一个基础设施相关的背景：一个集数据收集、标准、规范、反馈、协议和实践的操作系统，该系统不断地重新设计和规划。在大规模技术系统持续运作和重建背后，存在着带有阶级化、政治偏见、种族观念及空间意识形态的沉默的流通和无声的传播。

从人种民族志视角来看，基础设施普及扩散的几个关键因素显得十分重要："环境嵌入性"、"操作透明化"、"空间可达性"、"时间维度"、"文化启示"、"与传统实践的联系"、"标准化实施"、"现场预制"、"拆解可视化"以及"模块化"。[12]虽然我们可能在哪里才是基础设施的源头和终点，或者基础设施如何运行（有些情况下运行得非常完美）等这些问题上产生争议，但其不利影响的发生通常近乎隐形，并具有不可逆转的特点。作为媒介，基础设施完全超

图8.5 混沌和复杂：学术领域一直研究自由但反形式的大型基础设施的流动性、速度以及无缝性等特征。
塞特著，1942年，由哈佛大学校长和研究员提供（左）；吉迪恩著，1941年，由哈佛大学出版社提供（右）；滕纳德著，1964年，©1964耶鲁大学出版社（中）

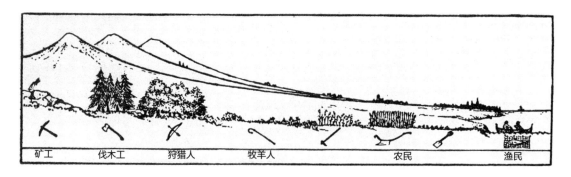

| 矿工 | 伐木工 | 狩猎人 | 牧羊人 | 农民 | 渔民 |

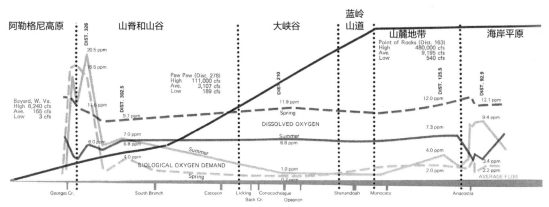

图8.6　生产性山谷和消费性河流：城市化纵剖面与伊恩·麦克哈格的河流剖面及帕特里克·格迪斯（Patrick Geddes）的文明进程的山谷剖面。
麦克哈格，《设计结合自然》，1969年，美国自然历史博物馆提供（上）；格迪斯，1909年，苏格兰国家图书馆 OF.1314.6.20.（下）

出了我们把控能力范围。

我们经常模糊其与社会环境和生物物理资源"软件"之间的联系，远程生产（在那里，人们种植粮食和开采资源）和消费空间（人们居住和工作的地方）往往在地理上和物质上远离开采和分发地（图8.6）。除了偶尔的路边一瞥所见，我们很少看到这些系统的全部，除非等到它们衰败或淘汰。基本上看不到的是提供饮用水的河流水库，或是支撑高速公路的地下土壤，存放城市垃圾的垃圾堆填区，或是为地区发电厂提供原料的煤矿区……尽管它们的劳动力和汗水都是不可见的，但却在不断地运行并修复这个远程结构。这些系统大部分被认为是完善的、无缝的和永久的，然而，城市基础设施背后无形的人力资源就像大型的技术网络一样：极其脆弱和短暂，基本上是不可分离的。

就像19世纪和20世纪令人瞩目的城市建筑行业那样，重新考虑土木工程和城市规划的历史性角色，是当代基础设施研究的核心。在过去的两个世纪里，城市是通过理性的工具手段[13]，基本模型的控制和有效的意识形态塑造的。毋庸置疑的是，在工程师和规划者们的权威之下，无可争议的速度和无缝的观念往往带有政治意味，掩盖了关键的权力本质。随着机械化的主导以及理性主义席卷城市，专业化实践变得越来越精细化、理性和"逻辑"，达到了它们自身的极限，需要"一个将理性与有机联系起来的方法"。[14]

透过学科专业化的迷雾和理性量化思维的幻想，在基础设施和大规模技术系统的背景下重新审视理性时我们需要对三点主张进行反思，即生态化作为工程化的逆转过程将重新调整三种主要设想的主导地位：规划的城市中心主义，工程的至高无上和技术的永恒（图8.7）。

图8.7　摧毁即为设计：密歇根弗林特GM汽车厂的拆迁。照片：伦纳德·辛格森拆迁视频和别克版画，2013

第一阶段的转变意味着在地理上远离核心—边缘组织模式。在20世纪初，把城市定位为社会问题时已经不可避免的把基础设施作为国家的建设事业。被置于远离新兴活动产生的外围，城市的集中化管控使得土地进一步工具化，同时也让欧几里得（Euclidean）的几何分区模式、加尔文主义（Calvinist）的保护政策，以及追求"使用"高于"成效"的泰勒主义（Taylorist）分类体系进一步系统化。

具有讽刺意味的是，基础设施对生态变动和系统流碎片化的修复受制于领土边界，通常是几个世纪前在战争时期或由周转的国家机构冲突期间划定的领土边界。从密西西比河到五大湖，河流、海岸线以及其他水文区域和水体，由于其易辨认性便自然而然成为了整个北美的政治分界和边界。由于筑坝和渠化，水文系统的碎片化致使栖息地资源转为近乎不可见的斑块，这些斑块过去是依赖于系统的互联性。航行或电力生产的单一功能也使地区的水体沦为了死水。美国陆军工程兵团（U.S. Army Corps of Engineers，USACE）的军事座右铭为"建立强大"（Building Strong）便是一个缩影，对工具理性和坚固永久性的不可动摇的坚持已经将曾经多样化、动态而又多产的水文系统牢牢地限制在政治边界的固定网格中。受国家关注的焦点所致，如今，可持续发展议程与无法预测的气候变化、人口流动以及消费模式形成了鲜明的对立与矛盾（图8.8）。

图8.8 失败国度，建筑师的消亡：从20世纪80年代中期的公共撤资到2008年的抵押贷款危机，婴儿潮一代见证了在房地产和公共项目的革命。
资料来源：杜克大学出版社，1983，©2013《时代周刊》

风险和理性

在第二阶段，以及与隐蔽和埋在地下的城市化系统相呼应，对专注于国家权力的现行城市模式[15]的重新评估必须重新考虑规划和工程本身的科学性。基于福特主义生产模式，线性的封闭基础设施系统已经需要系统的隔离，以及隔离或边缘化的其他形式和生活方式：从植物群落和动物群落、地区和宗教、种族和性别，到家庭和民族。基础设施的技术性有效的中和了生态的复杂性，并将其简化为功能效用和运作效率。相对于公共基础设施的统一和民主的承诺，多样化被轻易地抑制或外化为一种限制，经常导致社会的分歧。[16]因为基础设施是有偏倚的，它联系但也同样分离着社会。"在以基础设施为主的时代，冲突是不可避免的，因为建设虽然昂贵，但却是必要的。没有国家的建设，经济发展就不会扩张到全国范围，周边区域的发展就会落后，而落后区域也无法参与到市场之中。"[17]

如果城市规划和市政工程分别构成了当今西方工业社会城市密不可透的建筑和固定的框架，那么规划师和工程师就是维护和管理工具理性神话的步兵。由于国家驱动的政策，对抽象策略（土地使用图例）和数据集成（人口统计）的"易读性"（legibility）的过分强调，很多复杂的信息被简化，以致"预测常常是大错特错的"。[18]理性的风险是将技术工程师的证实主义人格化"专业人员力量的最佳范例……直接或间接强化了工具主义的统治和无止境的经济增长。"[19]

随时间的推移，法律界限和职责划分的落实——通过标准化和系统化来实现制度化，已经逐渐为当今僵化和分离的城市空间做出了"贡献"。"现代工程事业主要还一个殖民项目"，即自主扩张又自我整合。[20]脱离地域资源和动态的生物物理过程的趋势愈加明显，同时，在发现量化逻辑和数值精度可靠的基础上，过程的中和化与标准化也被进一步加强。利己和精确的以人类为中心的经济模式使生态学的种族、阶级和性别被简单的具体化，而对基础设施是中立性的设想也可能是其最危险的武器。

从工程到设计

就像空间经济学那样无休止的依赖于效率，现在市政工程师已成为城市环境的核心人物，"公众愿望的受托人"，他们的贡献通过美国技术实现的地标和伟大的公共项目而突显出来。[21]与今天过度理论化的建筑师或社会学家相比[22]，从18世纪开始，西方工业社会对普通工程师的尊重程度是令人惊讶的："美国人尊重工程师（不是农民也不是建筑师），无论他们在哪里工作，尤其是偏远地区的居民会极其尊重他们。没有他们的专业技术——专业的或普通的——居民们很清楚，运河和铁路只能成为白日梦。"[23]

在缺乏根本的批判性反思的情况下，最高级的地标性建筑以及大规模技术如今成为21世纪高风险技术景观领域交流的基础。在不到项目生命周期成本1%的情况下，工程服务和优秀市政项目的成本效益实际上是无可争议的，其形象以投资的方式传达。[24]基于对失败反复且带有司法鉴定般的研究而受到的启发——壮丽的或乏味的[25]，于是工程师的技术能力和准确性的官僚主义基石就建立在摒弃那些通常不那么可量化的社会政治过程之上。[26]

如果"工程师不仅向美国引入了大体量和大尺度建筑，同时也引入了标准化"，而且之后他们也进行了这方面的管理，对复杂性进行了彻底的清理。[27]科学理性的内在幽灵由此会引发空间环境中采用大规模技术的外在问题，以及如何才能通过主导学科将知识组织起来。[28]例如，在19世纪末的漫长和平时期，市政工程的出现源于西点军校大批军事工程师的诞生[29]，由于国防需求，自然地在河流中建造工程结构来划分"干"和"湿"的土地，"高"和"低"的地面，"水上"和"水下"环境。就像大都市需要扩张得越来越大，对水利工程和地形土方工程的需求也是如此。事实上，适用于北美环境的是，要像法国军事工程师一样，巧妙地将战时防御工事和规划理念转化到了民用领域，一个海岸接着一个海岸，横跨整个大西洋。

可预测性和后泰勒主义

同时，规划和工程的批判者认为当代的第三次转变应把问题放在"确定性"和"稳定性"上，这样无可置疑的"安全"且"保险"的乌托邦将指日可待。基于对保险和牛顿学说可预测性的幻想，单一功能的土地利用和标准化的基础设施已经减少了灵活的选择，而且经常将大规模人口暴露在巨大的脆弱性和高风险环境之下。[30]

以规划对灾害、意外和灾难的保守反应为例，工程结构难以预测的背景及其不利影响，促使了对基础设施本身的持久性和持续循环利用进行批判性反思。由于技术系统的规模，基础设施的失忆已经产生了一代又一代的技术决定论和国土自然主义。在18世纪，殖民控制机构成立，到19世纪，通过机械工程师和系统论者弗雷德里克·温斯洛·泰勒（Frederick Winslow Taylor）提出的科学管理原理实现了现代化，集中化管理被要求用于生产管理和稳定库存。这些泰勒主义的规划及可预测性的原则，不仅在机械化和福特主义大规模生产模式兴起的期间影响了工厂的发展，它们还塑造了工业环境和大都市领地的管理模式。

然而，泰勒模型的短期经济收益排除了那些无法适应长期封闭的工业生产体系的因素。相反，任何外部效应都真正且象征性地走向下游、地下、海外或变得更加疯狂：排放、流失、资源枯竭、工人权利、种族关系、国际政策、家庭结构、性别差异、文化智慧等。[31]经过一个世纪的反复试验，理性的泰勒模型被不断地被增长的部效应所影响，不再能够通过工作流程合理化或仅通过生产线标准化来证明劳动生产力的改进。环境压力的波动轮廓和城市风险与政治管辖权、专业能力及信息数据的边界并不一致。加上国家预算的减少，越来越多的环境危害使得这种占主导地位的产业结构的僵化变得可见。比如在2005年卡特里娜飓风期间，成百上千的人流离失所，2010年墨西哥湾英国石油公司发生石油泄漏事件对河口经济造成的毁灭性打击，以及2012年桑迪飓风带来的经济损失，都已成为生动形象的画面——与20世纪60年代的革命性的事件相同——显示了学科模型的局限，这样的模型主要基于感知的可预测性和预测规划假定的确定性（图8.9）。

作为市政工程和规划的基础，精确性已成为一个障碍。不管是18世纪的海岸工程，19世纪的卫生工程，或是20世纪的交通规划，我们发现自己正处在一个超越城市科学、城市理性或城市高效模式逻辑的十字路口。对于城市化的过程和结果，一个让人头痛的事实是，城市不能像运河或下水道那样被容纳，也不能像工厂或库存一样被控制。幸运的是，在过去的几十年里，"非技术因素已经产生了影响，该影响在技术历史上史无前例"，这有利于环境或使

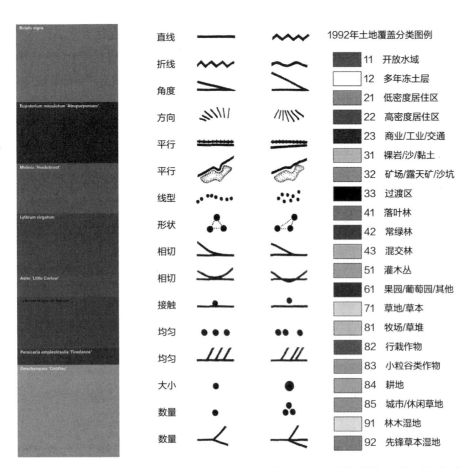

图8.9 交叉变量编纂法：国家土地使用分类系统，相邻地区的关系，植物比例。由美国地质调查局提供，1992；雅克·贝尔坦（Jacques Bertin），1963；派特·奥多夫（Piet Oudolf），2009

用技术的领域。对固定边界地缘政治的重新解读——合法的、管辖权的、政治的、生物物理等方面与社会文化、地缘政治、生物物理的关系——有助于追溯工具理性的来龙去脉，因此能够为改革当前经济体系中涉及生物物理系统、多元文化和程序化动态过程等方面提供依据（图8.10）。

在这个"流动空间"，城市经济主观性的重新规划提供了可替代的组织模型——构建系统、服务和规模的生态性，这些数据在不断变化中存在和形成。"最有趣的是这并不是建筑，而是景观以其脆弱的边界，连接了地形和模棱两可的使用模式，最终仍然是这类土地变化的最好反映。"[32]因此，气候变化打破了作为一种过程和模式的城市化规模与系统，对国家权力的轮廓和制度的边界提出了挑战。在这流动的空间里，非静态的"过程"替代了"场所"的固定性。[33]

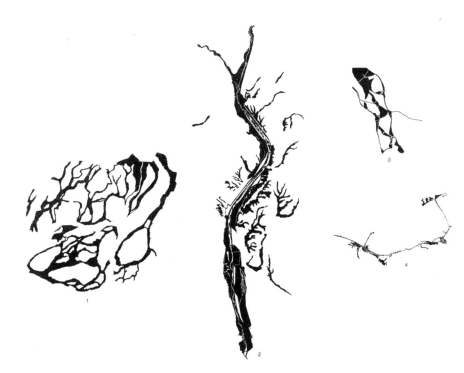

图8.10　植物的过程性作为空间的组织：植物城市主义以及为城市棕地与受污染地区而存在的景观媒介。© 2009 米歇尔·戴斯维纳景观事务所

组织生态学

在这个远离学科主导的转变中，空间组织的替代模式需要开发更少线性和更灵活的策略，这些策略能够利用城市经济不断变化和不稳定的性质。超过60%的欧洲人和超过80%的美国人口居住在城市周边区域，"反形式"[34]流线系统显然有助于如今去中心化的过程，就像它们在过去几个世纪拥有的影响一样。20世纪初的人口爆炸，随之而来的去乡村化，极大地改变了城市和郊区的规模。这似乎在美国历史上是史无前例的，1921年美国人口统计显示"美国历史上第一次，超过一半的人口生活在城市范围内"。[35]

1909年，第一次规划会议见证了随着人口规模双倍甚至三倍的增长，规划出现于基础设施迅速发展的城市比如芝加哥、洛杉矶、波士顿、纽约。[36]随着黑帮的猖獗，贫民窟不断滋生，机动化日益膨胀，20世纪20年代城市人口的急剧增长标志着新兴混合城市真正的转折点。

工厂系统吸引越来越多的人来到城市中心，地价也因此上涨，这个世纪见证了一波"城市规划"的浪潮。随着这些"城市美化"的运动的展开……所有人口在10000或以上的城市都被要求建立一个规划委员会。[37]

为了尝试缓解呈上升趋势的犯罪和拥堵问题，对饮用水、废物处理、能源生产、食物分配以及交通廊道等的集中需求给不断扩张但越来越拥堵的城市服务系统带来了巨大的压力。在20世纪早期，芝加哥政府改变了芝加哥河流，将污水从位于密歇根湖的淡水资源转移走。对这些问题的管控似乎是必要的，也使城市服务被划分成更容易管理的类别，这在一定程度上要归功于自1937年以来公众参与的兴起，还有新成立的国家级的都市主义委员会，以及城市级的规划委员会。由于在城市范围内通过实施税收来管理人口增长，政策和分区法规来限制高度，以及密度控制和土地使用约束等一系列措施，于是自然地形成了规划学科的中心地位。反对旧世界的中心–外围模式发展前景和新世界社会科学的城市中心主义，区域城市主义学者霍华德·奥杜姆（Howard W. Odum）为了支持区域增长和去中心化的价值，提出了叠加生态、经济或社会区域的集聚优势，"作为一种手段让人口、工业、财富、资本、文化、尺度、复杂性和科技等实现去中心化和再分配"。[38]

郊区化的可持续性

新的规划学科取代了美国公民协会（American Civic Association）的目标和曾经由建筑师主导的城市美化运动（City Beautiful Movement）的辉煌，同时发现了现有制度的权力并利用政府权力的分散性，这种权力构成了美国宪法的支柱。尽管地方政府是规划领域最大的利益相关者和受益者，但总体规划仍然无法跟上人口迁移不可预测的步伐与压力。

但是，与早期的制度性规划不同，城市化不能简单地像监狱一样被规划，也不能像医院那样被控制。肮脏的城市内部环境、廉价的低层住宅、道路工程以及战后去工业化的复合效应迫使开放新的区域以适应不断扩散的人口，他们沿着新线性路径和水平向起伏的交通廊道发展，跨越了混合城市群的法律边界。

所谓的无法控制的城市人口扩张和郊区化兴起的问题，不仅表明了城市规划在应对疯狂蔓延这一问题上的无能为力且缺乏灵活性（包括房屋管理局和监管权力），而且要求城市和城市地区的历史学研究需要被更多关注，这种观点正是刘易斯·芒福德（Lewis Mumford）于1961年在他的书《城市发展史》（The City in History）中所提出。

无规划：欧几里得之后的分区

如果规划的任务已经依赖于服务和个体用地分类的严格的分离，那么运输网络将自然而然地把自己融入不相兼容的用地或不同等级社区之间。到1927年，以科学为基础的规划信念和地方政府控制导致了按照欧几里得规划原则建立的基本单一用途类别的先例：住宅、商业、机构和工业。当地理学知识从常春藤盟校中分离出来[39]，具有讽刺意味的是，城市的复杂性达到了新的高度，而此时正是约翰·肯尼斯·加尔布雷思（John Kenneth Galbraith）宣称"资本（和权力）的集中度变得比土地更重要"的时候。[40]

依赖于法学体系，空间上中立的规划学科不可逆转地扎根在了土地利用立法和财产政治层面，同时地理学在规划的基本功能层面也完全消失。因而20世纪的规划也已经退化，在很大程度上沦为一代只有简单世界观的律师和经济学家们的工作。

形成鲜明对比的是，地区郊区化的过程为城市环境条件的提升提供了普遍优势，即"为社会进步和家庭生活创造生产性环境"[41]使其成为具有争议性和颠覆性的生态意义主题。

就如研究城市扩展的历史学家罗伯特·布鲁格曼（Robert Bruegmann）指出的那样，全球范围内的郊区化被广泛地研究："密度梯度扁平化"是19世纪和20世纪社会经济结构水平的象征，这涵盖贯穿了"一个更加分散的景观，为许多人提供更好的移动性、隐私和选择"。由于汽车数量的增加、移动通信技术的进步、消费信贷的增长以及个人购买力的增强也促成了水平城市化模式，这种模式在很大程度上取代了"在19世纪末司空见惯的高密度人口城市"。[42]

在过去被称为城市设计的领域中，存在最大的问题是，已经不再像阿尔伯蒂（Alberti）时代的那样——如何选址以建造一个城市或一个给定的项目——而是如何以某种方式适应那些现在已经被郊区环境所包围的场地。[43]

混乱作为复杂性

如果异常的郊区化可能为21世纪提供更好的空间、经济和文化自由，那么，就如奥姆斯特德在19世纪预言的那样，不同的空间民主就可能存在于城市生态和经济之间。

作为一个过渡阶段，权力结构的去中心化蕴含了制度等级的扁平化，这与城市形态去中心化是密切联系在一起的。因此，新的权力组织成为可能，不是通过权力的建立，而是通过在国家主导的未建设的工程基础设施项目中，以及发展不完善的监管结构体系中下放权力。

景观设计师和都市主义者詹姆斯·科纳对于郊区化和不发达区域的发展策略做出了贡献，最近他提出"组织生态学"如何能够提供一种对都市主义的先进认知"以产生一种批判性理解，即在一个持续变化且不确定的世界进行实践时，问题的关键是什么……并发展出与更加开放的流动形式和实践相关的新的词汇和技术。"[44]科纳的批判强调了不确定性的创造力，这与城市学者雷姆·库哈斯的开创性辩论相呼应："由于失去了控制，城市将成为想象的主要载体。重新定义，城市化很大程度上不仅仅是一个专业，而是一种接受现存事物的思考方式和意识形态。"[45]

这种组织生态学依赖于对不同尺度空间规划和经济生产过程的培养。如果将会有一个"新的都市主义"，它将不是基于秩序和全能的双重幻想；它将成为"不确定性"的阶段；它不再关注或多或少的永久性物体的安排，而是关注于有潜力区域的灌溉。由于城市现在已经无处不在，城市主义将不再更新，而只会关于"多"和"修改"。它将不会是关于文明，而是关于欠发达地区（图8.11，图8.12）。

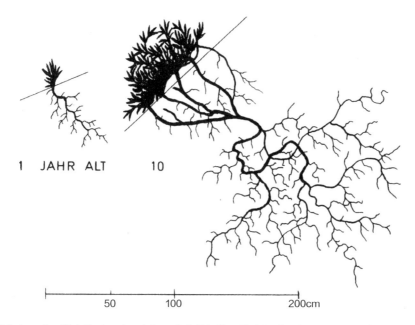

图8.11 自我组织系统：健康物种厚实、坚韧和稳定的根垫系统在极端天气、季节性温度变化、营养不良的土壤、强烈的光照和带着海水咸味的恶劣环境中茁壮成长。© 1994雨果·梅哈德斯坦·希克特尔（Hugo Meinhard Schiechtl）

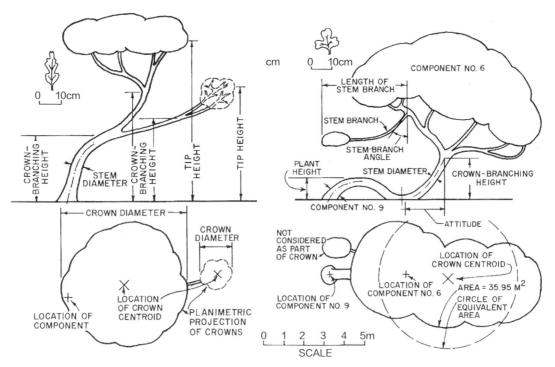

图8.12 成长与变形：植物的聚合和形态，© 1972原子能委员会

从必然性到偶然性

如果准确观察难以把握的城市化[46]需要很长的时间跨度，那么郊区化的进程可以被认为是对主导的福特主义生产模式和泰勒主义管理模式的生产性反作用与应对。从封闭的色盲系统到减少为只有少许可控变量的方式来重新解读城市，因此这无法适应不断增长的知识体系，以及作为一个开放系统的城市生态系统的动态变化和分散化的专业知识。如果将其视为一个山谷，这些横向和纵向的视图重新描绘了超越经济和法律视角之外的当代城市化的"土地"（ground）和"地理"（geography），取代了原有设想的规划和工程的效率与效能。[47]在当前公共部门的工作重新分配到私有专业部门，以及更多合作形式的项目融资，其优势是通过更大的灵活性来共同承担风险，两种方式都是构建的生态和基础设施的界面。这一转变旨在打破与公共工程和私有财产相关的政治和法律界限。要利用这种风险策略，设计显然要更加投机取巧以及利用学科知识同时参与到更多协同合作中。

经济上，适当的利用基础设施作为景观的优势被加强了：

用于修复公共基础设施的资金可能远远超过用于建筑、公园和开放空间的资金数额。巨大的财政预算可被用于城市设计，同时也可以解决一些实用问题，也有助于在一个自大坝时代以来从未有过的尺度上修复城市和地区景观。[48]

在这里，去中心化的过程——即通过生态聚集来实现对经济等级制度和政治霸权的侵蚀——产生了新的水平向的干预，这种干预可以通过空间分散的策略使空间富有生态力量，同时，可以通过时间分布将这种过程与新形态进行同步。

依赖城市区域去中心化而扩张的城市经济是一个更为不可预知的过程，这个过程产生更大的潜在利益，在城市灰色地带之外开辟新的居住和农业土地。"这就是组织并支撑了城市中一系列固定和变化活动的城市地表结构。因此，城市表面是动态和适应性的；如同催化剂一样，随着时间的推移呈现出各种不同的事件。"[49]

生态系统的尺度

在生态学的新兴领域中地理学的复兴是有价值的，也是必要的。尽管在20世纪90年代末，由于全球化和通信网络的兴起预示了"距离的死亡"（death-of-distance）学说的出现，但地理学知识作为标量和系统性工具的地位也更加显著。

基于地理学视角重新审视过去两个世纪里占主导地位的城市化模式，绕过了学科的死胡同，消解了城市与乡村、田园与都市、自然与人类、现代与古典等概念之间的历史性对立。空间惯例起源于技术官僚派系公共工程部门（废物、水、能源、食品和运输机构），并从古典主义中继承而来，因此可以有目的地对旧世界的总体规划观念提出质疑。抛开市政税区的局限，区域利用资源流动的力量，贯穿了水域、能量流和食物流，物质比例从1：1扩展到全球比例的1：1亿来引导更大规模的城市化。

区域化

现在，法律和管理框架因为对碳排放、基础设施生命周期、环境经济和气候变化等紧迫的担忧而显得发挥不了作用。通过无规划和去分区[50]，取消监管控制这一举动可能在区域设计中"郊区"（sub-urban）和"超级城市"（super-urban）的尺度上发挥前所未有的作用。[51] 通过最终能产生更丰富、更有成效的生态系统的力量，他们将会从预防性（控制）工具转变为预测性（偶然性）工具。在这扁平化的城市层次结构中，一系列新的地域特征正在形成，赋予了多样性和差异性，同时重新聚焦于生物物理资源和自维持、自组织的生命过程，在空间上表达文化创新性和先进性。

仅凭其巨大的优点，由基础设施而形成的"复杂性管理制度"（regime of complexity）要求一种可转移（mobilization）的设计智慧，不再过分依赖于"细致定义，实施限制，而是扩展观念和去边界化"。[52] 颠覆技术决定论的线性模式和工程控制的确定性，"并非集中于可以通过规划和管理实现的完美理想结果，新现代主义的环保主义（比如生态）专注于建立一种动态，并设想它将引导至一个人们期许的——但还是未知的——方向。"[53]（图8.13）

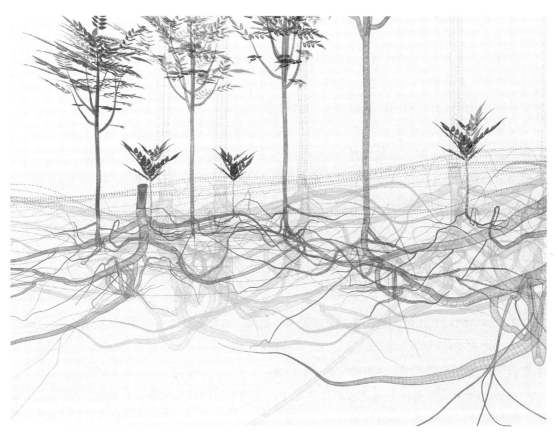

图8.13　生物工程：在高度碎片化的城市环境里，地表下层的营养繁殖系统以促进森林的蓬勃发展［洋槐（Black Locust）］和生物质密度。
资料来源：福德·瓦希迪（Foad Vahidi）、马克·琼曼-塞雷诺（Mark Jongman-Sereno）、安东尼·鲁德瑙伊（Antonia Rudnay）

环境作为巨型结构

这种转变发生在城市设计领域的危急时刻，伴随着越来越多的建筑师因为愈加复杂的建筑环境而变得弱小或失去幻想。由于巨型建筑运动在一幢建筑物内捕捉世界的失败所带来的冲击[54]，文化地理学家约翰·布林克霍夫·杰克逊（John Brinckerhoff Jackson）提出"存在另外一种巨型构筑物"的观点，其针对的是"基于整体环境"。[55]在城市设计的教条主义中，环境的表征是一种约束，它不能驾驭非机械（生命）和非稳定（动态）系统——仅仅是一种开放的系统，但景观设计的综合能力，其既融合了基础设施的形式，也融合了生态过程。跨越不同尺度，开放式系统开拓了以前被遗弃的场地（去城市化），并加强了新的场地（超级城市化）。它们一同形成了一个从植物和种类系统规模中的生物分子和代谢领域，延伸到地理网络和全球更替期规模领域。作为一个系统中的系统，这个扩展的领域由跨学科的生态智慧、最小的生态工程和最高水平的跨界战略所操控。与封闭的工业生产体系相比，这些新的大规模生产经济是一种外源和内源性流动的开放系统。浪费和过剩、城市化的盈余等，通过下降级回收和升级回收，被转化为二次和三次材料的循环经济（图8.14）。

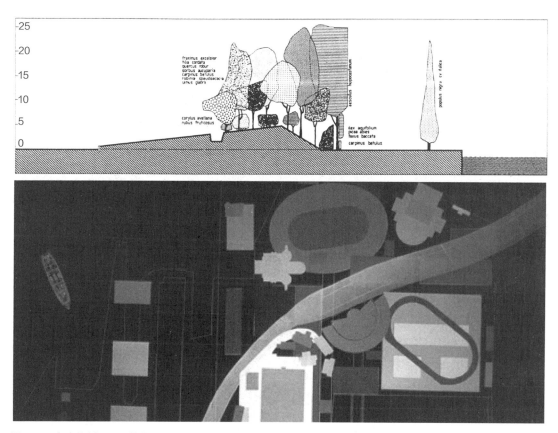

图8.14　自由的剖面，开放的平面：大都会建筑事务所设计的拉维莱特公园植物系统的发展策略（1982，上）以及横滨（Yokohoma）的开放空间图解（下）。© 1992，大都会事务所（OMA）

地图术作为多媒介手段

如果信息时代是一个基础设施时代，那么对超越传统"使用价值"的生命系统的表达是未来景观实践中至关重要的一部分。由于基础设施是用信息系统进行编码并且是与权力（或民主的）一起使用，因此地图术是解码外部效应的一种手段，"并且可以通过对以前被忽视的人和事物进行评价来巩固社会公正事业。"[56]无论是通过图解还是地图，复合图像为从工程师和建筑师那里继承而来的传统正交制图法提供了一种重要的替代方法。除了它的线性和机械功能之外，作为法律和合同代表的专用建筑合同需要被重新考虑为景观设计实践中的公共通信设备。这些新的蓝图体现了三个主要的特征："设计师间接或远程接触景观媒介，绘图相对于其主题的不一致性——相对实际景观体验的抽象性，以及绘图的预处理功能——它的生成性作用（图8.15）。"[57]

在公共项目领域，面向大众将研究的内容可视化表达，使策略能与大众进行交流是设计中最基本的实践。作为公开披露的手段和公开决策过程的方法，其超越了传统的展示方式，詹姆斯·科纳早就认识到了这一点：

> 表现形式和解释方法的不同会影响一个人的看法：一个人能看到的视点越多，他就能看得越全面。在图纸中，思想交流可以通过制作"复合"图纸进行最有效的传递，在这些复合图纸中，平面、剖面、透视、肌理、纹路、文字和图片都在对话交流中彼此相

图8.15　地表设计：吉尔·德克（Ger Dekkers）在荷兰和柏林街道高度工程化的阿夫鲁戴克（Aflsuitdijk）拦海大坝全景系列。
资料来源：新荷兰景观，1986；首都/科斯塔-加夫拉斯，2013

互碰撞。通过图示从更复杂的方面来思考和看待问题从而克服狭隘单一的观点，并放弃完全的控制。[58]

在一个信息产生远远超过它被吸收和运用的时代，这一现象在过去的30年里呈加速上升状态[59]，展现那些肉眼看不到的流动、过程和关系是工作重心的所在。新的多媒体表现形式可以重新定义历史上根植于技术制图（工程图）、风景插图、画面成像的设计传统。"通过景观表现手法的创造性运用以预测城市形态、基础设施的投入、生态修复以及环境管理未来可能的形式，对于以技术为主导的其他形式的知识来说，这是一个强有力的反击。对地域和区域景观的特殊性和差异性的理解，可以为全球化的同质化效应提供一个有力的抵制点。"[60]

表面、剖面、策略

相对于平面表达的专一性，剖面提供了一个更为灵活且纵向的交流方式。剖面的表达连接了土木工程和城市设计，通过重组表面作为结构——既有大尺度也有小尺度——能够体现不同尺度下的变化。通过揭示不同地形区域间的相互关系，剖面的变化揭示了新的理解视角，即通过地表和可达系统、植物根茎生长区域、不同程度的土壤透水性以及湿度和水位的变化。剖面上的细微变化可以对很长距离产生重要影响，使大尺度的地域设计成为可能。伴随着它所产生的变化[切面图（cutaways）、横断面图、剖透视、发展剖面图（developed profiles）、扩展和拆分剖面图（expanded and exploded sections）、纵剖面图（longitudinal sections）、斜剖视图]，地表剖面形象地揭示了地表作为一个可变的界面和带有纹理的环境，其具有自我叠加的特征，并经常埋没于复杂的量化信息数据和数据表格中（图8.16）。[61]

以水文为例，剖面的深度在揭示位于地下或水下不可见的事物的同时，也解释了什么是上游，什么是下游。詹姆斯·科纳预见到了这些：

> 制图术具有代表作用，因为所有地图都具有的双面性的。首先，它们的表面直接类似于真实的地面情况；作为水平平面，它们将地表作为直接印象来进行记录…相比之下，这种类似特征的另一方面是地图不可避免的抽象性，这是精挑细选、省略、孤立、间隔和编纂之后所产生的结果。[62]

逻辑上而言，资源、材料和信息的交换将推动城市表面的改造和重组，通过表面的可变性以适应更大规模的汽车使用和不同的运行速度（图8.17）。一方面是表面差异、标记和编码，而另一方面为流动性基础设施，它们正迫切地为可预见的未来而改变建成环境。在这个剖面的倾斜空间里，时间的组成和复杂性——在经济的机械时间（5-9小时的工作时间、交通节奏、生产周期、分配期限）和生态更替期之间（植物的出现、繁殖、迁徙、季节性生长、衰变、洪水、干旱）不仅可以变得可视化，还能在设计中发挥作用。

从坡度到地面

剖面性策略成为地表下的复杂性（土、地基、电线、电线管道、隧道、管道）和地表上日常性（路牙、边界、表面、检修孔、邮箱、炉格、标识）之间的主要交界面。在横断面上，表面轮廓的小变化，甚至是极小的变化也会产生明显的效果，这效果就像从远距离看斜坡和地形

图8.16 基础设施背负式功能：滨水长廊建造在多伦多雨水拦截渠道的上方并与其整合为一体。© 2012 West 8/阿德里安·高伊策

图8.17 材料作为基础设施的媒介：硬木栈道是由重蚁木和黄杉树（Ipe and Yellow Cedar）制成，以及蜿蜒的镀铬拉丝、不锈钢栏杆，形成了非正式的圆形剧场和水边的波浪形甲板。图片来源：由多伦多滨水开发组织提供

坡度的变化一样大。因此，剖面将场地从正交图和轴测图的主导中解放出来，并参与到与大量场地、财产以及边界关联和协同设计当中（图8.18）。

如果映射的信息影响了感知，那么剖面所呈现的并不仅仅是新的光学投影成果，它成为研究的过程，也是干预在时间上的投射媒介。媒介成为方法，而当代实践在设计和新领域的设计中也都变得活跃起来。发散性和互动性，合作与跨学科的地图绘制过程是项目开展中的程序化媒介，在这里拓宽思路更快也更容易。表现的模式——比如设计情景、剖面图和建造序列——使得近似的精确性和策略的推广能够达到一定水平，可以利用不确定性，提升空间想象的灵活形式，激发创造性和批判性的思考。将地图、图纸、图解和照片结合在一起形成了针对某个领域不同水平的参与度，不是为了寻求认同，而是为了揭露多种、潜在的可能性。随着研究领域产生了地理学的转变，这种地图绘制的投射潜力使区域复杂性更加显著，并更接近于场地……由意识和感觉形成的新兴媒介，存在于不确定性和相互作用，内容和偶然性，临时性和传递性之间，它们最终体现在图像和想象之间（图8.19）。

生态学原型

像最终的基础设施规模一样，时间和暂时性通过地形和地域的延展性延伸和拓展了景观的媒介，就如未来主义地理学家约翰·布林克霍夫·杰克逊所写的那样：

> 景观并不是一个环境的自然特征，而是一个"综合"的空间，一个叠加于土地之上，不断运作和演变的人造空间系统……一个为我们的生存提供基础设施或环境背景的人造（人为修复）的空间环境；虽然用"背景"这个词看上去不那么谦逊，但我们应该记住，在现代意义上的"背景"，它不仅强调了我们的身份和存在，而且还强调了我们的历史……因此景观是为了加快或减缓自然过程而有意创造的空间……它代表着人类扮演着时间的角色。[63]

图8.18 流体规划和操作性设计：阿尔维左（Alvjso），位于瑞典斯德哥尔摩郊区的政治、环境、经济和空间信息的分层叠加。
图片来源：由詹姆斯·科纳/场域运作设计事务所，由皮埃尔·贝兰格拍摄

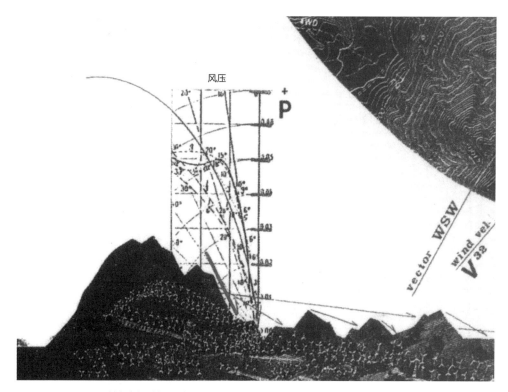

图8.19 环境规划：美国西部风力发电厂的分布与组织的风向、风速和地形的分析图。
资料来源：詹姆斯·科纳，1995

当下，设计策略可以针对不同的极端情况：短期且即时的干预伴随着大尺度、持久的地缘政治和生态效应，在一段很长时期内循序渐进地演变。设计具有了策略性，能够将不同尺度的干预结合在一起（图8.20）。

出现于一系列经济活动和急迫状态下，景观基础设施项目为当代经济提供了更加宽广的操作体系，其中生物动态过程和资源的复杂性在城市基础设施的改造中得到了可视化和实施。从传统的官僚主义和集中化的公民行政管理形式中脱离出来，这个当代构想预示着设计学科拥有一个更具灵活、合作性以及过程驱动的媒介，并对设计、研究和实施的准则负有一样的职责。随着20世纪初景观设计学科改革派理论的演变，基础设施生态学充分发挥了后欧几里得规划和资本流动的全球文脉主义，同时利用21世纪市政工程的技术性空间能力，以生态为手段将其作为城市更新和扩张的媒介（图8.21）。

时间作为区域的媒介

随着时间的推移，这种技术性生态优势揭示了基础设施、空间、社会、地理和时间的相互联系。支持城市运作的重要设施比如道路、下水道和桥梁已经在美国新的"新政"（New Deal）[64]中获得优先权，它们将会受益于更精简、更轻和更"软"的基础设施，以生态作为基础设施改革的催化剂和城市形态的驱动因素（图8.22）。

时间不仅仅是一种工具，它将生态转化为一种自身的媒介。克服缓慢的"制度化预测模式的黑匣子"[institutionalized black boxing of（predictive）models][65]，临时性策略能够以风险程度和不确定水平为基础。[66]就像新的基准，针对新的时间和时区的设计成为了一种工具性手段，

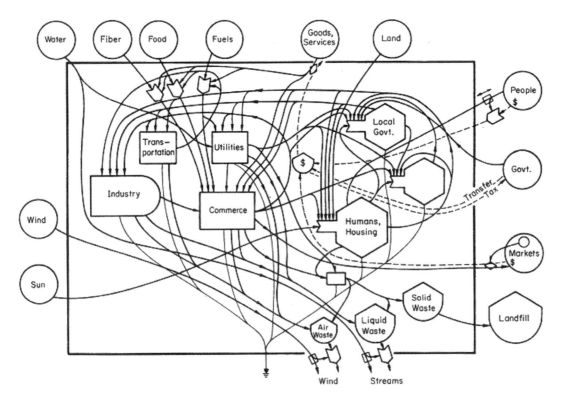

图8.20　开放系统：典型城市的区域流线图，显示范围、方向和能量流的量级，由霍华德·奥杜姆绘制。
图片来源：由科罗拉多大学出版社提供

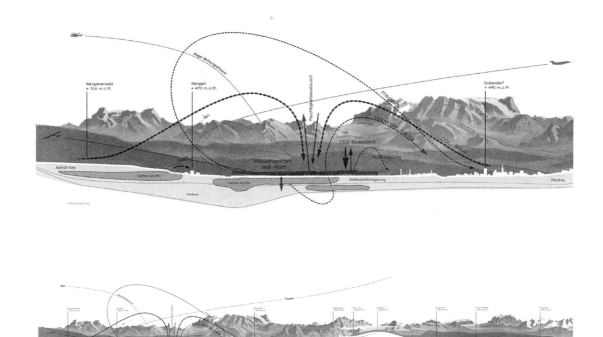

图8.21 能源谷：探索地上和地下的废弃物、水系、机动系统和森林的流量构成。© 2012 奥普西斯景观基础设施实验室

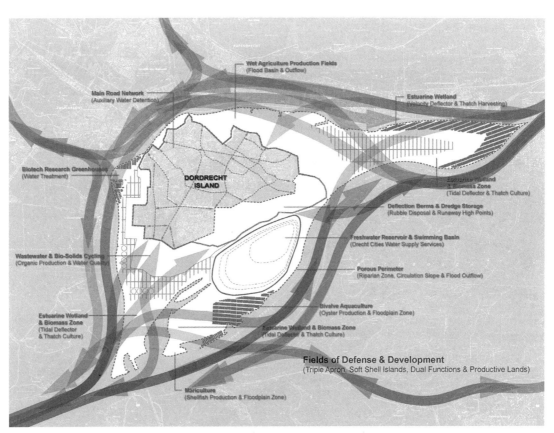

图8.22 流动性作为一种形式：探索荷兰三角洲地区多德雷赫特岛（Dordrecht）的周边潮间沼泽地和河口种植区作为基础设施的围护结构。© 2010 奥普西斯景观建筑实验室/尼娜玛丽·李斯特（Nina-Marie Lister）

通过简单的、零碎的形式或模式（点、斑块、面）对大尺度效应的发挥起到了重要的作用（图8.23）。经过长期运作，植被维度的设计——包括新陈代谢、园艺、植物、造林、农艺、动物、河流和经验等——因此可以整合成为经济领域里新兴的有机基础设施，覆盖了以前被边缘化的区域。在大多数极端的情况下，城市地域证实了景观的灵敏性可以为开放场地提供设计方案（图8.24）。

景观基础设施项目的融合因此将取决于一系列的过程性实践：

1. 逆转、可逆性以及自反性，其中更具灵活和变动的建造形式能够使生物生长，潮汐波动，水分变化，更替机制（climactic regimes），生物多样性转变和社会功能获得蓬勃发展；

2. 根据公共和私人管辖范围内生物系统的流动、分配和共担的风险同步调整生产时间表；

3. 伴随着不断扩张的区域，种族多样性将都市化灰色地带变得有色，以及正在发生的基础设施循环，通过放宽政治和管理控制实现去领域化（deterritorialization）；

4. 通过生态工程实现过程的物质化，资源开采地和生产空间与最终使用和消费空间可见性的结合；

5. 从生命系统和活的基础设施中建构的生活体验，其中全球性的植物群、生物群和动物群的生态作为新的财富和文化资本来运作（图8.25）。

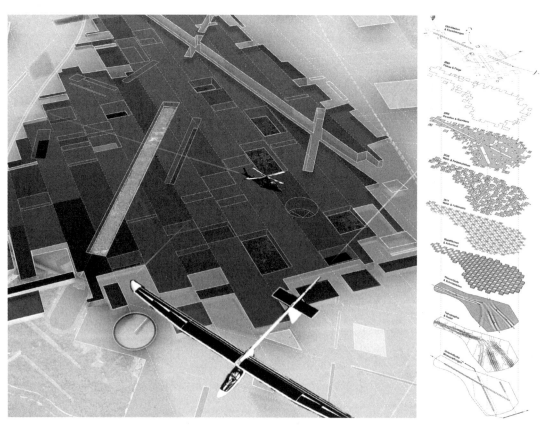

图8.23　垂直生态学：服务于未来的杜本多夫军用机场（Dübendorf military airfield）的造林、救援/娱乐和空中机动系统。© 2012奥普西斯景观基础设施实验室

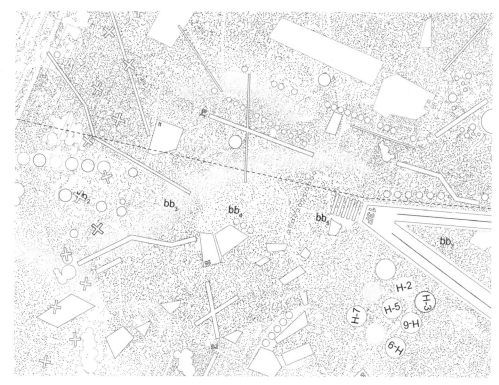

图8.24 城市地域：探索碎片化和森林系统，并将其与杜本多夫机场网络相重叠。
奥普西斯景观基础设施实验室和福德·瓦希迪（Foad Vahidi）、马克·琼曼-塞雷诺（Mark Jongman-Sereno）、安东尼·鲁德瑙伊（Antonia Rudnay）

贯穿这一拓展的城市化"服务和运行平台"（plane of services and performances）[67]，设计变得具有前瞻性，跨越不同的尺度，系统和策略不再由职业司法机构或政治部门界定，而是由跨学科的合作和全球性的目标所界定。相对于硬质、固定的基础设施，这个解读为更加软性和自由的生态系统设计提供了空间，在这里微观干预会产生宏观效果，构建一个贯穿贸易、交换、运输、流动和通信系统的新型关系。透过这种双重视角，我们可以在城市经济梯度的上游或下游开辟具有新的尺度、系统和协同效应的领域。

通过"软性思考者"（soft thinkers）如地理学家卡尔·苏尔、生态学家霍华德·奥杜姆，以及植物学家利伯蒂·海德·贝利（Liberty H. Bailey）等人的地理空间和地理植物的实践工作，景观基础设施的合作和跨学科项目可以追溯到那些在历史上并置的事物。这种景观基础设施项目的聚合意味着双关语和双重身份——即景观作为基础设施和基础设施作为景观。罗莎琳德·威廉姆斯20多年前提出的沿着移动廊道和城市化路径的单一功能基础设施，为地理区域划分、边界重整、材料表面、地下设计、断面增厚和生态重建等方面的综合策略建立了起点。阶段不确定性和利用偶发事件成为新的城市需要，时间成为种族重组和种族阶级废除的缓慢却持久的空间规划维度。生态学的尺度因此也是时间经济学（图8.26）。

基础设施生态学

撇开加尔文主义的资源保护以及保护主义修复的矛盾，生态原则激发了设计的关系，在这种关系里关联及协同成为基础设施。更软性、更流动的结构产生了开放、灵活的关系：风险变

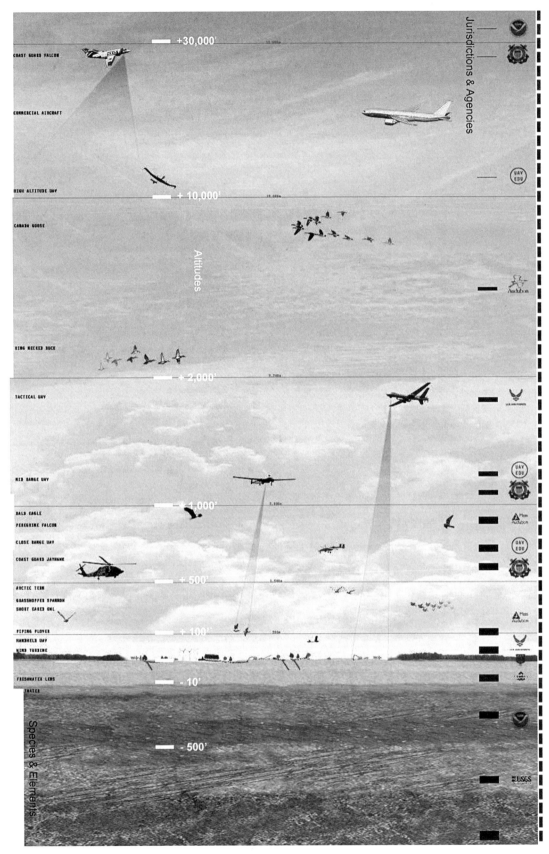

图8.25 空间同步化：探索在不同高度的迁移、军事训练和遥感过程的程序化序列作为空间激活机制。
由郭京（Jing Guo）、凯尔·特鲁伦（Kyle Trulen）、卡拉·沃尔什（Cara Walsh）提供

图8.26 自发性生态：多伦多的莱斯利大街垃圾场的瓦砾堆（Leslie Steet Spit dump）和露天公园。通过自我授粉及根系更新出现的陆地先锋植物和入侵植物物种。©2010奥普西斯景观基础设施实验室，以及迈克尔·霍夫（Michael Hough）

成了机遇，偶然性启发了形态学，不确定性促发了相互作用，流动性激发了形态。设计的作用可以跨越更大的时间尺度：从最大尺度的地理和区域到最小尺度的工程和遗传学，城市化的基本构建单元——植物、土壤和水——对未来的发展是必要的和至关重要的。通过将基础设施作为复杂的生态系统重新设计，未来的主要工作则在于重新组合、重新配置和重新校准这些过程。紧急而又迫切，现有系统的生态再适应项目——运输部门与当地的保护团体合作，或者港口主管机构与渔业和水岸居民合作，或者电力公司与废物回收公司合作——是下一代后福特、后泰勒主义基础设施的必然推论。我们针对这些过程的教育和交流是这类项目的一个教学部分。

对过去那个世纪过度规划、过度监管和过度工程化的觉醒后，提出了对抗模式，应用于不同的经济体中，无论是贫民窟、郊区，还是摩天大楼：分散替代了密度、节奏取代了空间、顺序凌驾于速度、生态取代了技术、并行机制超过了控制、公民和科学同等重要，以及文化替代了增长等等。简而言之，生态成为城市化最好的保险政策，景观是基础设施最灵活的策略（图 8.27）。

如果土地形态视觉上最大的改变是由国家基础设施引起的——从机构监管的尺度到个体工程师的尺度，包括工程师及其管理，那么景观的创造则是一种政治性技术项目：它既是一种国家的技术也是一种人民的工具（图8.28）。[68]原始自然的"树、日光以及泥土"作为现代基础设施的媒介可能类似现代经济与道路、桥梁、管道、沟渠和电缆等硬件之间的连接线（图8.29）。[69]这些城市化的软件——由植物模式、土壤循环、水流、人流等形成的支撑经济文化的基础平

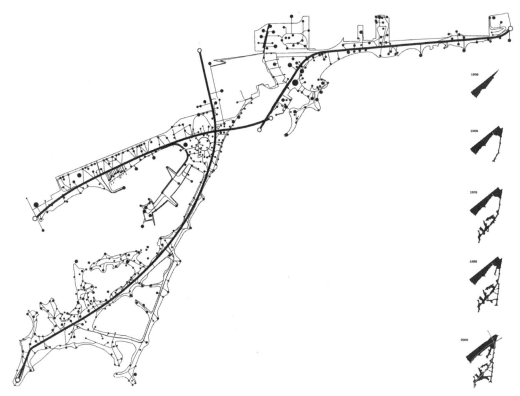

图8.27　按时间叙事：莱斯利大街在1959—2010年间从疏浚堆存处演变至荒野地带。
安大略湖公园，由詹姆斯·科纳/场域运作设计事务所提供，时间序列：© 2010 奥普西斯景观建筑实验室/戴维·克里斯滕森（David Christensen）

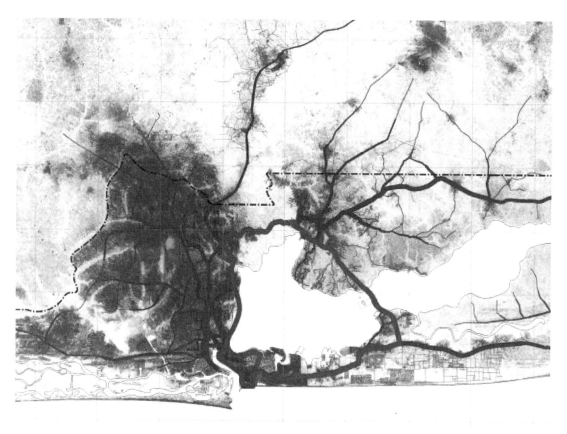

图8.28　后福特主义的基础设施：设计的市场和潟湖开放空间系统，作为拉各斯第四大陆桥的设计方案。© 2012大都会建筑事务所

图8.29 区域风险：2005年大西洋飓风季节里，飓风丽塔过后的墨西哥湾沿岸地区。由美国国家航空和航天局（NASA）提供

面——描绘了新的空间性产物的轮廓。沿着城市化的序列和路径——从高速公路到小路、到地铁、空中航线——当代景观基础设施工程可以促进一种"扩展的自由感"（sense of enlarged freedom）——这是弗雷德里克·奥姆斯特德在19世纪美国的空间动荡时期，在他的设计和对当代城市化的调查中所坚决主张的——随着美国的发展，在未来的几十年里形成一种"景观民主"（landscape democracy）（图8.30，图8.31）。[70]

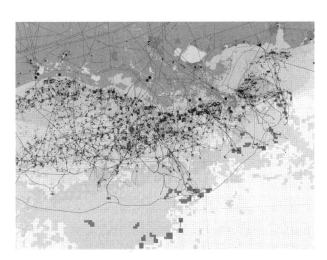

图8.30 错综复杂的地理区域：位于墨西哥湾的新奥尔良海岸附近的海底石油管道和海岸珊瑚礁的重叠网络。© 2014奥普西斯景观基础设施实验室/亚历山德拉·高扎（Alexandra Gauzza）

图8.31 种族空间：孩子溜过边境的栅栏在全美运河里游泳，其把美国和墨西哥领土分开，并将科罗拉多河引向帝王谷农耕区。照片：佩吉·皮蒂（Peggy Peattie）

在这种政体和生态体中[71]，谈论景观作为基础设施并不仅仅是想表达景观是一种城市生活和生命语言的形式；更是一种自由和权力的形式，同时表明了城市区域是权力的过程与映射。

图8.32　600公里长墙的局部，有限的可达路径以及隔离栏，蜿蜒穿过位于以色列和巴勒斯坦之间的约旦河西岸的撒马利亚山。照片：瑞恩哈德·克劳斯（Reinhard Krause）

致谢

改编自早期版本"景观基础设施：超越工程化的城市主义"（Landscape Infrastructure：Urbanism Beyond Engineering），最初发表在《基础设施的可持续性和设计》（*Infrastructure Sustainability and Design*）上，由斯皮罗·博拉里斯（Spiro N. Pollalis）、丹尼尔·斯科台克（Daniel Schodek）、安德里亚斯·吉奥格拉斯（Andreas Georgoulias）、史蒂夫·拉莫斯（Stephen J. Ramos）编著（伦敦：劳特利奇出版社，2012）：276—315。

注释

1 Louis Wirth, "Urbanism as a Way of Life", *The American Journal of Sociology* 44(1) (July 1938): 1.

2 See James Heintz, Robert Pollin and Heidi Garrett-Peltier, *How Infrastructure Investments Support the US Economy: Employment, Productivity and Growth* (Amherst, MA: Political Economy Research Institute, 2009).

3 Anna Lowenhaupt Tsing, *Friction: An Ethnography of Global Connection* (Princeton, NJ: Princeton Architectural Press, 2004).

4 See David Harvey, "Flexible Accumulation through Urbanization, Reflections on Post-Modernism in the American City," in *Post-Fordism: A Reader*, edited by Ash Amin (Malden, MA: Blackwell, 1994): 361–386.

5 Jo Guldi, *Roads to Power: Britain invents the Infrastructure State* (Cambridge, MA: Harvard University Press, 2012): 19.

6 See *America in Ruins: The Decaying Infrastructure* (Durham, NC: Duke Press Paperbacks, 1983) by Pat Choate and Susan Walter, and *Report Card for America's Infrastructure* (2009) by the American Society of Civil Engineers, www.infrastructurereportcard.org.

7 See Lewis Mumford, "The Renewal of Landscape," in *The Brown Decades: A Study of the Arts of America, 1865–1895* (New York, NY: Dover Publications, 1931): 60–61. See also Mumford's "The Natural History of Urbanization," in *Man's Role in the Changing the Face of the Earth*, edited by William L. Thomas, Jr. (Chicago, IL: University of Chicago Press, 1956): 382–398.

8 See Geoffrey C. Bowker "Information Mythology. The World of/as Information" in Lisa Bud-Frierman (ed.) *Information Acumen: the Understanding and Use of Knowledge in Modern Business* (London: Routledge, 1994): 231–247.

9 See Knud Bastlund, José Luis Sert, *Architecture, City Planning, Urban Design* (New York: Praeger, 1967).

10 See Sigfried Giedion, *Space, Time, and Architecture: The Growth of a New Tradition* (Cambridge, MA: Harvard University Press, 1941): 823.

11 See "Equipments of Power: Towns, Territories and Collective Equipments," in *Foucault Live: Michel Foucault Collected Interviews, 1961–1984*, edited by Sylvère Lotringer, translated by Lysa Hochroth and John Johnston (New York: Semiotext(e), 1996), 105–112.

12 Susan Leigh Star, "The Ethnography of Infrastructure," *American Behavioral Scientist* 43(3) (November 1999): 380–382.

13 For two critiques of instrumental reason, see Max Horkheimer's *Eclipse of Reason* (New York: Oxford University Press, 1947) and André Gorz's *Critique of Economic Reason* (London: Verso, 1989), an English translation of *Métamorphoses du Travail*.

14 Giedion, *Space, Time, and Architecture*: 872–873.

15 Lars Lerup, *After the City* (Cambridge, MA: MIT Press, 2001).

16 See Erin A. Cech, "Culture of Disengagement in Engineering Education" *Science Technology Human Values* 39(1) (January 2014): 42–72.

17 Jo Guldi, *Roads to Power: Britain invents the Infrastructure State* (Cambridge, MA: Harvard University Press, 2012): 19.

18 See James Scott's chapter on "Transforming Visions: Authoritarian High Modernism," in *Seeing like a State: How Certain Schemes to Improve the Human Condition Have Failed* (New Haven, CT: Yale

University Press, 1998): 145.

19 Donald Worster, "The Flow of Power through History," in his *Rivers of Empire: Water, Aridity, and the Growth of the American West* (New York: Random House, 1985).

20 See Gene Moriarty's profiling of the colonization effect of engineering as "hyper-modernism" in *The Engineering Project: Its Nature, Ethics, and Promise* (University Park, PA: Pennsylvania State Press, 2008): 85.

21 Daniel L. Schodek, *Landmarks in American Civil Engineering* (Cambridge, MA: MIT Press, 1987): xiii.

22 Engineering plays a prominent role in city building disciplines. Today, according to the Bureau of Labor Statistics, professional membership of the city building disciplines in 2011 included 26,700 Landscape Architects, 38,400 Urban & Regional Planners, 141,000 Architects, 551,000 Construction Managers, and 971,000 Engineers (combining civil, mechanical, industrial, electrical, environmental). See *Occupational Outlook Handbook, 2010–11 Edition*, www.bls.gov/oco. When Norman T. Newton wrote about the development of landscape architecture in *Design on the Land* (Cambridge, MA: Belknap Press of Harvard University Press, 1971), there were over 1,500 members and 1,200 associates in 1971 compared to only 112 in 1920. (658)

23 John Stilgoe, *Common Landscape of America, 1580 to 1845* (New Haven, CT: Yale University Press, 1982): 128.

24 Neil S. Grigg et al., *Civil Engineering Practice in the 21st Century: Knowledge and Skills in Design and Management* (Reston, VA: ASCE Press, 2001): 103.

25 See Henry Petroski, *To Engineer is Human: The Role of Failure in Successful Design* (New York: Vintage Books, 1992).

26 See Robert Pool's discussion on control and collaboration in *Beyond Engineering: How Society Shapes Technology* (New York: Oxford, 1997): 215–248.

27 Stilgoe, *Common Landscape of America*: 125.

28 Pool, *Beyond Engineering*: 7.

29 See Todd Shallat, "Prologue: A Nation Builder" and "The West Point Connection" in *Structures in the Stream: Water Science, and the Rise of the US Army Corps of Engineers* (Austin, TX: University of Texas, 1994): 1–9, 79–81.

30 Ulrich Beck, *World Risk Society* (Cambridge, UK/Malden, MA: Polity Press/Blackwell Publishers, 1999).

31 Jean-Louis Paucelle, "From Taylorism to Post-Taylorism: Simultaneously Pursuing Several Management Objectives", *Journal of Organizational Change Management* 13(5) (2000): 452–467.

32 Christopher Sawyer, "Territorial Infrastructures" in *The Mesh Book Landscape/Infrastructure*, edited by Julian Raxworthy and Jessica Blood (Melbourne: RMIT Press, 2004): 275.

33 See Manuel Castells's chapter on "Space of Flows" in his *The Rise of the Network Society* (Oxford, UK: Blackwell, 2006): 407–459.

34 See Giorgio Cucci, Francesco Dal Co, Mario Manieri-Elia and Manfredo Tafuri in *The American City: From the Civil War and the New Deal* (Cambridge, MA: MIT Press, 1979): xi.

35 "Urban population now exceeds rural, more than 51 per cent live in cities and towns, the Census Announces," *The New York Times*, January 14, 1921.

36 See Raymond Mohl's *The Rise of Urban America* (Lanham, MD: Rowman & Littlefield, 2006).

37 Demeter G. Fertis and Anna Fertis, *Historical Evolutions of Infrastructure: 15,000 Years of History* (New York: Vantage Press, 1998): 151–152.

38 Howard W. Odum and Harry Estill Moore, "The Rise and Incidence of American Regionalism" in *American Regionalism: A Cultural-Historical Approach to National Integration* (New York: Henry Holt & Company, 1938): 5.

39 See Neil Smith, "Academic War over the Field of Geography: The Elimination of Geography at Harvard, 1947–1951" *Annals of the Association of American Geographers* 77(2) (June 1987): 155–172.

40 John Kenneth Galbraith, *The New Industrial State* (New York: Houghton Mifflin Company, 1967): 388.

41 Christopher Tunnard, *Man-Made America: Chaos or Control* (New Haven, CT: Yale University Press, 1963): 19.

42 Robert Bruegmann *Sprawl: A Compact History* (Chicago, IL: University of Chicago Press, 2006): 220.

43 Sébastien Marot, *Sub-Urbanism and the Art of Memory* (London: AA Publications, 2003): 4.

44 See James Corner, *Organizational Ecologies: Course Brief* (Philadelphia, PA: University of Pennsylvania Graduate School of Design, 2002): 1.

45 Rem Koolhaas, "Whatever Happened to Urbanism?" *Design Quarterly* 164 (Spring 1995): 28–31.

46 Kevin Lynch, "The Pattern of the Metropolis," *Daedalus* 90(1) (Winter 1961): 79.

47 Patrick Geddes, "The Valley Plan of Civilization," *The Survey* (June 1, 1925): 289.

48 Gary L. Strang, "Infrastructure as Landscape," *Places* 10(3) (Summer 1996): 15.

49 Alex Wall, "Programming the Urban Surface," in *Recovering Landscape: Essays on Contemporary Landscape Architecture*, edited by James Corner (New York: Princeton Architectural Press, 1999): 233.

50 See Charles Siegel, "The Failures of Planning" and "The Failure of Growth" in his *Unplanning: Livable Cities and Political Choices* (Berkeley, CA: Preservation Institute, 2010).

51 See Benton Mackaye, *The New Exploration: A Philosophy of Regional Planning* (New York: Harcourt, Brace and Company, 1928): 66–67, 69.

52 Rem Koolhaas, *S, M, L, XL* (New York: Monacelli, 1995): 969.

53 Bronislaw Szerszynski, "On Knowing What to Do: Environmentalism and the Modern Problematic," in *Risk, Environment and Modernity: Towards a New Ecology*, edited by Scott lash, Bronislaw Szerszynski, Brian Wynne (London: Sage, 1996): 115.

54 Reyner Banham, *Megastructure: Urban Futures of the Recent Past* (New York: Harper & Row, 1976): sleeve.

55 John Brinkerhoff, "The Public Landscape (1966)," in *Landscapes: Selected Writings by J. B. Jackson*, edited by Ervin H. Zube (Amherst, MA: University of Massachusetts Press, 1970): 153.

56 Star, "The Ethnography of Infrastructure," 379–380.

57 James Corner, "Representation and Landscape," *Word & Image* 8(3) (July–September 1992): 245.

58 James Corner, "Projection and Disclosure in Drawing," *Landscape Architecture* 83(5) (May 1993): 66.

59 Howard T. Fischer, *Mapping Information: The Graphic Display of Quantitative Information* (Cambridge, MA: Abt Books, 1982): sleeve.

60 Kenneth Frampton, "Towards a Critical Regionalism: Six Points for an Architecture of Resistance," in *The Anti-Aesthetic: Essays on Postmodern Culture*, edited by Hal Foster (Port Townsend, WA: Bay Press, 1983).

61 See Stephanie Carlisle and Nicholas Pevzner, "The Performative Ground: Rediscovering The Deep Section," *Scenario 02: Performance* (Spring 2012), http://scenariojournal.com/article/the-performative-ground.

62 James Corner, "The Agency of Mapping: Speculation, Critique and Intervention," in *Mappings*, edited by Denis Cosgrove (London: Reaktion Books, 1999): 214–215.

63 John Brinckerhoff Jackson, "The Word Itself" (1976–1984), in *Discovering the Vernacular Landscape* (New Haven, CT: Yale University Press, 1984): 8.

64 President Obama's American Recovery and Reinvestment Act of 2009 is comparable to Roosevelt's *National Industry Recovery Act* of 1933 conceived after the Great Depression and the Dust Bowl Decade. See the "New New Deal" issue of *Time Magazine* 172(21) (November 24, 2008).

65 Mary P. Anderson, "Groundwater Modeling: The Emperor has No Clothes," *Ground Water* 21(6) (November 1983): 669.

66 See the hydrologist Vit Klemeš in his "Risk Analysis: The Unbearable Cleverness of Bluffing," in *Risk, Reliability, Uncertainty, and Robustness of Water Resource Systems*, edited by János Bogárdi and Zbigniew Kundzewicz (Cambridge: Cambridge University Press, 2002): 22–29, and James Corner's "Irony and Contradiction in an Age of Precision," in *Taking Measure across the American Landscape* (New Haven, CT: Yale University Press, 1996): 25–37.

67 Andrea Branzi, "The Hybrid Metropolis," in *Learning from Milan: Design and the Second Modernity* (Cambridge, MA: MIT Press, 1988): 24.

68 See Stuart Elden's concept of "territory as state technology" in his "Land, Terrain, Territory," *Progress in Human Geography* 34(6) (2010): 799–817.

69 Paul Edwards, "Infrastructure and Modernity: Force, Time and Social Organization in the History of Sociotechnical Systems," in *Modernity and Technology*, edited by Thomas J. Misa, Philip Brey, and Andrew Feenberg (Cambridge, MA: MIT Press, 2003): 226.

70 Frederick Olmsted, T*he Papers of Frederick Law Olmsted: Supplementary Series Volume I: Writings on Public Parks, Parkways, and Park Systems*, edited by Charles E. Beveridge (Baltimore, MD: Johns Hopkins University Press, 2015): 83.

71 See André Gorz, *Ecology as Politics* (Boston, MA: South End Press, 1980): 11–50.

第9章

景观是科技？

尼尔·科克伍德（Niall Kirkwood）

基于对"科技"（technology）及其相关术语"技术"（techne）的思考[1]，本文通过举例、讨论和分析设计实践项目来探讨"景观是科技？"这一问题。文章重点阐述当下建成环境设计中的科技理念，以及在技术的概念下我们能否将景观视为科技（因为技术通常用于建造景观及其形式和过程）。这源自本人过去长期的观察与思考，包括国际景观竞赛、景观设计事务所的实践项目、研究生景观研究课程，以及景观研究性构建方法的跨学科研究，这些研究与本文基于科技或技术的讨论相关。来自哈佛大学设计研究生院的技术与环境中心（Center for Technology and Environment，CTE）且由笔者指导的案例分析将展示技术如何作为设计媒介，影响和主导不同尺度、地点和类型的景观设计实践项目。

科技和技术浅析

对于景观从业者来说，处理好景观知识宽度和深度之间的关系是当今景观实践领域面临的最大挑战之一，这也是该领域在历史发展过程中一直需要解决的问题之一。

毋庸置疑，已建成各种规模的景观设计项目（图9.1–图9.4）对于笔者来说就是衡量景观设计好坏的标准。而如今，这些场地有了新的地理和环境背景——既包括未受污染的土地（terra firma），也包括受到污染的土地（terra infirma）[2]，还包括经常互相冲突的设计实践，比如在保护与发展方法上的冲突。不管我们有多坚信景观设计师有无穷的能力去协调和规划不停变化的环境，我们都需要继续积累或发展新的工具和科技。这将让景观设计师能够有机会对场地设计的交互过程进行检验、测试并进一步合理化，包括水体和人，生物工程设施和公共空间，城市郊野和人文景观，或其他由新型场地、土壤和回收材料组成的综合体，并通过景观设计的形式来体现对这些构成的理解。一个例子是后工业土地的再开发和再利用，以后工业用地作为景观改造项目，而不是未开发区域，因而，在此过程中需要景观工具手段和环境科学技术来解决棕地和地下水、沉积物及基础设施的问题。

对于古希腊人来说，"技术"这个词意味着所有日常的实践活动，比如农业、木工、编织以及一些现在被认为是景观设计的方面（包括土木工程和有关园艺学、森林学的工具和技能掌握），还有这些实践活动产生的结果。在19世纪的景观设计与建造领域，不管是农业、市政，还是乡土方面，"技术"和它的相关词"科技"都很少被考虑到。用来表示这些实践活动具有相同含义的词如"机械"（mechanic）仍属于"机械艺术"（mechanic arts）范畴[3]，并

图9.1–图9.4　实景构建、技术呈现及整体综合的工程，韩国首尔仙游岛公园（城市原来的水过滤工厂，1978—2000年）。景观设计师：首尔Seo Ahn Total景观设计公司。摄影：科伍德（N.G. Kirkwood）

且这个词主要运用于当时被认为实际的、工业的或对个人和社会有价值的活动内容。它与高端、具有创造力和想象力的艺术，比如众所周知属于"艺术"的雕塑、绘画和建筑有一定区别。

因此，设计和建造一个花园或一个更大的景观可以被称为机械艺术，而用水彩绘画的同一个花园或景观则被称为艺术。这在事物和理念、现实和理想、制造和思考（现在作为一套实践理论和知识基础持续出现在景观设计领域）之间建立了一个二元关系。随后，机械艺术和艺术被融合成了一个更中性和更宽广的定义——"科技"，意为"目标、工业化、商业和审美相互交织的完整的方法和材料体系（或者可以说是这些方法和材料的应用）"。[4]然而，"技术"这个词在景观设计的文献和景观设计的语言中几乎完全消失。之后，这个词在其他设计学科中出现时，比如建筑和工业设计，它在景观领域或景观设计实践中就不再具有重要意义了。

同时，在聚焦于景观规划和场地设计的过程中，引发了当今世界上一些从业者和学校机构对不确定性、开放性和不稳定性的关注。这些关注主要集中在生态过程、城市系统和通过新的景观数字媒介和工具进行的设计和表现。然而，我们并没有对现实状况进行持续的分析创作，而包括地点、场所、气候、文化和材料在内的现实条件对景观设计思想的形成有着独特性和重要性。最后，可以说，景观设计过程产生的任何想法，即进行创造和改造景观的过程中，只有通过运用景观科技（技术）知识，我们才能把想法转化为景观中精确的材料和形式。

科技、设计和建造的再思考

正如事实所表明的那样，与景观设计有关的发展过程很自然地延伸了景观这一领域。事实证明，阻止这个看起来不可避免的过程是非常困难的。景观设计师们迫切需要全面的解决方案以及在设计中构建表皮模型，并且他们需要吸收大量的新知识来理解生态系统及其运作方式以及景观构建过程中所应用的材料和用来控制这些操作的规则和条例。在这个过程中，同样庞大的专业知识也悄悄地流失。

流失的是特殊且无法估量的知识：如何使景观的各部分合乎常理并具有意义。比如，如何做具体的事情，进行简单的转换，如何构建连接，如何制造效果显著的连接口，如何转弯，如何排出地表水。以上的这些内容很难进行设计表达，它依赖于与各种技术人员一个持续的互动过程，但这个过程却会在时间的线性发展中渐渐减弱。一个精心创造的景观的一部分，不管在其任何时期，使用者也应能从中收获巨大的满足感和生命的延续感。其中一个解决方法是与该场所的周围环境确立一种关系——对通常被忽视的事物进行一种质量投入——给予景观中每个事物一定的建设性关注，重新聚焦于科技、技术、建造和形态。

但景观设计的形态设计来源于哪里呢？答案是来源于其他形态——物质的且可触的——不管是来自高端艺术、低端艺术，抑或并非艺术。在特定历史背景塑造的环境中，景观设计工作充满想象力地对材料进行变换：包括景观设计师的个人感受、文化、社会、职业和经济活动，以及一个场地的地质、地理和地形上的环境特征。这是技术的本质、景观和科技的关系以及景观设计实践中人文主义形式的根源。然而，通过景观建造活动来理解人们在一个地方发现的意义并不能成为盲从于过去设计形式的理由。没有任何景观设计先例可以不加批判地完全挪用，最初的设计调查和创造性的研究必须克服继承形式的历史惯性。

但设计师不能仅仅创造一种形式，也不能为了创造一种新的景观形式而依靠"灵魂的黑暗之夜"（dark night of the soul）来打破传统的惯性。我们必须认识到，任何景观设计词汇——古典、浪漫、现代、都市、后现代和生态，都不可避免有意或无意地与这些产生交集——过去和现在，从艺术史中理解自然和文化、设计和建造。景观设计实际是一种构想，其将功能内容转变为物质实体，使内容能够被他人感知，赋予其持久性，为未来服务。

因此，景观设计受人类环境的复杂性启发，并追求个人或团体在当今世界的恒定性，而不是不确定性、开放性和流动性。这种方法及随之诞生的项目既是理性的也是感性的，既是规律的也是自由的，既是结构化的也是不断变化的。这是通过将有限的耐用材料运用于当地和日益国际化的场所来实现的。这说明每种材料和特定项目都是互相结合而形成一系列联系，这些联系构造了三维的复杂体系。例如，对水在一个地方的流动或水在某地垂直方向流动的研究，这些是很好的设计灵感的来源。仅对某地某一方面进行透彻理解即使不能带来持续的影响，也能带来有意义的结论。景观是一个有生命的、动态的设计过程，会遇到僵化、变化也会遇到想象力的跳跃，它们都由一段时期综合化和整体化的创造性设计所支撑。景观形式的塑造和建设需要持续长时间的精力、资源和耐心的投入，需要清晰集中的思维，对设计历史的深刻理解和丰富的实地现场经验，就像任何一位景观设计师在专业领域中毕生的投入。最终，一个建成的形式产生了，它的方案和实施复杂但具有坚实的基础，是材料、思想和意义在艺术和工艺形式上的结合，并同时富有诗意和实用价值，这些都是由对技术的追求所驱动。景观设计项目是由思想对材料的影响过程而逐渐形成，它们源于功能、质感、水蚀坡地以及对根茎的灌溉和养护需求等缓慢的演变形式。

景观设计的热情和趣味是随着材料和媒介的时间演变过程而实现的，包括植物、地形、水、石头、基础设施和建筑等。它们源于人类的愿望和理念构想，并把想法重新塑造为实体，如此，这些想法就不会在头脑中那样不经意地消失，从而使思想、创作和对创作的态度促其成为真实的事物。传统的通过观察、磨合和演化的景观设计过程，如今已经被景观设计师，尤其是年轻设计师们的冲动和欲望所侵蚀，他们希望这个过程保持原创，但却在景观建造和保护上缺少材料上的技术。在思考当下环境中景观设计师所需要面临的巨大问题和挑战后，我们可以发现，对于景观领域来说，在未来几十年间如何发展显得尤为艰巨。环境中的全球性和区域性的竞争变得十分普遍，但广泛的环境和社会问题顺应了景观学科的优势，也正是如此，成为该领域知识分子得以生存的根本，并需要越来越多的从业者参与进来，也需要景观专业的学生在未来毕业之后参与专业工作。在21世纪，景观及随之而来的与景观和人类居住环境有关的设计领域正在兴起，同时伴随着新的紧迫性和潜在意义，包括景观学科的历史根源和不断需求切实可行的创新与创作，以解决一些当代景观规划和设计方面的担忧，这些担忧主要有以下方面：

- 在城市和郊区地域不断拓展的情况下，人们越来越需要并渴望一些有品质、可建造、有意义和耐用的新的景观。
- 人们希望找到新的方法来减轻过去的工业活动对土地带来的影响，并指引当下和未来的工业活动，因为工业对经济和国家发展仍十分重要。
- 面临自然资源和全球生态可持续性的紧迫压力，包括气候、经济、社会、文化和环境变化。

在过去几年，世界主要经济体的景观设计师都拥有前所未有的工作机会，越来越多地接触到国际上的设计和规划任务以及最知名、最有经济价值的竞赛，也逐渐参与到潜在丰富和不断变化的生态系统中去。对于景观学科来说，这是个富有挑战和要求严苛的时期——但这也是一个不断创新和进步的时期。在过去200年或更长时间里，在优良的设计和规划传统的基础上，它仍然在不断创新和发展。在大多数情况下，景观设计从业者较少关注到特定的经济和政治背景，对于造成多元化的原因和世界的深刻变革就更不在乎了，即使这会为他们创造更多的就业机会。在解释这个时期景观设计极度活跃的深层原因时，景观领域未能把握自身能力、知识基础、方法、责任和优先事项的真正潜力，在单个项目、单一场地和独立设计部分之外解决更大的社会、艺术、文化和知识意义的问题。简而言之，它们没有关注到技术层面，并清晰阐明它，使其有效地承担在景观设计中再现建造的作用。

对于这一代的景观从业者（以及景观专业的学生）来说，在不久的将来，他们将面临各种国内外环境的巨大制约和挑战——世界范围内将出现大规模的、可怕的自然失衡，工业化和发展中国家的人口将会持续扩张，偏远地区和脆弱的土地将会被开辟以寻求新的能源、水和矿产资源，战乱、污染、洪水灾害、人口失衡和疾病多发将会越来越多地影响全球发展格局。

然而，在应对这些挑战时，景观学科不需要进一步扩展且变得更多元化，也就是说我们也可以通过大幅度提升从业者数量达到目的。确切地说，在这个景观专业发展的时间节点，需要我们在知识体系上清晰何为设计领域——即应该确切知道景观设计师作为一个设计师，该说什么且该做什么。

这解释了景观设计师是如何工作的，在众所周知的领域，比如自然和文化，设计创造和改造，哪些问题和矛盾是固有的，以及在更根本的问题上，景观设计师是如何规划和设计的。例如，如今在使用的能够解决物质和经济手段的方法和策略中，有哪些可以被巧妙地利用和维持下来？

随之，需要解释的是什么构成了不同维度的景观基础知识——什么是核心知识，相反地，哪些可能组成新的、逐渐专业化的学习和研究领域。如今，景观设计师越来越需要去塑造一系列不同的尺度和环境，来解决与基础设施、自然和城市生态系统相关的问题，以及与重建城市、恢复城市滨水和河流地带相关的区域问题。这些问题——以前局限于工程、生态和区域规划领域——现在需要通过景观设计来梳理，通过景观设计师来实施。

鼓励景观设计师重新审视他们的工具手段、发展策略和实施方法来连接彼此分离或者从属于设计学科的部分，这也为景观设计创造了一系列技术、形式和建造系统。在过去十年，出现了不同形式的景观和基础设施都市主义、数字化景观和批判性理论。[5]这些描述、记录和绘制景观环境都很有意义，但是仅仅这些活动不足以让整个领域得到重视。作为一名景观设计师，我们还需要改变这个世界。这是一种重视创造的活动——研究景观的建造。景观是由有生命的和静止的材料组成的易处理媒介，这些材料被精心布置，目的是构建现实的空间。目前，景观领域面临的一个核心问题是如何发展合理的、灵活的和多维度的策略以提升知识的广度，这对于任何单一逻辑都不能解释的景观是很必要的。

接下来，将展示哈佛大学设计研究生院景观设计系科技与环境中心（Center for Technology and Environment，CTE）现有的设计研究和规划的一些案例，并对这些研究和实践活动的可能性作简短评论，这样能够启发更多关于技术未来在景观设计中作用的讨论。为了能更好地理解这些设计研究，现在我想简单介绍一下科技与环境中心。

科技与环境中心

为了专注于研究城市扩张的需求、后工业土地及其对现在的建成和自然景观的影响，笔者于2000年在哈佛大学景观设计系建立了科技与环境中心。中心的设想目标主要是推动设计创新，探索通过融合不同理念、科技和人员提出环境设计和规划的解决途径。它向环境规划、设计及拓展知识有局限的机构和发展中的社区提供支持，还研究了基于科技的设计方案，这些方案综合了区域、社会和经济等必要因素。这项工作研究了大量与技术相关的话题并出版了相应成果，包括新兴的场地规划设计技术。比如里埃特·玛格丽斯（Liat Margolis）和亚历克斯·罗宾逊（Alex Robinson）的《景观设计中的生命系统》（*Living Systems in Landscape Architecture*）[6]以及《海啸过后的海啸》（*the Tsunami after the Tsunami*）[7]项目，这是一个斯里兰卡海啸灾后重建项目，通过记录当地海滨生态系统和红树林沼泽不断地遭受破坏，对2005年自然灾害后不正当规划和重建的影响进行了研究。

为了说明更大尺度的应用研究工作及其与科技和技术的关系，我将介绍三个实践课程项目。第一个是景观设计专业毕业生为在荷兰鹿特丹举办的第二届设计双年展（2nd Design

图9.5 海绵项目研究区域，瓦尔河堤坝（Waal River Dykes），荷兰。景观设计师：CTE研究团队/西8团队，鹿特丹。图片由尼尔·柯克伍德和海绵研究团队提供

Biennale held in Rotterdam）准备的一个名为"海绵项目"（The Sponge Project，图9.5）的调查研究。[8]第二个是基贝拉项目（Kibera Project），在肯尼亚内罗毕的郊区，景观专业学生研究了东索韦托和坎比穆鲁（Soweto East and Kambi Muru）一些村庄的需求和环境条件。[9]第三个是阿亚隆公园（Park Ayalon），这是一个基于目前已废弃的、混乱的大片土地的再生项目，它是以色列最大的城市特拉维夫中部的一片土地，为生活在周围大都市区域的居民创造出了一个消极的娱乐和生态保护区。[10]

海绵项目

在荷兰和世界其他地方，气候变化带来的海平面上升和降水量增多严重导致更加频繁的洪水灾害。土地一旦被开垦，将不得不通过重新调整堤坝和支流，以及水库和绿色河道的形状来重新适应水环境问题。同时，持续的城市扩张不断给荷兰景观带来巨大压力。哈佛大学通过研究提出了一个假设，也就是未来的全球气候变化会导致海平面上升和水量增大，这些增加的水会流向荷兰东西向的河流，导致需要创新的策略和方法来解决日后该地区的居住问题。通过概念景观设计研究和智能（smart）场地材料以及创新技术的应用，他们对一个可同时进行洪水管控和解决未来居住问题的创新策略进行了测试。

鹿特丹双年展（Rotterdam Bienalle）是哈佛大学由景观设计师阿德里安·高伊策（Adriaan Gueze）带领指导的一个名为"洪水"（The Flood）项目的研究场地。这个项目的其中一个目标是将土木工程和管理与景观设计、科技、城市设计和环境规划整合起来。该海绵项目明确了需要在广阔的洪涝平原为瓦尔河创造更多的空间，以适应未来预估水量和水流强度的大幅增长。

此外，还预估了这个区域的城市建筑群将会继续增长。

将这两种情景结合起来考虑，提出一个统一的设计理念，即打破河流边缘的堤坝，在旱地和河流洪泛平原之间将水和城市结合起来。形成"肘部"（elbows）形状的景观，以产生新的河漫滩空间。"岛上土地"（Island lands）被引入这个空间，它提供了肥沃的建设土地，并引导着水乡村落未来的城市化。沿着瓦尔河从奈梅亨（Nijmegen）到鹿特丹的部分，创造了洪泛平原沟渠、旱地和湿地的景观空间秩序，它们同时解决上升的水面和洪水问题，并满足对提高空间密度和质量的需要。大量的"海绵"网络遍布荷兰景观，以吸收和蓄存数百万升的洪水，同时为新型城市化提供空间。海绵项目从根本上重新改造了传统堤坝，提出了一种混合结构和技术性景观基础设施，它既能吸水，又是城市化的结构元素。洪水被具有软性和结构的双重海绵系统捕获吸收。两者都是由蜂窝状的土壤和超强吸水聚合物（SAPS）组成，这种聚合物能够滞留超过自身重量几百倍的水。随着水位的升高，软性海绵设施逐渐呈现出结构化特点。这个项目只是简单介绍了由于气候变化、城市化和新兴科技而产生的状况，以下两个景观探索项目则介绍在发展中国家更为棘手的人口过剩、环境破坏和资源短缺等问题。[11]

肯尼亚基贝拉项目

基贝拉是一个棚户区，位于内罗毕郊外，那里除了被房屋占据的空间外，其余开放空间都覆盖着厚厚的垃圾。在2006年的夏天，哈佛大学景观设计专业学生与乔莫·肯雅塔农业科技大学（Jomo Kenyatta University of Agriculture and Technology，JKUAT）和内罗毕大学（University of Nairobi）的学生以及当地社区成员共同合作，一起研究了东索韦托和坎比穆鲁村庄（Soweto East and Kambi Muru）的需求和环境条件。基于此项研究所得，一个试点项目在2007年7月启动了。最初的想法是设计一个"公园空间"或开放的景观空间，它能够容纳一些社区活动设施并试图激活基贝拉内部确实存在的少数开放空间。一个关键的技术组成部分是使用一种新的罐装技术来生产和销售一种高质量的堆肥肥料，该技术已成功应用于其他发展中国家的居住区。虽然这项技术与其他贫民窟社区合作并出售给村民，显得纯朴且非常规，但这种有着技术支持的新景观产生的收入可以用于改善和维护沿河的环境条件。作为科技与环境中心（CTE）的一部分，Kounkuey设计协作组织（Kounkuey Design Initiative，KDI）于2006年在笔者的管理下开始成立。[12]通过与当地社区、组织及居民共同合作，完成了场地内容策划和景观技术与材料的应用，例如包括堆肥场、水过滤站，以及用砖、锡桶、塑料水瓶建造的洗手间，还有当地的手工景观设计和营造活动等等，将这个被垃圾覆盖的河岸空间重新改造成为一个可产生收益的社区资产。

设计策略与实际技术有关：利用贯穿基贝拉河流两岸废弃的景观空间，建设新的社区娱乐活动场地。这些空间是公共土地，如果清除了垃圾并加强基本的防洪措施，可以建成一种新的基础设施，它能容纳家庭手工业、娱乐空间和当地卫生服务。这不仅满足了社区活动的需求，也能够修复该地区的环境退化问题。通过强有力的社区组织和相关合作伙伴的协调努力，我们发起了这个项目，其设计目标是建造一个建立在基础设施之上的新型社区，在经济上和物质上都能自给自足，而且很容易复制到基贝拉的其他居住区和地方中去。基贝拉公共空间（Kibera

Public Space，KPS）的合作伙伴包括生态建设非洲（Eco Build Africa）、内罗毕大学的学生、肯尼亚卫生用水（Kenya Water for Health）、索韦托青年组织、东索韦托居民、锡兰加（Silanga）村庄以及Kounkuey设计协作组织。

Kounkuey设计协作组织现在已经成为一个非营利设计小组，致力于与世界各地非正规社区合作，制定战略和切实可行的设计手段，以缓解影响日常生活的环境恶化问题。他们努力寻求将问题视为机遇的途径，然后通过场地技术的应用确保实现这些机遇。从景观设计师的角度来看这一问题，目前全球有七分之一的人口居住在贫民窟或难民营。超过25亿人——约占世界人口的三分之一——还不能享受到足够的卫生设施。[13] 目前仍有46个快速发展的国家只有不到一半的人口能享受到改善的卫生环境。这应该是景观领域需要给予关注的时候了，并将其视为一个新兴的，或者说普遍的关于全球土地利用与景观基础设施的问题。城市中的贫民窟不仅影响居民，而且通过地表和地下水污染、湿地破坏和区域资源利用危机加剧，如砍伐森林等问题，还影响到整个大都市地区。因此，解决贫民窟环境恶化问题的项目对发展中国家的城市可持续发展至关重要。不幸的是，自上而下的开发解决方案忽略了底层现实，常遭到当地社区的抵制。同样，通过个别小范围的努力也难以认识到在任何广泛的景观挑战中固有的系统性问题。针对清洁水、废物管理、交通和食品生产等问题，以设计为基础的技术解决途径给那些在这种状况下生活的人们带来了巨大的希望。通过技术，景观设计将各种当地问题的解决方案与持续的批判性反思结合起来。在传统的设计领域，成功的景观设计依赖于对客户需求的深刻理解，对物理环境和生态问题的敏感性，完成项目的技术手段与工具知识的掌握以及将三者创造性结合起来的策略。当这些标准运用于与当地居民合作的一个贫民窟的设计时，就可以探索出一个植根于社区、切实可行、技术上可持续以及方法上创新的解决方案。

基贝拉公共空间项目的试点是位于内罗毕大坝边界附近一个约50公顷的贫民窟土地，它处于东索韦托/锡兰加边境。虽然，这是一条受到污染的宽阔且被垃圾覆盖的堤岸包围着的河流，但同时也蕴藏着巨大的潜力。这里的垃圾，80%可降解，15%可回收利用，是一个尚未被开发的收入来源。河岸如果没有这些垃圾，就足以容纳堆肥和回收企业，不仅可以提供更清洁、更健康舒适的环境，同时也将增加当地收入，用于支持建设维护堆肥厕所、社区花园和儿童娱乐空间。最终得到更健康的环境、更稳固的地方经济以及更完善的社区，能更好地应对他们面临的其他问题。在其他人道主义设计组织提交最终方案给社区时，Kounkuey设计协作组织做了许多努力去帮助获取资源来确保方案得到实施，并与当地社区共同规划开发管理，直到社区能够独立运行。总体设计概念是使用线性景观构筑元素——石笼、植被、竹围栏等以线性组织方式贯穿场地的南北、划分不同空间，为一些活动要素提供安全保障，并使流线变得灵活。这个概念是为了保持视觉连贯性，可以东西向横穿场地，使恩杜古（Undugu）的房屋视觉上一直延伸到西部，它能容纳索韦托最大的公共空间——一个目前正在升级的大型足球场，穿过半公立学校场地，可到达场地东部居民区附近更加私密的庭院空间。

2007年8月2日，基贝拉公共空间项目团队向约35名生活在附近的男性和女性提出了一个公共空间建设项目的想法。虽然有人表示质疑，但大多数人都十分欢迎此项目。社区的妇女对项目第一阶段建造的堆肥厕所表示出强烈的兴趣，同时也对用于解决洪水控制、堆肥、水葫芦编织的技术方案十分感兴趣。2007年8月26日，开始破土动工，覆盖在地面上的垃圾和茂密的植物被清除。这也是为了让团队能更精准观察到水流在场地上的分布。调研人员在场地构建了间隔10米的高程点，以便能在雨季期间对水位上涨约1.2米的河道也可以成功地进行改建。回收工作其中的一个具体设施包括堆肥桶，它是一个带钻孔的蓝色塑料桶，有一个盖子用以防止雨水进入，还有一个铰链门可以将底部的堆肥移除，并放置于混凝土底座上。工作人员可以自行构建原型，降低了生产成本。设计原型来自孟加拉国的达卡（Dhaka, Bangladesh），如今该堆肥桶的应用规模已经遍布整个城市。基贝拉公共空间项目由生态建设非洲的负责人阿尔弗雷德·欧蒙亚（Alfred Omenya）教授在当地进行管理，并由两个四年级的建筑专业学生协助。来自两个青年团体的成员每天都在工作，成员大约为60名，包括男性和女性，他们年龄都在二十几岁左右。当地社区还任命了一个指导委员会来代表他们参与该项目。两位哈佛大学景观设计专业的校友，詹妮佛·托伊（Jennifer Toy）和Kounkuey设计协作组织的赛莉娜·奥德伯特（ChelinaOdbert）帮助协调该项目。

卫生和垃圾等基本问题是这个项目研究的重点。飞行厕所（flying toilet）的现象本不应该存在，但由于土地使用权、政治意愿、经济激励等一系列复杂的问题，使得它们仍存在于基贝拉和内罗毕的许多贫民窟中。"飞行厕所"是一个滑稽的名字，使用塑料袋排便，然后排泄物被扔进沟渠、路边或只是尽可能远的地方。根据联合国开发计划署2006年11月9日在开普敦发布的一份报告，"在基贝拉，三分之二的人认为飞行厕所是他们进行粪便处理的主要方式。"这与肯尼亚政府的报告相矛盾，报告说内罗毕居民中有99%的人能够享受卫生设施服务。因此，通过地方当局、政府机关和报社的明信片与海报等宣传活动，人们开始注意到这个问题。这些图片以"飞行厕所"文字为特色挑衅般地印在内罗毕私人皇家高尔夫球场和能俯瞰内罗毕中央商务区的独立公园（Uhuru Park）美景之上。

这些重要而切实可行的举措不仅涉及像公共厕所或回收中心这样小型项目的开发，还涉及这些要素在更大的城市、地区和全球系统长期可持续发展中发挥的作用。例如，许多项目专注于建造厕所，事实上同样的成本支出，社区厕所可以成为解决厕所周围环境问题的活动节点——用于转移和储存垃圾以减少对限定区域的影响，组织诸如垃圾收集和回收利用的创收活动，并为儿童提供游乐空间。Kounkuey设计协作组织的受益者是那些在日常生活受到环境恶化影响的人。这种规模的成功项目可立即提高居民的生活质量，并向关键决策者展示了在更大规模进行变革的可能性和必要性。在接下来的十年中，Kounkuey设计协作组织主要关注16—25岁，居住在非正规定居点且每天受到环境污染危害影响的妇女和青年。Kounkuey设计协作组织的目标是设计和实施尽可能多的项目，来改善居住在项目范围内大多数人的居住条件。效果可以通过如可见污染减少、当地参与率增高以及目标群体中新建企业数量变化等体现出来。

以色列特拉维夫莎伦公园（之前是阿亚隆公园洪泛平原和锡里亚垃圾填埋场）

莎伦公园（Park Sharon）是目前以色列最大的城市区域中部一片被遗弃且常受到干扰的土地的再建项目，其主要是利用一系列的场地景观技术和方法来进行修复，让地块重生。这个占地800公顷（1975英亩）的场地再生设计方案为周围的大都市区——丹地区（Dan region）的居民创造出一个被动式娱乐场所、生态保护区和休闲区。到2020年，特拉维夫大都市区人口将增长到330万，其中120万将居住在特拉维夫地区，大约一半将居住在之前的洪泛平原和垃圾填埋场周围。场地周边的城市区域包括一些最贫困的地区，至今还没有真正的开放空间，尤其是与北特拉维夫的雅孔公园（Yarkon Park）相比。该地块的东面和南面，分别是南北向和东西向两条交通要道，它们穿过场地的东南角，限定了场地边界。就交通流线而言，可以说这里是以色列的中心。由于一系列特殊的历史背景，这个大片开阔的土地被遗留在特拉维夫区的中心地带，它有可能成为世界上最大的公园之一，同时也是当地的露天社交中心和聚会场所。一直受污染的阿亚隆河（Ayalon Stream）现在正进行净化技术的修复，成为公园的脊柱，它穿过湿地和湖泊，是维持公园水体的水库并成为居住区的洪水缓冲区。[14]锡里亚（Hiriya）垃圾填埋场毗邻农田和考古遗址，将成为一个戏剧性的地形元素融入公园的一部分（图9.6）。[15]莎伦公园、以色列米克韦什（Mikveh Yisrael）历史农业学校和旁边的达隆公园（Park Darom）以及拉马特甘公园（Ramat Gan Park）将构成一系列新的城市景观空间。

该方案设计包含了两个主要区域的土地：第一个区域，位于耶路撒冷（Jerusalem）特拉维夫公路南（1号国道，National Road no. 1），占地约300公顷（740英亩），包含以色列第一农业学校即以色列米克韦什的建筑物和土地。由于受法律保护，而它现在又已停止作为一所常规的农业学校，因此，有可能可以更新它的设施和活动场地，期望在公共空间、道路和活动内容方面将会与该场地内更大的公共区域共同发展。第二个区域，位于道路的北段，占地约500公顷（1235英亩），由锡里亚垃圾填埋场、回收中心、达隆公园、农业耕地（以色列土地当局不同租约下的利益相关者持有）、季节性阿亚隆河流及其洪涝平原和考古遗址等组成。

在锡里亚垃圾填埋场顶部看到的景色非常广阔，可以从特拉维夫市延伸到波光粼粼的地中海。从另一方面来看，锡里亚和莎伦公园的风光在以色列和国际上都算是一种新范例。锡里亚垃圾填埋场和其他形式的工业生产活动即将结束，就像很多后工业土地那样，它们通常被遗弃和荒废。锡里亚，这个封闭的垃圾填埋场以及周边的位于特拉维夫边界范围的1975英亩土地，

图9.6　以色列，特拉维夫莎伦公园，垃圾填埋场。景观设计师：Beracha Foundation/科技与环境中心，丹地区，尼尔·科克伍德拍摄

长期以来，对于每天路过这里的50万市民来说，他们都会认为这是污染和荒废的象征，而如何才能使之重生并成为世界上最高品质且充满活力的公园，同时也是城市居民心中再生和疗愈的象征呢？与锡里亚和未来的莎伦公园相关的工作不仅仅是简单地对穷竭和低廉的土地回归到生产性的利用——而是对过去工业环境的整顿，而这标志着城市、社区和专业人士在处理这个有争议地块的方式发生了深刻的转变。结合来自世界各地——拉丁美洲、欧洲和美国——的规划师、景观设计师、生态学家、工程师、艺术家、科学家和建筑师们思辨且实用的技术景观理念，与特拉维夫当地的景观从业人员一起共同协作解决这个复杂的问题，并且已经推动了未来设计方案的发展成为与莎伦公园项目相关的新规划提案的一部分。

通往公园和农业草场的景观基础设施、道路、交叉口和桥梁成为一种基础设施投资，而不是简单的工程建设或园艺技术。规划还着手解决有关场地中溪流和土壤的环境污染问题，并提出了策略使周围居民和偏远社区及城镇也可以享受到该场地的自然资源。法定规划（区域纲要5/3）、锡里亚展览（Hiriya Exhibition）和2001年的规划研讨会为公园的发展打下了基础。设计和规划工作是一种直接的连续，它试图验证、整合和优化这些想法，并将其转化为实际规划项目，为公园发展提供具体内容，有助于构成一个综合且可实施的总体规划。这些内容将形成莎伦公园总体规划的基础，并将促进公园规划进一步发展，为细化各部分规划做好准备，同时也考虑了分阶段执行的问题。

"博物馆中的锡里亚：艺术家和建筑师们对此地修复的建议"，这是1999年11月到2000年4月特拉维夫艺术博物馆展览的主题，该展览由贝拉恰基金会赞助。展览的目的是创造一个机会，就如何将昔日的锡里亚垃圾填埋场改造成一个独特的地方而集思广益。该展览有助于提高公众意识，并将讨论扩展到其他学科，不只是规划和环境方面。不同的建议包括一些精明的社会批判和原始的，甚至是乌托邦式的建议。展览强调了将一个有严重环境问题的锡里亚垃圾填埋场改造成为莎伦公园内一个关键组成部分的可能性。

"面向阿亚隆公园"（Towards Park Ayalon）是一个在2001年1月举行的国际研讨会，强调了公园不同寻常的规模，位于国家核心的位置，并充当着娱乐、休闲、运动和教育场所等多种角色。像其他已成为自身城市象征的著名公园一样，莎伦公园也将成为一个大都市级别的公共娱乐场所。该研讨会的指导方针于2001年11月公布，包括近期的建议实施内容，如建立公园管理组织机构、招募公园管理员、设立资金和启动项目。公园设计的目的是拓宽其服务范围：最终，它将成为海洋、大都市、特拉维夫本古里安国际机场（Ben-Gurion International Airport）和耶路撒冷之间空间衔接体的一部分。公园象征着文化意识的巨大转变，体现了致力于技术和景观（水、空气、噪声和固体废物）的使用来改善和治理当代世界各种污染和退化问题。公园将是技术、生态和教育的综合。从某种意义上说，公园是一个大型的城市实验室。锡里亚垃圾填埋场是这个公园规划设计的关键部分，为了彻底扭转这里环境的严重恶化现状，锡里亚应被视为公园的主要象征力量，创造了一个走向转型和疗愈的文化范式转变。在该公园的设计内容中，回收中心将保证锡里亚的最终建成，彻底修复成为健康的公用场地。[16] 这个公园用地不属于任何一个市政机构，而是属于国家和地区委员会的管辖。1998年，地区委员会内政部启动了法定方案，即区域规划纲要第5号文件（Regional Outline Plan No. 5），以便确保这片重要土地未来不受破坏，并保护它，直到可以根据详细的公园设计方案启动并实施建造为止。

法定方案是一个总体框架，而不是具体的分区规划。法定方案所依据的原则是对公园范围内的所有农用土地临时进行重新定义，作为未来"公园使用"的土地储备。由于法律所有权的复杂性，相关部门采取了以上措施，而具体的使用将在以后阶段确定。另一个基本原则是逐步实施该计划，允许各承租人继续耕种土地，直至租赁期限届满。因此，公园内的几个大型地块仍可能在未来几年继续保持耕种。

后记　技术和未来

通过技术和建筑工程项目使景观设计与环境相互融合的蓬勃发展，将标志着景观领域新时期的到来。景观设计可以被看作当代设计的主导方向，是为人进行时空规划与设计，最终提供基础的居住环境和物质保障——这是生活的舞台，而不是古老的风景。我试图用一种更具适应性的方法来调和当前的景观问题或当代主题，例如使用古典花园、公园、步行区、滨水空间、街道、广场和瞭望台对景观本质进行探索，或反过来使用受到干扰的土地、垃圾填埋场和棕地的本质来探索景观的过程和内容。从这些探索实践中，景观领域出现了新的维度和形式，景观变得有形，可以被感知和体验，这也许是因为景观设计领域扩大了，或景观变得更丰富和有效。这样的体验构成了一种价值，景观设计能够将这种价值如此完美地传达出来。要做到这一点，需要景观设计师不断探索技术以及场地、生态、工程和材料的表现潜力。这样，景观设计师会问，技术是被动的、主动的还是"明智的"（smart）？也会问我们接触环境的历史和本质，以及过去几个世纪的文化影响力和文化遗产等基本问题。特别是，他们会强烈质疑我们对现代景观的理解，认为仅仅只是新的景观从业者代替了老一辈的景观从业者。留存的是被拆除或破坏的设计项目的记忆和消失的图纸、照片和草稿，以及已经进行过设计研究并实施的项目，如企业园区、国道、铁路系统、大学校园、步行街和能源、开采及废弃的景观。最后，我们回归到景观设计、技术，尤其是设计，以它们作为基础。景观设计师必须要明确自身任务的本质，确定其重要性与相对价值，而这需要时间和许多耐心。此外，随着我们设计观念的转变和设计想法的成熟，并随着学术研究和关注重点在某些特定领域的削弱或增强，作为景观设计师的首要任务仍是通过实际行动来理解和改造这个不断变化的世界，所谓的实际行动也就是，通过对物质环境适度的干预，采用恰当的物质构建和经济手段，以"以人为本"的设计理念，全面重构我们生活的世界。

最后，我们必须坚信，用心、用思想、用双手建造的景观是持续永恒的。在未来几年，景观设计师将继续保持创新的思维与构建，并将它们作为一个有效的手段来揭示、表达和延续景观的真实和意境。通过景观艺术、科学和文化（它们每一个都同等重要），景观设计师能快速、准确地接触到更广阔的世界，并延续百年来的职业愿景和领导精神。然而，他们需要具备三个基本能力；第一，感知能力，能够感知价值观和特定文化；第二，大量专业知识的储备能力；第三，将材料融入创造的行为、形式和过程的能力。归根结底，整体才是其核心，复杂的、有争议的，也从来不会在所有方面完全达成共识，这才是景观。在景观规划和设计中，我们会偏爱许多不同形式的美感，这可以在游赏一个熟悉的旅游胜地时表现出来。在这里，对景观的热情和愉悦通过植物、地形、水、基础设施和建筑等材料和媒介随着时间的流逝而体现出来。景观是一种易处理的媒介，它由有生命和无生命的材料构成，这些材料被精心布置，构成的景观成了真实的世界。对景观进行描绘和评价是具启发性的，但这些活动并不足够。景观设计师也必须采取行动改变世界，这是一项注重景观建造的活动，通过技术和科技实现。因此，景观是技术吗？答案是，在很多方面景观就是技术。

注释

1 The word *techne* and tectonics is used in architecture writings and discourse to describe the shaping and making of architectural form and structure tied to ancient and contemporary methods of conceiving buildings, for example in the publications of Demetri Porphyrios and more recently by Professor Kenneth Frampton. However it has not been applied to landscape architecture construction writings, theories or instruction. To remedy this gap in knowledge, the author, with Alistair McIntosh FASLA, Visiting Lecturer in the Department of Landscape Architecture, Harvard University (2012–2016), is currently undertaking a research project and writing a book manuscript entitled *Poetics of Construction: Design Development in Landscape Architecture.*

2 The author uses the word "terra infirma" to denote landscapes or sites that by virtue of their previous human uses and programs are ill or polluted by toxic substances in the soils, groundwater and sediments. "Terra infirma" stands in opposition to "terra firma" as a commonly used term for solid ground suggesting the "terra infirma" land is unstable, suspect and corrupted.

3 Leo Marx, in his classic essay "The Ideas of Technology and Post-modern Pessimism" (from the edited volume *Does Technology Drive History? The Dilemma of Technological Determinism* edited by Merrit Roe Smith and Leo Marx, Cambridge, MA: MIT Press, 1994) defines "mechanic arts" as distinct from "fine arts." The mechanic arts were the artifacts, knowledge and practices that were practical as distinct from the imaginative fine arts.

4 Definition from *Webster's Dictionary* (Springfield, MA: G. & C. Merriam Company, 1976).

5 The various forms of planning and design practice under the heading of "urbanism" or "landscape urbanism" occurred at the nexus of four main emerging conditions over the last twelve years. The re-emergence of the city as a topic is caused in part by the population shifts from rural and suburban to urban, the decline of architectural design practice generally in North America and the shift of architects from buildings to other design modes including "landscape," urbanism and open space, the rise of new digital media, 3D modeling and software programs available to landscape architecture practitioners and students to assemble, describe and map complex landscapes and document realistic "atmospheric" views and finally the rise of a very small but intensely aggressive and vocal group of academics and practitioners who dominated the discourse in the international world of landscape architecture. This period has now passed.

6 The research study in CTE turned into a published book: Liat Margolis and Alexander Robinson, *Living Systems: Innovative Materials and Technologies for Landscape Architecture* (Basel: Birkhäuser, 2007).

7 "Disturbed Landscape after Disaster: Reconstruction of the Cultural Landscape and Coastal Ecology and Integration of Landscape Operations into the Redevelopment and Restoration of Devastated Land," research project by Kotchakorn Voraakhom, MLA Candidate, Harvard Graduate School of Design, 2005.

8 In late 2004, the Ministerie van Verkeer en Waterstaat, Rijkswaterstaat commissioned an applied design research project by the Harvard University Graduate School of Design through its Center for Technology and Environment on the floodplain of the Waal River in the Netherlands. The study explored the hypothesis that future global climate change will result in rising sea levels and increased water discharges to the east–west flowing rivers in the Netherlands leading to the need for innovative flood planning and approaches to future settlement in the area. A creative strategy to allow both flood controls and further settlements in the area was tested using conceptual landscape design studies with innovative site materials. A formal exhibition of the model and research study took place in Las Palmas, Rotterdam beginning on May 24, 2005 that was opened by the Crown Prince of the Netherlands.

9 In the summer of 2006, GSD landscape architecture students paired up with students from the Jomo Kenyatta University of Agriculture and Land Technology (JKUAT), the University of Nairobi, and community members to research the needs and physical conditions in the villages of Soweto East and Kambi Muru. Based on the findings of this research, a pilot project began on site in July of 2007. The initial idea was to design a "park" that can house community amenities and start to reactivate the few open spaces that do exist in Kibera.

10 Landscape architects, designers and artists involved with the early design work included Mario Schjetnan from Mexico, Peter Latz from Germany, Julie Bargmann, Mierle Laderman Ukeles, Elissa Rosenburgh and Ken Smith from the United States, Shlomo Aronson, Ulrik Plesner, Yael Moria, Maya Shafir, Shlomi Zeevi, and David Guggenheim from Israel with ecologists Robert France (Harvard) and Steven Handel (Rutgers). The planning and design work was organized by the author and Laura Starr and overseen by Dr Martin Weyl of the Beracha Foundation and Naomi Angel of Tel Aviv Department of Planning Office (TVDPO) with assistance from Danny Sternberg and Zurit Oron.

11 The technology of SAPs is designed to absorb extremely large amounts of liquid in a short amount of time. They are also engineered to have liquid slow-release capabilities. SAPs have been used in a diverse range of industries from medicine to agriculture, and are produced in a variety of forms, such as pellets, fibers, and textiles. As an amendment to soil, the SAPs absorb and release liquid in response to the level of soil moisture.

12 The Kounkuey Design Initiative (KDI) included Arthur Adeya, landscape architect, Patrick Curran, associate landscape architect, Ellen Schneider, landscape architect, Jennifer Wai-Kwun Toy, landscape architect and urban planner, Kotchakorn Voraakhom, landscape architect.

13 World Health Organization and UNICE, *Progress on Sanitation and Drinking Water* (Geneva: WHO Press, 2014), 16. See http://apps.who.int/iris/bitstream/10665/112727/1/9789241507240_eng.pdf.

14 Ayalon is a seasonal rainwater-fed stream running through the park area, which is dry in the summer and flows in the winter, occasionally causing widespread flooding. The area of the park has, since the time of the British Mandate, been reserved as a flood plain for the stream, which explains both why no building is permitted there and why it is not included within the boundaries of any of the surrounding municipalities. The Ayalon Stream and the Shapirim Stream, its tributary, are typical flooding streams, where tidal phenomena sometimes take place, which vary in intensity, occasionally reaching an exceptionally high rate. The area of the park will serve as a vast, seasonal reservoir with a containing volume of about 4 million cubic meters, creating a flood buffer.

15 The Hiriya waste dump began operating as a waste disposal site for Tel Aviv in 1952. Today, the site extends over some 45 hectares at its base and about 30 hectares at the crown. Its height ranges between approx. 80 meters above sea level and approx. 60 meters above its surroundings. In 1999, the landfill was closed. Studies have been prepared, stating the levels of leachate and bio-gas, and recommending engineering solutions for the removal of these pollutants and stabilization of the landfill's slopes.

16 The 30 hectares compound at the eastern foot of the Hiriya mound, which currently includes a waste transfer station, is designated as a Recycling Park: an industrial park that will use the most advanced waste treatment and recycling technologies available, combined with an active educational visitors' center. The plants in the park will treat construction and demolition waste, green waste, household waste, used tires and more.

参考文献

Hollander, J., Kirkwood, N., and Gold, J. (2010). *Principles of Brownfield Regeneration: Cleanup, Design, and Reuse of Derelict Land*. Washington, DC: Island Press.

Kirkwood, N. (2001). *Manufactured Sites: Re-thinking the Post-Industrial Landscape*. London: Spon Press.

Margolis, L, and Robinson, A. (2007). *Living Systems: Innovative materials and technologies for landscape architecture*. Basel: Birkhäuser.

Marx, L. (1994). "The Ideas of Technology and Post-modern Pessimism." In *Does Technology Drive History? The Dilemma of Technological Determinism*, Merrit Roe Smith and Leo Marx, eds. Cambridge, MA: MIT Press.

第10章

景观是历史?

约翰·迪克逊·亨特（John Dixon Hunt）

> 将历史的真实定义为与事实一致，使事物与理智相一致，无论如何这都不是令人满意的解答。
>
> 厄恩斯特·卡西尔（Ernst Cassirer）[1]

过去的事情不能称之为历史，历史应该是对过去事件的记叙。同时，任何形式的记叙都需要一个历史学家——一个记叙者。记叙也是以观众为前提的，对过去的叙述，可以通过对过去的模拟或者说明，为未来提供一些预示，也为现在的听众提供一些参考（许多历史学家通过对过去的总结来明确地指出或暗示过去与未来的相关性，尽管古文物学家强调似乎可以避免这种情况，只去讲述过去发生的事情）。

那么，从这个角度来看，景观是历史吗？我们可以将这个问题拓展为三个方面。第一，景观有历史吗？显然，从行李到打字机到性，乃至任何东西都有历史，而且每种历史都可能有许多不同的版本。第二，景观本身有历史吗？从它的地质基础来说，确实是有的，包括生态学（在本书其他地方讨论过）和生物史（没有讨论），更进一步来说，为使景观成为建筑的一部分而引入的植物、水、大理石、石头、木材、混凝土、铁、钢等，所有的这些都可能通过基础设施建设介入景观之中（也将在书中讨论）。第三，历史是否有前进的动力，还是仅仅有关于景观或设计的过去。正如我在其他地方所主张的[2]，所有的设计中都有一个关于未来的基本设定，这是因为所有的设计都需要或暗示着不同的受众，因为所有的历史都有其对后世的影响。

无论是设计的、文化的或原始状态（目前很少）的景观，都"包含"了它的历史材料：过去的事件（包括其地质）和这里所发生的一切，例如当地的植物，是由风或鸟类播种的，或由人类引入的，抑或各种形式正式的栽培种植。但对于景观而言，它本身的历史并不是历史，它需要有人讲述它的故事，叙述它、描述它，并在适当的地方，宣布它的历史意义或重要性。可以是地质学家、树木专家或某种（如公园管理员）评论，也可以通过使用指南（这意味着历史学家作为其作者），以及关于该场所的绘画、平面图或照片的评注（也暗示作者的身份），以其自己的方式证明历史——但这只证明了"某些东西"，因为历史最终需要文字，尽管文字可能或必须与视觉图像联系。景观设计师也确实可以充当自己作品的历史学家，讲述设计是如何形成的？是如何回应（或不回应）场所的？以及意义是什么？这基本上是景观设计的学生在他们设计课程的最后阶段所做的事情。但即使是他们现场讲述，也仍然只能告诉你关于景观的一种叙述。[3]

所有的历史都是为了有其意义，因为历史会解释过去的事件，并通过这种方式赋予它们形状和意义。历史总是有一个形态（"很久很久以前……"）。但是，每一个讲故事的人和每一位历史学家都有其自己的想法：一些历史学家，他们似乎既在宣扬自己的观点（明显的或要一些花招），也在阐述曾经发生的事情。然而，尽管不同的历史说法有所不同，但也会有一些版本因为其丰富的研究成果、论证逻辑以及我们自己的直觉做出判断，令我们信服。此外，还有各种各样的历史，以及不同的理论方法去指导他们进行叙述。

曾经，重要的历史纪录是关于国家和国家的形成［希罗多德（Herodotus）、修昔底德（Thucydides）、爱德华·吉本（Gibbon）］，或者是关于宪法和政治历史［亚历克西斯·德·托克维尔的《论美国的民主》（Alexis de Tocqueville's Democracy in America）］、世界历史［雅各布·布克哈特（Jacob Burckhardt）］，以及不同艺术类型（文学、音乐、修辞、戏剧、建筑等等）的历史。现如今有了生态学史、战争史和最近的文化史——这些历史相对较新，作为一个具体的研究领域，它涉及人类活动的文化背景问题。"文化"来源于拉丁语"colere"，其某些含义是"定居"、"尊重"和"关注"。它在我们语言中的含义为"殖民地"和"耕作"，因此，它很容易与景观的历史产生关联。[4]

因此，花园和景观需要被看作是人类关注的各种因素所共同影响和共同支撑的。而这些支撑的因素显然是由叙述者和观众来共同决定的——喷水池的历史需要水文技术、种植模式和植物学历史等方面的知识；如果观众是某一特定领域的专家，他们毫无疑问也会产生新的事实和新的解释。最重要的是，这些对于历史的考证并非仅仅考察它们的外观、材料或风格（巴洛克式、风景式等），尽管这些可能在历史中扮演着重要的角色。其他考证还涉及对其自身建造的叙述（即表现手法、景观描述、摄影、素描等）。根据人类介入场地的多样性和密集程度，我们将场地分为花园和景观，这意味着这一历史学科必须借鉴人类学、社会学、经济史和政治史等相关学科，并涉及与景观相关的视觉艺术（绘画和戏剧）的历史。"作为历史的景观"的定义，我们必须承认它打开了本书中各个独立章节或不同方法之间的闸门。[5]

这种对不同类型历史的简要介绍使我们认识到（尤其是现在的）不同的理论所具有的不同的历史方法和途径。卡西尔（Cassirer）说，我们必须研究"通过对知识模式的学习来获得对事实的认知"[6]，简而言之，就是我们如何获得"事实"（尽管在景观领域，没有什么可以与现场访问和查看档案资源这两种方法相媲美）？

历史作为一个学科而兴起，以及得到借用历史在正规的历史研究机构（这些机构可能会包含思想史和经济史）之外研究自己领域的人推崇，它使我们进入了新的领域，如结构主义（structuralism）、"知识考古学"（archaeology of knowledge）并因此产生了景观史。这些研究方法论经常在历史方法和途径的纲要中被提及，例如在雅克·勒韦（Jacques Revel）和林·亨特（Lynn Hunt）所编辑那一卷《历史记录》（Histories）中。[7]主要关注的是法国的贡献，许多法国思想家都对这一主题进行了阐述。[8]然而，勒韦和亨特并没有解决景观历史的问题，也许他们间接的谈到了其中的一部分，例如全球历史中涉及一些景观的内容，比如费尔南德·布罗代尔（Fernand Braudel）关于地中海的著作，埃马纽埃尔·勒华拉杜里（Emmanuel Le Roy Ladurie）的气候史以及保罗·利科（Paul Ricoeur）的叙述史。这使得景观史成为基本未被触及的领域。

第一本用英语撰写的景观历史主题的书籍标志着景观历史开始以一种正式的形式出现。例如，法国作家奥利维埃·德·塞尔斯（Olivier de Serres）、雅克·布瓦索（Jacques Boyceau）、查尔斯·艾斯蒂安（Charles Estienne）开始讨论这一学科的基础。[9]但这些叙述没有涉及他们所从事的实践工作的历史。因此可以说，在近代早期首次尝试这一历史领域的是斯蒂芬·斯维泽（Stephen Switzer），他的《乡村园林设计：贵族、绅士和园艺家们的娱乐活动》（*Ichnographia Rustica: or, the Nobleman, Gentleman and Gardener's Recreation*）一书中有一章是"园艺的历史，从起源谈起：古代及现代伟大的艺术大师们的传记"。斯蒂芬·斯维泽不仅是一位历史学家，而且正如他所展示的那样，他也是一位从事房地产管理和设计的人。这也引发了各种不同记叙的产生，其中最著名的是在18世纪晚期，1771年由霍勒斯·沃波尔撰写的《现代造园风格史》第一版（*The History of the Modern Taste in Gardening*），此书在之后三十年里进行了修订和重组。之后1829年，乔治·W·约翰逊（George W. Johnson）写了《英国园艺史、时间顺序、传记、文学与评论》（*A History of English Gardening, Chronological, Biographical, Literary and Critical*）；到1867—1873年，此类研究已经成为一种常规的形式，就像阿道夫·阿尔方（Adolphe Alphond）的《漫步巴黎花园》（*Les Promenades de Paris*）的首章或"导言"一样。从那时起，被称之为景观叙述史的类别得以确立，这种叙述史既可以是独立的著作，例如艾丽西亚·阿默斯特（Alicia Amherst）的《英国造园史》（*A History of Gardening in Britain*）和诺曼·牛顿（Norman Newton）的《土地上的设计》（*Design on the Land*），也可以作为这一领域某一特定时刻的绪论，比如，你想要研究"如画"式设计，就需要去解释过去发生的事情，然后就可以讲述一个新的故事，或者根据过去的故事来做一些事情。

因此，我们当然有花园和景观设计的历史（可以随意选择——因为每个作家都有自己的特长和目的）。但他们很少提及景观是如何被书写的，因为（在我的认知中）没有任何景观历史编纂能与汉诺–沃尔特·克鲁夫特（Hanno–Walter Kruft）撰写的《建筑理论史——从维特鲁威到现在》*相比。也没有任何讨论是关于景观如何成为历史的。记叙和评论主要叙述的是在某个场地上发生了什么？谁设计了什么？什么时候设计的和为谁设计的？叙述不得不越来越多地去关注那些先例以及它们所造成的影响，但没有任何历史记录是关于景观本身如何表现历史的，尽管研究农业景观或地质学的人可能做过相关的事情。

从某种意义上说，这最后一项是奇怪而又隐晦的话题，可以肯定的是：了解一个设计是如何形成的，除了了解这个景观的历史，还有整个景观发展的历史，但这并不是必需的。我们需要通过多个途径：场地本身的历史，或这一区域景观的历史，后者可以定位和解释场地及其历史，以及我们对场地本身及其景观史的反应、体验和感受。接下来我们可以通过一些实例解释这种复杂性。

意大利巴涅亚的兰特庄园（Villa Lante），位于维泰博城以北（图10.1）具有极高的评价，其中一些评价来自克劳迪娅·拉扎罗（Claudia Lazzaro）。最近在萨宾·弗罗梅尔（Sabine Frommel）编辑的一卷文集中，很好地阐述了关于其历史的多重观点。[10] 这一系列的文章虽然并非同一时期的，但包含了几乎所有不同类型的历史。最重要的是，作为艺术史学家，他们不喜欢谈论对场所本身的感受，因为这往往是超越事实的观点，而卡西尔认为这种方式"不尽人意"。[11]

作为历史学家，我们给兰特庄园带来了丰富的事实、思想和记忆。从档案材料中我们可以知道，蒙田（Montaigne）将兰特庄园的设计归功于"托马索·锡耶纳"（Tommaso da Siena），

---

* 该书中文版由中国建筑工业出版社于 2005 年 10 月出版。——编者注

而克里斯托夫·卢伊特波尔德·弗罗梅尔（Christoph Luitpold Frommel）证实了设计者的身份，即托马索·济努齐（Tommaso Ghinucci）。[12]但许多其他人依然在继续为谁是其设计者而辩论，并认为设计者应该是在卡普罗拉附近工作的雅各布·维尼奥拉（Jacopo Borozzi da Vignola）。我们可以将这两个观点先都放在我们的头脑中：对维尼奥拉来说，我们可以联想到他在其他地方所建造的花园，从那个角度来解读兰特庄园，兰特庄园有一套"链式水体"，与卡普拉罗拉的法尔奈斯庄园的极为相似（图10.2）。但我们也知道蒙田对意大利花园的转型操作做了更全面的概括[13]，我们还可以清楚地看到在兰特庄园中水务工程的核心地位，而弗罗梅尔从文献中所获得的对济努齐液压技术的分析也支持了他的观点。

此外，我们对场所本身的体验可能会受到我们曾经阅读过的内容的影响，而这两者之间可能是相互矛盾的。拉扎罗在《艺术公报》（*The Art Bulletin*）中撰写的文章引导我们体验了整个兰特庄园，但13年后，她新书中的一个章节再一次带我们体验了这个花园，然而每一次体验，她都有不同的图像叙事。她的两个故事对人们都很有启发性，但我们无法同时将两者与场地联系在一起，因为我们不能同时在两个方向上行走。此外，景观也有其自身的叙述方式，这种方式不受我们的言语讨论影响。当我们从花园顶部的水洞窟走到坡下的水花坛时，我们感觉到了那里的景观，因为我们真实地看到并听到了水流的下降及其各种变化，感觉到最初从庄园外的山上涌出的水（我们可能知道，在那里有一个水库），最终沿着山坡流入小镇中，让市民也可以享用贵族的水源。我们也能感觉到（因为我们不能同时看到两者），花园的植物和它旁边的狩猎园不同，庄园就从那里延伸出来了，穿越它我们就来到庄园的门口。庄园中有（或曾经

图10.1 兰特庄园的"链式水景"，艾米丽·T·库珀曼（Emily T. Cooperman）拍摄

图10.2 卡普拉罗拉的法尔奈斯庄园，艾米丽·T·库珀曼拍摄

有）喷泉和水池，走廊带我们穿过那杂乱的森林。但是当我们从狩猎园走进花园的时候，随之感受到了跨越这个界限进入另一个与之不同的领地，一个第三自然（terza natura）。[14]

乔万尼·格拉（Giovanni Guerra）在其草图中提出了以下观点：兰特庄园强调的是斜坡、水流的方向、水景的布局、与狩猎园的衔接以及其自身多种多样的水景装饰（主要的是珀加索斯，它是兰特庄园水体的神秘"源头"[15]）。我们可以将这些视觉符号，连同我们看到的河神、飞马（珀加索斯）、海豚喷泉、宫殿中的壁画，在头脑中组合到一起。我们构建关于游览（和我们在场所中所读到的）叙述是回顾性的，在场所中所体验到的东西只有在我们与它有一定的物理或心理距离之后才能呈现它的形状，最好是（如果我们幸运的话）可以多次去那里。这样就有了更大的可能性去了解更完整的历史。

总之，景观设计的历史具有多个层次，这不仅仅是因为它经过了充分的研究和讨论。由乔治·哈格里夫斯（George Hargreaves）和安妮塔·贝里斯贝蒂亚（Anita Berizzbeita）等那一时代的人所提出的"重写本"（palimpsest）的概念[16]，是景观作为历史的基础：因为历史是有层次的（就像洋葱一样），我们需要将它剥开，即使我们只关注（历史）洋葱的一部分。"重写本"自身也是历史性的，因为早期的羊皮纸上的文字也被刮掉过，后来又被重复使用，至少有两段文字在上面。[17]"重写本"的概念也被热拉尔·热奈特（Gérard Genette）引用过，他认为任何文本都有"副文本"（paratext），在这种情况下，我们得以阅读一个景观：他建议"将文本（场地）置于其他文本（场地、物质的或推论的）相互关系中，无论这种关系是明显的还是隐蔽的"，可以是引用、剽窃、笔记或指南的概观，甚至成为一种"文本"书写的类型（在我们的案例中，有花园、公园、纪念场所、植物园等）。[18]

如今，兰特庄园是一个紧凑而充满活力的设计，这里总有一些东西会让你有所触动；可以说，我们很少有人在离开这里的时候什么都没有带走。但是如果我们发现自己置身于那种毫无经营痕迹的景观中时[19]，举个例子就像万能布朗设计的英国风景园，当历史感悟几乎不能为图像表现或其他历史触发因素提供什么帮助的时候，我们是否愿意或应该体验与之类似的历史感悟呢？我发表过一篇关于我所谈到的"两者之间的地带"的文章，当我们漫步于景观之中时，所有那些景观体验都是我们在可读的雕塑和建筑之间发现的，这些区域往往吸引着我们的注意力。[20]任何整洁的或平淡的景观都有助于说明这一点："如果我们待在靠近兰特庄园的地方，博马尔佐（Bomarzo）林地允许游客在奇怪的"怪物"（monsters）组合之间中移动但不用直接面对它们。"在这种情况下，当我们述说该场地的历史时，会有更多的信息来源。当然，我们可以将我们读过的博马尔佐的书或其他"副文本"集合起来，我们也可以回应自己对那些神秘图像以及想象力的反应，而我们的想象力正是在这些体验和所阅读之物引导下产生的。我最近试图探索这种新的叙述的形式，即探寻设计师是如何利用甚至是虚构或"想象"一个场地的历史的。[21]

即使一段景观的历史需要等待一位历史学家来叙述，这也并不是说景观没有历史。它的历史深深根植于它的地质、气候以及由文化活动而产生的地形变化之中，有时这些历史历经几个世纪（在景观设计师介入之前）。设计师所要介入的是一段漫长而又复杂的（可能是模糊的）场地历史。设计可能会对场地历史的某一时刻做出回应，或者也可以忽略它。从这个意义上说，优秀的景观设计师的确是最好的历史学家，即使设计师没有去清晰地表达（他们如何阐述历史），但却留与其他评论者来解释（例如，无论是勒诺特尔还是万能布朗，都没有发表过有关他们如何作为"历史学家"回应他们场所的评述，这使我们都可以作为历史学家去解释他们的职业生涯）。但是，设计师必然会以某种方式成为历史学家，去了解某个特定的场地，因此作为一个默认的历史学家，他所做的事情就是要让他/她在那里所发现的任何历史都变得可被触及。兰特庄园的设计师清晰地知道如何从背后的山丘中引出，并诠释他对地形和水的理解。如果没有实现这个目标，那么这将不是一个好的设计。但设计师的"暗示"（implication）也需要评论家的叙述技巧，才能更为充分地传达。毫无疑问，这就形成了一种恶性循环。[22] 因为评论家的叙述必须与场所、场所设计者对场地的最初理解以及其他评论者对场地的不同评论进行比较验证。

这就提出了一个问题，景观历史学家应该如何进行历史性的工作？因此提出了三个方面问题：首先，为什么花园或景观会被创造，不仅仅是谁设计的，为谁而设计的问题，还涉及花园或公园最初被设计和建造的文化条件：赞助、财政、新美学、土地使用权等。其次，这些场地是如何被使用的（没有一个合适的术语来描述花园的"消费"），这促使我们思考"花园的来世"（afterlife of gardens）这个有趣但又困难的问题。花园的来世涉及在以后的时代或以后的文化背景中后续再设计。第三，不同艺术形式的景观设计，如何在不同时期的文化背景中表达出这一时期园林叙述的地位和价值？[22]

有很多项目可以为我们提供这些问题的答案。我举三个例子，巴黎的肖蒙山丘公园（The Parc des Buttes Chaumont），纽约MVVA景观设计事务所（Michael Van Valkenburg）在曼哈顿设计的泪珠公园（Teardrop Park）和伯纳德·拉苏斯（Bernard Lassus）在巴黎第11区设计的达米娅花园（Jardin Damia）。这些项目在设计师介入场地并回应场地之前，场地的物质性已经决定了场地自身的历史，设计师只是使其本身的特征更易于被触及，或通过植入某些元素来增强这些特征，或场地形式的不同类型（副文本）已经将设计导向为大型公园、口袋公园或者是拿破仑三世在英国的逗留时带回的"广场"的想法。每个创作的特定文化背景决定了其形式和所使用的元素，而在不断转变过程中每个项目所承载的生活又超越了设计师最初的想象，随之而来的评论又引导着我们现在的历史。

地质学、地形学和地方文化从不同的角度为这些场地提供了历史基础。肖蒙山丘公园（图10.3—图10.5）的设计回应了以前这里被用作采石场这一历史以及场地的现状：这里是一个垃圾场和处决罪犯的地方，但同时它被一条铁路所贯穿，也暗示了它所具有的现代潜力。这种现代性促使阿尔方德（Alphand）使用混凝土来塑造中央悬崖、湖泊的边缘以及邻近洞穴中的钟乳石，并雇用罗克艾勒（roccailleurs）建造混凝土栅栏和仿木楼梯。他还邀请埃菲尔（Eiffel）建造了一座悬索桥，将公园的边缘与中心山脉连接起来。同时，他还在山顶建造了一座"神庙"（也用混凝土建造）来装饰这个高地，这让人联想到意大利蒂沃利的古典景观，即所谓的西比尔神庙（Sybil's Temple）及其掌管的阿涅内河瀑布（Aniene Falls）。垃圾场和罪犯处决场促使他把这些不愉快的联想转化成虚拟的悬崖峭壁（有陡峭的道路）以及神秘的洞穴和瀑布。如果说庙宇是以意大利为参照，那么这些洞穴和其中假的钟乳石就让人联想起法国的诺曼底海岸。这个场地所出现的事物，既是对其历史的回应，也是对帝国要举办1867年世界博览会这一需求的回应。这是一个为公众所设计的公园，在这里可以休闲和漫步，并有机会体验到一些偶尔的震颤，在整体温和环境中有些许紧张气氛，提供了一个真正现代化的城市公园。我们可以了解它的历史，因为阿尔方德在《巴黎漫步》（*Les Promenade de Paris*）中对它进行了解释和赞

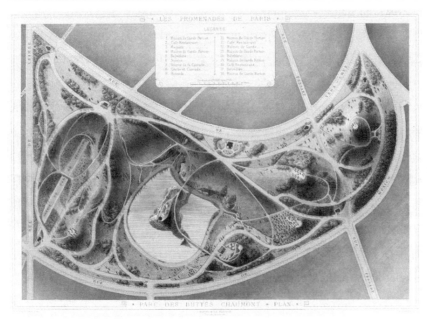

图10.3—图10.5　肖蒙山丘公园版画，约19世纪70年代，图片由哈佛大学弗朗西斯·勒布图书馆（the Frances Loeb Library）提供

美，很多著名人士多次参观该公园，还拍摄了很多照片，这些参观还引发了广泛的报道，如路易·阿拉贡（Louis Aragon）的《巴黎的乡人》（Le Paysan de Paris），同时也收到了一些对公园建设和当今意义的有用分析。[23] 它的景观宣告并代表了一段历史叙述。

拉苏斯的现代"广场"也展示了19世纪在奥斯曼（Haussemann）的林荫大道框架之上建设城市空间的过程，这赋予了那些"剩余空间"（leftover spaces）[24] 以独特的亲切感和社会生活。如果说阿尔方德诉诸19世纪的建筑和基础设施的材料创造出一种新的城市的崇高感，那么拉苏斯则使用了钢制切割屏（他为其他地方发明的一种装置）来模仿围合"广场"的树篱[25]（图10.6），同时在广场的内部建立了一个有蜿蜒曲折的道路和密集种植的现代主义如画式景观，这是一个全新的世界，它让游客从周围的环境中脱离出来。

泪珠公园（图10.7）也同样位于密集城市中的公寓楼之间。这片场地中到处都是原来双子塔建造过程中挖掘出来的土壤，场地自身的历史情况并不是十分明显。但最引人注目的是，在岩石风景中有一堵巨大的岩石墙和路径环绕着巨石以及游乐区。这个公园创造了一个丰富而迷人的穿插在公寓之间的空间，似乎也使这个空间得以扩展。这并非我们所期望的在纽约找到的东西，但它让人回想起奥姆斯特德和卡尔弗特·沃克（Calvert Vaux）想要赋予中央公园的概念，这是对哈德逊河北部地形的象征。所以在这里迈克尔·范·瓦肯伯格（Michael Van Valkenburg）模拟了贯穿纽约州北部高速公路两侧的地质形态。冬天，在这堵墙的周围，水从岩石表面渗出后冻结，成为这片地质区域中散落的"残迹"。但是这些引人注目之处并不是很容易被解释，换句话说就是，为什么它会存在（即它的历史意义）？对许多人来说，这将是曼哈顿下城区一个有趣而又意想不到的小插曲，对另一些人而言，这却可能是对他们生态环境敏感性的冒犯。但是它的设计历史已经被绘制出来并被解释：整个岩石墙是在场地外被全尺寸设计和建造的，然后在这里重新组装。[26]

卡西尔在探究历史时写道："在对过去产生新认识的同时也会带来对未来新的展望，这反过来又成为推动知识进步和社会生活发展的一种力量。"[27] 他补充道："在思想史上，持续不断

图10.6 伯纳德·拉苏斯，达米娅花园，巴黎第十一区，艾米丽·T·库珀曼拍摄

图10.7 迈克尔·范·瓦肯伯格，泪珠公园，纽约，艾米丽·T·库珀曼拍摄

地进行阐释和重新解释确实是必要的。"[28] 在场所营造时也是如此。简而言之，历史除了只是描述过去已经发生的事情以外，还以某种形式激发着或设想着未来，将它的活力注入新的生活之中（也就是说，即使是最专注的历史研究也极有可能会违背历史学家写作的时代背景）。对过去产生一种新的理解有多种来源，来源于反复多次访问景观场地，来源于对其影响的缓慢了解，也许是我们阅读或知晓了它的某些方面的内容，或有意或无意的地将其与其他场地、地形和"副文本"进行比较。

我们从过去的经验中进行学习是一种公认的真理，但是敢于突破比墨守成规更值得尊重。在现代，尤其是现代主义的设计师想要"推陈出新"[埃兹拉·庞德（Ezra Pound）的名言]是可以被理解的。但是"新"总是以"它"（事物本身）为前提。在这里讨论的四个场地，对过去的探索不仅诠释了它们的创作环境，也相应地诠释了它们在景观叙述中的位置。我们不可能去建造更多的兰特庄园，但是，如果我们不知道那些文艺复兴时期的前辈们的作品是如何被设计出来，如何被使用（更为重要），我们就很难理解18世纪、19世纪和20世纪的景观。同样，认识到当地环境对于场地的塑造也是同样重要的。因此，即使是巴黎两个非常临近的场地，如肖蒙山丘公园和新拉维莱特公园，对原始的地形也做出了不同的回应，并对现代公园应该为其邻里提供什么产生了新的设想。然而，历史也同样表明，这样的比较不能是无止境的，也不应该是辉格式（Whiggish）的，认为新出现的总是比过去的更好。[29] 拉苏斯的"广场"可能看起来是一个危险的，脱离城市的空间，需要进行安全和开放的监管，但是它的日常使用情况却说明其好的方面，它能在巴黎着生于一个迫切需要它的地区，就已经预示了它的成功。设计师关于达米娅花园丰富的内部种植和"钢铁"篱笆的谈话，也提出了在现代城市中对"自然"含义的新的理解。新的设计元素可能会对今天有所冒犯，因为它并非原本就出现在这里，但是肖蒙山丘公园和泪珠公园的设计表明，很长时间以来一直都有从场地运转的角度来进行场地的描述：这意味着人们会在公共场合（以及私人场合）探索自己的生活，我们会作为观众去观察这些活动，而我们也需要有这样的场地去做这些事情。

然后，景观就有了历史（在传统意义上，它讲述了景观是如何发生的，又在何时何地发生）。但是，景观本身也是一种历史，依赖于我们如何回应它的要素和它本身的故事，又或者依赖我们为自己虚构故事。历史取决于叙述者和他/她的观众。

注释

1 From E. Cassirer (1944), *An Essay on Man: An Introduction to a Philosophy of Human Culture*, Yale University Press, New Haven, CT.
2 J. D. Hunt (2004), *The Afterlife of Gardens*, Reaktion, London.
3 Images of any sort can be historical if they are somehow glossed in words. A film of a past event, for example, will have a narrative that is shaped by its structure (an authorial control) as well as by any dialogue it contains.
4 See M. Leslie and John Dixon Hunt, eds (2012), *A Cultural History of Gardens*, 6 volumes, Bloomsbury, London, from whose general editorial introduction some phrases here are drawn.
5 By this I mean that each of the aspects of landscape discussed here have their own history, which may direct that focused upon landscape: there is a history or histories of architecture, and each will determine

how *landscape* architecture has to be narrated.

6 E. Cassirer, "History", *An Essay on Man: An Introduction to a Philosophy of Human Culture* (1944), Yale University Press, New Haven, CT, p. 174 (this author's italics).

7 Jacques Revel and Lynn Hunt, eds, *Histories: French Constructions of the Past*, The New Press, New York, 1995)

8 To balance the French emphasis, see H. White (1973), *Metahistory: The Historical Imagination in 19th-Century Europe*, Johns Hopkins Press, Baltimore, MD, or the essays in Frank Ankersnit & Hans Kellener, eds (1995) *A New Philosophy of History*, Reaktion Books, London.

9 See M. Racine, ed. (2001) *Createurs de Jardins et de paysages*, Actes Sud, Arles.

10 C. Lazzaro (1977), "The Villa Lante at Bagnaia: an allegory of art and nature", *The Art Bulletin*, 4: 553–560; *The Italian Renaissance Garden* (1990), Yale University Press, New Haven, CT, chapter 10; S. Frommel, ed. (2005), *Villa Lante a Bagnaia*, Electa, Milan.

11 Cassirer, "History", 171–206.

12 "Villa Lante e Tommaso Ghinucci", in Frommel, *Villa Lante a Bagnaia*, 79–93.

13 Montaigne travelled in Italy in 1580–1581: see D. M. Frame, trans. (1983), *Montaigne's Travel Journal*, North Point Press, San Francisco, CA.

14 I have discussed this Renaissance understanding in the third chapter ("The Idea of Nature and the Three Natures") of my (2000) *Greater Perfections: The Practice of Garden Theory*, Thames & Hudson, London.

15 See my "Pegaso in villa: Variazione sul tema", in Frommel, *Villa Lante a Bagnaia*, pp. 132–143.

16 See G. Hargreaves et al. (2009), *Landscape Alchemy: The Work of Georges Hargreaves*, Thames & Hudson, London, p. 63. I have myself explored this idea extensively in J. D. Hunt (2014), *Historical Ground: The Role of History in Contemporary Landscape Architecture*, Routledge, London, especially chapter 1.

17 That modern science has been able to recover different layers of an ancient parchment is admirably displayed in William Noel, Reviel Netz, Natalie Tchernetska, and Nigel Wilson, eds (2011), *The Archimedes Palimpsest*, 2 vols, Cambridge University Press, Cambridge, UK.

18 G. Genette (1997), *Palimpsests: Literature in the Second Degree*, trans. Channa Newman and Claude Doubinsky, University of Nebraska Press, Lincoln, NE. (I have added in parenthesis how I see the parallel with landscape architecture.)

19 The word is Thomas Gainsborough's, explaining how he made his paintings "busy" with both incidents and the application of brush, pencil, or the engraver's tool.

20 I approached this topic in an essay written for a Chinese conference and subsequently published: "Near and Far, and the places in between".

21 Hunt, *Historical Ground*. However this essay will not resume those arguments, but takes a different approach to explore specific histories or a variety of sites that may suggest a model for a discussion of landscape as history.

22 The representations of gardens in other arts, literature and painting, was the theme taken up in each of the six volumes of Leslie and Hunt, *A Cultural History of Gardens*.

23 A. Komara (2004), "Concrete and the Engineered Pictureque: The Parc des Buttes Chaumont (Paris, 1867)", *Journal of Architectural Education*: 5. See also her "Measure and Map: Alphand's contours of construction at the Parc des Buttes Chaumont, Paris 1967", *Landscape Journal*, 28 (2009): 22–39.

24 As described by A. Grumbach (1977), "The Promenades de Paris", *Oppositions*, 10 (Spring): 50–67.

25 B. Lassus (2007), *Les Jardins Suspendus de COLAS*, Paris, privately printed for COLAS S.A. and Bernard Lassus.

26 See E. de Jong (2009), "Teardrop Park: Elective Affinities", in *Reconstructing Urban Landscapes*, ed. Anita Berrizbeita, Yale University Press, New Haven, CT, pp. 164–191.

27 Cassirer, "History", p. 178.

28 Ibid., p. 180.

29 E. K. Meyer (1991), "The Public Park as Avante-Garde (Landscape) Architecture: a comparative interpretation of two Parisian Parks, Parc de la Villette (1983–1990) and Parc des Buttes-Chaumont (1864–67)", *Landscape Journal*, 10: 16–26.

第11章

景观是理论？

雷切尔·Z·德伦（Rachael Z. Delue）

　　"位于佛罗里达东部的阿拉楚阿稀树大草原（Great–Alachua Savana），边界超过了60英里，分别离圣奥古斯汀西部近100英里，圣胡安河西部近45英里。"费城植物学家威廉·巴特拉姆（William Bartram，1739—1823年）大约于1765年（图11.1）在钢笔墨画的图名中这样记录。巴特拉姆画这幅图的时候，正在陪着他的父亲约翰·巴特拉姆（John Bartram，1699—1777年）对佛罗里达进行一次科学考察。他父亲是当时美国最优秀的植物学家，接受了皇家专门调查委员会的任务，约翰·巴特拉姆需要承担评估英国刚获得的新领土的任务，而威廉是他父亲这次考察的助手。[1]年轻的巴特拉姆用草图描绘了佛罗里达州中北部一个地势低洼的草原和环绕着

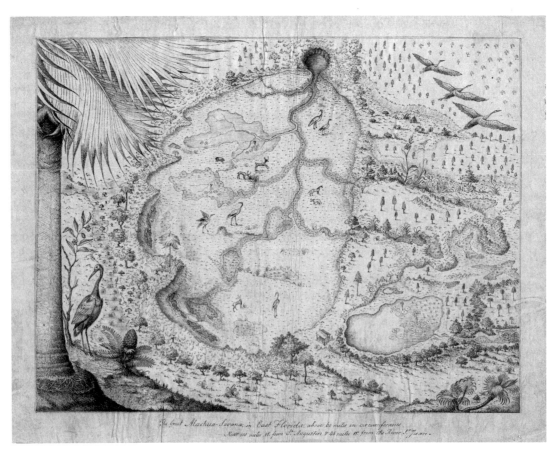

图11.1　威廉·巴特拉姆，《阿拉楚阿大草原，佛罗里达州东部》，约1765年，纸上钢笔墨线画。美国哲学协会（American Philosophical Society），维奥莱塔·德拉菲尔德-本杰明·史密斯·巴顿收藏品，APSimg 1446，661.016

林地的淡水沼泽地块，如今是一个叫作尼斯草原保护区的州立公园，也是巴特拉姆称为"阿拉楚阿稀树大草原"的地方，占地面积22公顷，在今天的阿拉楚阿县境内，靠近盖恩斯维尔（Gainesville）。1974年获得美国国家自然地标的称号，很大程度上是由于它的生物多样性和生态多样性。[2] 巴特拉姆在他的草图中，描绘了草原的地形和植被，以及一些当地的动物，包括野马和数百种当地今天仍然还能发现的鸟类。草图的一些特点使得描述的地域带有明显的地理特征，例如在图的上方，可以看到阿拉楚阿水渠，这是一种古老的湖泊系统遗迹，它可以解决大草原盆地的排水问题；在图的底部又可以看到一种原木和茅草结构，让人想起该地区土著居民的开放、高架的居住形式，特别是塞米诺尔文化。在巴特拉姆来此探险时期，塞米诺尔的居民是该地区的主要人口。[3] 通过不同植物和树木群落以及各种动物和地形，巴特拉姆的草图记录了该地区景观的基本特征，包括河流、池塘、沼泽、高地和松林等景观，为该地区的空间环境特征描绘了一个基本轮廓。标题的描述和定量数据体现了这幅图的基本意图：展示巴特拉姆在旅行中所观察到的事物，并强调他所认为阿拉楚阿稀树大草原中最重要的或最具特色的方面。

然而，没有人会认为巴特拉姆的草图是为了描绘一幅草原景观的精准画像，或者说一个观众可能会从这幅画中对该地区有一个清晰透彻的了解。就像所有的地图一样，为了创建一个简要的形象，巴特拉姆采用了抽象、简写、概括以及合理的比例等手段，即便不能表现出草原真实的外表，它也传达了其最重要和突出的特征。通过这种方式，图像就类似于在科学探险过程所见到的各种情景，包括巴特拉姆自己的植物绘画。[4] 例如他的《美人蕉》（Canna indica）草图——在一幅小风景画中描绘了一种植物，充满了大小不一的大种子，使得可以通过这种特点，详细描绘植物解剖图以及它的典型栖息地特征（图11.2）。值得一提的是这个图像是巴特拉姆在他探索自然历史的生涯早期描绘的，所以他当时作为一个插画家的能力还十分有限。尽管如此，巴特拉姆的阿拉楚阿大草原的草图让人感受到一种夸张的扭曲、精雕细琢和修饰，仿佛这幅图像已经不再强调草图的特点而去突出与所观察到事物的不可比性。这种特征因草图始终不遵循一种风格形式而变得更加复杂。

显然，一张空间地图表达了大草原地形的主要特征，描述了高程和地势起伏——它就像围绕着平原的吊床，而变化的高程就像从平原过渡到盆地——这幅草图也采用了传统风景画的技法。像无数18世纪风景画中出现的树那样，图左边的美洲蒲葵作为一种框景元素，例如英国艺术家托马斯·庚斯博罗（Thomas Gainsborough）的作品《萨福克的风景》（View in Suffolk，约1755年），画中左边的树的作用是让观众的注意力聚焦于坐在正前方那对夫妇身上，而它向内倾斜的趋势，由于右边上坡小道、缓坡湖岸和远处的树木之间构成的半圆形，而得到了呼应和强化（图11.3）。在庚斯博罗的画中，一条小道与画布的底部交叉，暗示着一个进入画面的入口点。巴特拉姆在他自己的草图前景处留了一片开放空地紧挨着框景树，让观看者能够产生一种站在那时场景中的感觉，提升了画中所虚构的栖居环境。[5] 巴特拉姆画中框景树旁，站着一只大鸟，很可能是一只鹭或者鹤，似乎正注视着画外的观众，因此在画中虚幻世界和画外真实世界中的旁观者之间构建了联系。这一时期风景画中流行的点景人物，包括那些散布在庚斯博罗绘画中的人物，也有类似的功能。对观察者而言，他们在画外空间和画中场景之间建立了联系，帮助人们构想一个居住环境的场景。

因此，在应用和尝试了传统风景画的技巧后，巴特拉姆的草图记录了一个非常具象的地

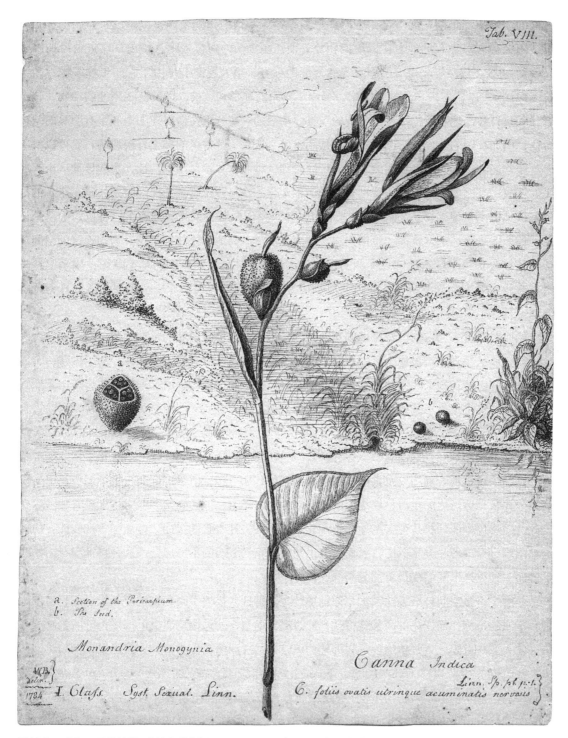

图11.2 威廉·巴特拉姆,《美人蕉》(*Canna indica* L.),1784年,棕色纸上墨线画。美国哲学协会,维奥莱塔·德拉菲尔德-本杰明·史密斯·巴顿收藏品,APSimg 2245,661.020

域环境,它同时也是一幅由自然场景构成的图像,愉悦并吸引观众的视觉审美。这也使得这张草图立刻成为地图和一种景观,结合了两种截然不同的表现形式,一种是信息,另一种是艺术(当然,这两种品质并不是相互排斥的)。这也意味着,草图给观众展示了一种既熟悉却又陌生的场景感受,它蕴含着风景画的要素,让观者有一种舒适的视觉体验。巴特拉姆的草图,还有一幅地图和风景画,同时也被视为一幅自然历史的图示,它向观众展示了一系列

图11.3　托马斯·庚斯博罗（英国，1727—1788年），《萨福克的风景》，约1755年，油画，37¾英寸 × 49⅜英寸（95.9厘米×125.4厘米）。圣路易斯艺术博物馆，科拉利吉特福勒，约翰·福勒（John Fowler）纪念收藏品，168：1928

植物和动物标本，其中一些更是精心绘制，包括棕榈树和鸟，试图展示他所发现的事物。根据自然历史插图的惯用表现手法，巴特拉姆展示了多种视角下的鸟：站立、准备飞翔以及飞行中。

　　与那幅《美人蕉》图将标本视图与栖息地场景结合在一起一样，在这幅阿拉楚阿大草原的图画中，他对鸟类进行了相对静态，类似于标本一样的注解；在图的左边画有许多其他的物种。因此，该图的类型可以被看成是介于自然栖息地的标本和描画两种类型之间。从散布在画中的松树来看，由于其遍布各处，因此形成了组团或群落，但每一株植物又相对独立，与空白的地表形成对比，让人联想到典型植物学或昆虫学插图的背景。如同手工着色的雕刻一样，它展示了马克·卡特斯比（Mark Catesby）的《卡罗来纳、佛罗里达和巴哈马群岛的自然史》（*Natural History of Carolina, Florida, and the Bahama Islands*，1731—1743年，图11.4）。巴特拉姆图中的树木理所当然成为林地，代表了特定针叶林群落的一部分，尽管这些植物还无法被观众立刻辨别出来。在草原池塘里生长的睡莲也一样，它们不是重叠和拥簇在一起，而是整齐划一地排列着，挺立在那里随时准备接受欣赏。这使其成为最独特的景观，因为它既是自然世界的风景，也是一种自然图解，而且，同时在荒野中向自然主义者展示了这些动物和植物的集合。

　　为了更加丰富完整，巴特拉姆给观众提供了信息和感知的可能性。他向观者展示了多个视角，因此可以从上方或下方，间接或直接的方式来观看。人们看到大草原，可能感觉像在空中——也许是在空中翱翔的一只鸟，也可能是地面上开阔前景的某个角落。每一个好的视角其本身就是复杂和不稳定的，例如，高高悬着的俯视图，对于鸟瞰的观察者而言，既能看到大草原边界的轮廓，也能看到竖向的变化，而这种变化就算在高地也难以辨别。当顺着左边山丘下坡方向时，整个场景有一种向下的趋势，但看到视觉尽头处草原往上向深坑蔓延时，很快又变成了一种上升的感觉，形成了一种画面的消退感，然后又折回来向旁观者迎来。没有明显的地平线和空间区域划分，两者共同造成了这样的效果。

图11.4　马克·卡特斯比，"Acacia foliis amplioribus; siliquis cincinnatis"，《卡罗来纳、佛罗里达和巴哈马群岛的自然史》，第二卷（伦敦，1731—1743年），图版97，手工彩色雕刻。美国普林斯顿大学图书馆稀有书籍珍藏馆，图书珍藏部

尺度比例也在不断发生变化，左前景的树和鸟到远景之间的过渡及其微缩特征转变得太快，动物体量看起来也比周围的环境大，使其就像布置在整个场景中一样。在空中鸟的下方，两种开花的植物像巨人一样出现在环境中，与它们毗邻的植物相比显得非常巨大。它们的茎尖向顶端倾斜，蜿蜒曲折的叶子赋予它们一种生机勃勃的姿态。尽管是一种令人眼花缭乱的形状，但也进一步突显了它们与紧邻的更小体量、更沉稳的植物和树木的区别。其附近也存在同样比例夸张的现象，就在这些高耸植物下的平原上，可以看到草的叶片和周围的树木一样高，甚至更高。由此，一个宏观世界——整个居所和一个微观世界，在巴特拉姆的草图中两者之间放大和缩小的变换不断出现。换言之，这个场景将整体效果与轶事效果结合在了一起，作为一种旅行图示记录，巴特拉姆的图画提供了一个类似于被包装了的概要。总而言之，这就是我所看到的，也是他每天经历的详细旅程——首先我看到了这个，接着又看到那个，然后我去了那里，之后又来到了这里等等依此类推。这种双重效果顿时让这一场景产生了两种截然不同的画面感：一种是一望无际的空间感，另一种是穿越和成长的时间感。

这一场景处于一个有界和无界共存的画面中。左边的树与巴特拉姆设置的图画内部边界并齐，充当边界把画面框起来，但在另外三个方向却采用了超越边框的处理手法。即使是框景树也只是部分呼应并加强了边界，有些地方画的边界与树融为一体，而另一些地方，特别是在树干中部，树的轮廓完全突显出来，与边框的线条分离开来，这种处理方式使其细长的形态显得更加稳重而有力。因此，在这一地图的指示作用下，对旁观者理解潜在的无限空间必定有很大帮助。观者也肯定能看到大量奇特的树木，包括精心刻画的丛生植物以及无数的草叶和地被植物群。钢笔在池塘中打下的小墨点，表现出了水的荡漾和繁茂的芦苇，同样纤细的墨水曲线描绘出草原的灌丛和一排排完美的睡莲圆形叶子等，而最终这一切也仅仅只表达了场地内植物和动物的一小部分信息。除了在标题中有提及少量数据信息外，还缺少一种解释或说明该图画所传达的画面，草图本身也只展示了草原风景十分有限的信息，尽管给观众提供了众多视觉信息，似乎能让人理解，但却又从未讲述清楚。充分的可见性与无法预测和模糊性相结合，个体样本显得比生命更重要，并且随着细节增多，疑问也层出不穷，例如这到底表达了什么？我们看到了什么？从哪里来，到哪里去？

这是一种采用多种手段所构成的景观（观察、想象、抽象、假设、记录和修饰），为此需要从多种方式认识这一特定的地理环境，它并不是单点视图或视角，也没有专门采用一种表现形式，巴特拉姆的阿拉楚阿大草原草图充满了无数的语言和符号系统。最终，人们发现很难确定这张图提供了什么信息，其究竟是什么，也许只有18世纪的观众才知道。图像给出了大量可见的信息，但同时，似乎什么也看不见。语言被认为是一种沟通的系统，但对于这幅草图而言，视觉混乱和过度多的信息使其表达变得含糊不清。因此，这张草图也许可以被看成一种有意或无意地表达不可见和不可知的事物，把草原的地理环境理论化，将景观转化成各种信息，进一步描述成一个潜在可居、可用的空间。大量的词汇、表现模式、观点、符号系统、内容、绘画形式、主体和客体、预见和所见、传述者和所述的事物，这一切突显了对景观本身的过分渲染。

在1773年，巴特拉姆花了四年时间回到东南部，走了2400英里探索了这个地区。这很可能是由英国人约翰·福瑟吉尔（John Fothergill）资助的一项探险活动，因为他是许多旅程草图和标本的持有者。[6]巴特拉姆在1791年发表了他的探险报告，从中人们对他所描绘的景观产生了大量的疑问。就像他画大草原的草图一样兼收并蓄，巴特拉姆的旅行将旅行记录的基本方式与科学描述、科幻散文及政治修辞的惯用表达方式结合在一起。作为叙述者和主角，巴特拉姆从一页翻到另一页，从勤奋的观察者和细心的编目员，瞬间又转变成为一个欣赏风景的游客，充满疑问的旅行者，又或者是一个说教的欧洲裔美国人。正如迈克尔·高迪奥（Michael Gaudio）所描述的，在巴特拉姆的旅程绘画和写作中可以发现，有时他试图把东南地区的景观呈现得更加清晰，但常常出现留白或空缺的地方，或许那些景象或现象超越了他的能力所及。[7]同时，在旅行中记录的多样和不断变换的描述方式，以及阿拉楚阿大草原草图中丰富的表现手法，反映了他的努力还是难以准确把握和理解文字所能表达的不可见形式。例如巴特拉姆把卡罗来纳州的沙丘景观描述为难以琢磨、不断变化的景观。他写道，从远处看，像是"在暴风雨后的海洋里隆起来的山"，但他又补充道，"这些山又不知不觉地消失了，似乎迷失了方向，为了把握眼前的景象我们应该随时进行记录。"[8]

这样的描述也符合巴特拉姆所画的阿拉楚阿大草原草图中的复杂性和多样性，这也迫使观者需要在场景类型、图画形式和视点之间不断地转换。这幅图呈现出的多种视角和大量信息，使得观者对图中的景观，就如同巴特拉姆对沙丘景观难以琢磨的感觉一样。其背后隐含的意思是：东南部的景观超越了人类去描述和理解它的语言和认知能力。除了塞米诺人的住所外，没有人类的痕迹，这一点也与画中通过以鸟类替代人物角色的方法来帮助旁观者辨别场景的事实相吻合。

* * *

但这与"景观是理论？"这一问题有什么关联呢？基于本章的初衷，我把它作为一种修辞问题，那么它假设的答案就是"有关联"。但是，有人可能会问，对这个问题说"有关联"是什么意思？从何理解？又是如何对我们这些景观工作人员的思想和实践产生影响的？首先提出这个问题又意味着什么？我们为什么要关心这一问题？

我之前讨论过关于景观的各种利害关系。[9] 它是学术研究的对象，也是艺术家和建筑师的创作媒介，但也是我们人类得以生存的基础。作为一个包容性的术语，"景观"描述的是土地本身，但也可以指在土地上进行的各种人类活动，这些活动赋予了土地超自然色彩或意义。景观不仅仅是一个背景，还包含了特定的文化、社会、政治和各种经济形态与活动。通过它，人类得以施展能力；也正因为依靠它，才有了今天的人类文明状态。因此，探究景观和景观的概念具有意义，也就是"景观是理论？"这一问题中暗含了景观有作为一部分或一系列假说、原则、解释或前提条件的潜在可能。

这里强调景观作为一种思想的可能性，因为"景观是理论？"这个问题的特殊结构我很关注，更具体地说，动词更加强调了这种可能。大量关于景观的论述设定了景观与理论之间的本质关系。但景观理论家们使这种关系变得形式多样。当然，对于什么是"理论"的理解在景观相关文献中的定义也是千差万别，例如，把景观定义为现状（existing conditions），一种人与自然之间的调解或协调机制；实体或行为之间的空间（例如，在文化和形式或观察与设计之间）；指导或规范实践的一系列指导方针或准则；专业术语；一种批判、反抗或挑战的形式；观察和解释的一种观点或立场；既有社会和认知能力背景下形成的一种意识形态。然而，比起定义问题，我对景观著作中出现的各种各样景观和理论的关系更感兴趣。这种多样性的关系一定程度上是由于理论的各种概念在部分学者、评论家和实践者之间交流讨论的结果，并且大量的相关学科理论成果也为景观的发展孕育了基础（包括美学、符号学、现象学、系统理论、后殖民理论、文化研究、生态批判等等），同时这也是众多学科把景观作为重点关注和研究对象的原因，这些学科包括文学、历史、艺术史、视觉艺术、科学史、人类学、社会学、考古学、建筑学、景观学、地理学、人文地理学、政治学和生态学。大量景观文献对景观与理论的各种关系描述包括：理论是景观的前提；理论有助于景观体验；理论是景观社会维度的一部分；理论是景观生态的一部分；基于分析和协调各种景观实体、维度、操作、材料和现状，理论构成了一种系统性分析方法；理论是一种协调集体意识和形式的景观实践，一种产生新意识形态的景观实践；理论源于景观考察；源于景观设计或实践；源于景观研究；总之基于文学、文学理论、艺术史、地理学等其他学科，理论不断被引入景观的研究中。[10]

让我感到惊讶的是在提出的众多（当然还有更多）关系中，有两种主流的关系模式，也因此文献中景观和理论之间的各种关系都可以用这两种模型中的一种来解释。第一个模型可以被称为"景观源于理论"，而第二个模型则与第一个相反，为"理论源于景观"。在第一个模型中，景观是一个关于思想或理论的问题，包括了根植或产生于文化、社会和意识形态中的思想。在第二个模型中，理论形成于通过一系列观察、批判、解释等方式进行描述和概括的基础。当然，对这两种模型来说，考虑的因素越少越简单，而且人们也不希望两者之间有绝对的区别。从景观中总结理论，当然受到已有意识形态和思想的影响，从理论中衍生出景观的概念，也必然从假定景观存在的客观事实开始。

但我认为问题在于景观和理论之间这两种主要关系模式——景观源于理论，理论源于景观——才使景观和理论之间保持了一种区别或二元关系，也意味着总有一方不是因就是果。景观要么源于理论，要么是理论的源，又或者两者兼而有之，但它绝不会仅仅是理论而已，它只是与理论有所关联。这意味着这两个术语——景观和理论——仍然有所区别，即便不是相互对立，但也总是以一种二元或成对的关系存在。对我来说，这是一个根本性问题，两个术语之间的关系是对"景观是理论？"这一问题明确驳斥的肯定回答。"是"所指的不完全或仅仅是一种关系，但也表明了两个术语相互联系在一起，更确切地说，是一种同一的状态，也正是因为这个问题隐含了动词"成为"（to be），它是英语语言中最多变和灵活的动词，不仅仅因为它是最没规则，事实上，正是由于没有规则，与众不同，才符合自身的语法或修辞特点。"成为"意味着"她是"（she is）或是主体的状态或行为如"她很冷"（she is cold）或"她在走路"（she is walking）。它是一个类似名词形式的动词，它隐含或定义的事物就如同它所暗指的行为一样（是什么东西，而不是什么东西在做什么）。换句话说，从语法的角度来说，"成为"既可以作为主语成分，也可以成为宾语成分：它是，它作为，它被作为。

然而，本文的目的是让"成为"构成一个非常强大的和煽动性的语言结构，因为它使人真正认识同一性问题，以思想实验的方式假设景观成为理论和理论成为景观这将意味着什么。更重要的是，采用这样的惯语形式，"景观是理论？"这一问题可以让人想象一些激进的东西：摆脱既定的思维方式。但事实上，这并不可能。自然，一旦被认知为自然，它就成为认知的一种作用，或者说，它要被指定为"自然"，就必须有指定者，景观也是一样。"景观"不能脱离人类感知者而存在，即使是一片原生态景观。当然，普遍认为"景观"是构成和定义的关系，表明景观本质上是与另一个实体或术语相关的，然后变成文化、社会和政治的一部分，成为人类感知的主题。毫无疑问，"景观"并不是世界上的孤立存在，而是通过人类的观察、理解和信仰进行认知和总结的结果。

从词源学来看，在近现代"景观"（与土地和自然相反）一词的出现指的是人类塑造、创造、界定或想象的领域，从一开始就隐含着一种审美活动。也就是说，景观作为一种事物的存在——真实的或表现的——正是因为有一个人类主体的审美或描绘。[11] 克劳德玻璃（Claude Glass）就是这方面的一种象征。一个小凸面镜，它可以让人进入一个收纳了自然"风景"的小空间。17—18世纪的画家和旅行者使用克劳德玻璃，以便他们可以看到一系列令人赏心悦目的自然风光或景观。威廉·吉尔平（William Gilpin）在英格兰和威尔士边界沿着瓦伊河的旅途中，采用了这种形式，表明了大自然是如何被组织成一幅风景画的（图11.5）。把景观认识或理解为一种概念、现象或人造环境是一种关联性的感受———种事物的思想，景观仅仅被作为一种在看与被看，主观与客观之间构建的一种关系存在——但这意味着景观学者只能以这种关系来看待和考虑景观吗？在这里，人创造和决定了景观的主体和意义。设想如果景观脱离了人类，很显然那也就意味着一种不可能的历史和现实，只要认真思考下，就明白人类–景观之间的交互对人和非人生物来说有多么重要。景观或自然的思想存在其自身之中，而与人无关，这样的理解很容易成为一种幻想，因怀旧、鼓动和欲望而造成各种改变。

但是如果我们退一步想——在过去的几十年里，人们认真地梳理理论和过去，构建了一个巨大的文化和历史，这同时也是景观从作为一个中立、透明简单的实体到作为一个复杂的视觉、社会和政治领域的重要进步[12]——试想景观能够脱离这种关系吗？景观在人类的感知、沟通或理论之前存在吗？使之成为可能需要什么样的条件？西蒙·斯沃菲尔德（Simon Swaffield）将景观的意义描述为"潜在关系的领域"。[13] 我们可能会接受他理解的这样一种潜在的关系，但这里没有恒定的人或观察者。其他景观学者也有同样的观点，尽管不是在字面意义

图11.5 威廉·吉尔平，威尔顿城堡废墟和怀河畔罗斯小镇附近的林岸风光，《对怀河和南威尔士几个地区的考察，如画风光》，1770年夏天完成，第二版（伦敦，R·布拉迈尔，1789年），铜版画，对面页第29页（London: R. Blamire, 1789）。美国普林斯顿大学图书馆稀有书籍珍藏馆，图书珍藏部

上体现。在景观领域，伊丽莎白·K·迈耶（Elizabeth K. Meyer）描述道"考古学——用术语本身来揭示现代景观的丰富性"，安尼塔·贝里斯贝蒂亚（Anita Berrizbeitia）阐述了一个公园如何自组织："因为它应对了社会需求的变化"，同时，声称"景观本身，是作为生活的媒介的事件。"[14] 同样，交叉学科景观都市主义将景观看作一种媒介，延续了汤姆·米歇尔（W. J. T. Mitchell）知名且影响广泛的框架，更具体地说，作为一种媒介，在建成环境中协调各种事物和实体之间的连接和交换。[15] 斯沃菲尔德指出"理论的历史根基和社会本质。"[16] 更进一步说，如果我们不认为人类起源是理论的根基呢？是否有可能将理论及其欣赏和理解的方式置于景观本身中，而不是在历史或社会中？哲学家兼科学史学家布鲁诺·拉图尔（Bruno Latour）长期以来一直主张废除社会与自然之间的界限，它让理论和现实之间缺少互动，而且这种废除界限（如果不是拉图尔想象的那样）可能会引发与自然界相关的理论设想。[17]"理论"（Theoria）一词，在古希腊时意味着"注视、欣赏、观看或注意"。如果"景观是理论？"的回答是肯定的，那么就要设想，当观看、欣赏和注视一种景观的时候会发生什么，同时它又是以什么样的方式引起我们的注意？其中有两个潜在可能，包括颠倒了主观-客观的关系，或者完全消除主观-客观的范式。两者都与图画式的景观相反——它把景观看成一种被创造、欣赏或表达的事物，且更倾向于将其看成一种可操作的形式，强调过程、规则和既有景观要素。[18] 这两者都源自动物，更具体地说，是动物的视角，一种与人类的视角截然不同的景观。

从文字和形象上来说，巴特拉姆对阿拉楚阿大草原的观察中动物显得十分突出。在这幅图像中它们是人类栖居的唯一象征，塞米诺尔人的原木和茅草屋顶似乎与这场景和意义无关。左下角的鸟盯着画外的观者，体现了它的感知自然天性；而在画面上方、下方和景观中跃跃欲试飞出右上方的三只鸟占据了画面的关键点，某种程度上似乎与复杂的构成和画面的比例相符合，就好像在飞行中它们一直看着前方，而不是旁观者。

因此，巴特拉姆的视角十分有趣，因为景观不仅讲述了大草原的各种信息，而且非常逼真。关键是，这不仅仅是巴特拉姆向观众展示了他们不可能感受到的东西，如场景中"种类繁多"（babble）的标记那样，而且这种景观正在以一种脱离或超出人类范畴的形式与观众进行对话。它是一种从高空鸟瞰的视角，但也包含地面的视角，这里的各个角度都是可见的，有顶部、底部、内部和外部。因为它们是基于场地的视角表达其自身，因此可以说，它包括了一切。更准确地说，景观可以被看成任何其他物质形态，如同它在此体现的那样包罗万象，正因为它表达的是自身。我认为这种包罗万象，是巴特拉姆提供了一种从非人类视角观察和了解景观的可能性。巴特拉姆的自然意识反映了当时社会对自然哲学的基本认识，能够很容易理解这种景观或当地居民认知自然界的方式，因为这个世界对他来说并非没有意义。动物和植物拥有意志和意愿，它们的行动和观察与人类一样深思熟虑，尽管与人类充满教导式的意图并不完全相同。

旅行笔记充满了植物和动物的特征，而不是隐喻。如观望、倾斜、到达、攀登、愿望、需求、邀请、渴望、反思、意图和观看，这是一系列充满意识的行为，而巴特拉姆将其看成权力、能力、冲动、感性或生命要素。[19] 需要强调的是，这并不是简单的拟人化惯用手法。巴特拉姆很好奇大自然拥有什么能力而变得与人类截然不同。作为一名探索被称为"欧洲裔美国人的新大陆"的科学家，他对所有认识这片土地的潜在方法充满兴趣，其中包括一种让动物或植物取代人类的中心地位的模式。

巴特拉姆在探险时期制作的另一幅大草原图画中，笔直的树木屹立在低地，表明了这种去中心化的迹象。在这个草图中，树木屹立在那里，看起来好像要看什么重要的东西，整装待发的姿态感觉好像它们自己有这种观看的能力（图11.6）。这些树与巴特拉姆其他图画中出现的鸟类，激起了一系列关于何为景观之眼或动物之眼视图的疑问。非人类的事物在做什么？在看什么？在思考什么？从这些问题的答案中我们有什么收获。巴特拉姆认真地考虑了这样一种观点，即在人类认知之前思考景观，并将景观看作自身或者其他非人类事物可能感知的事物，这可能会在想象、描述、构建和质疑美洲景观方面形成新的概念和疑问。如今，在两个多世纪后的思想背景中，我同样认真地考虑这个概念——从动物研究、后人类理论、人工智能的发展到超越人眼技术的扩散——这又一次把非人类的优势放在了前沿和中心位置。[20]

从今天自然科学的角度来看，美国自然历史实践者创造的自然形象就如巴特拉姆所描绘的那样，或像马克·卡特斯比（Mark Catesby）画的图片，常常以自然历史书中插图的形式展示动物种类的样例，往好的说只是看上去有点奇怪，往坏的说则是充满了想象（图11.7）。但在这些早期的插画家中，巴特拉姆是主要人物，他们并不是一群业余或经验不足的人。他们知道为什么在图画中要把世界描绘得看起来很奇怪。事实上，世界必须看起来很奇怪，因为它是基于一只动物或它的栖息地的视角，而不是人类。至少，这些画面构成了一种假象：艺术家展示的是可能一只动物会看到的东西。这种富有想象力的做法——从景观中的动物或景观本身的视角创造图像——形成了一种认知策略，它涉及用非人类的视角来取代人类。这些插图家并不是将大自然拟人化，而是以乌托邦的方式去除大自然的人性特征，观察和了解超越他们天生的视觉和认知能力以外的世界。

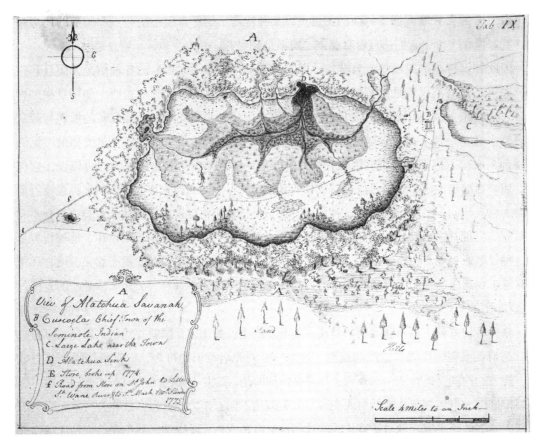

图11.6 威廉·巴特拉姆，《阿拉楚阿大草原，佛罗里达州东部》，1775，纸上钢笔墨线画。图片库，自然历史博物馆，伦敦

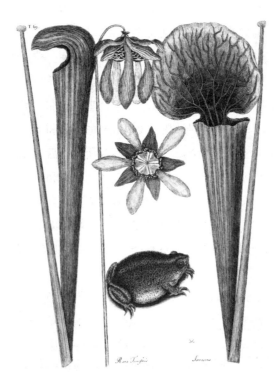

图11.7 马克·卡特斯比，"陆生蛙（Rana Terrestris），瓶子草（Sarracena）"，《卡罗来纳、佛罗里达和巴哈马群岛的自然史》，第二卷（伦敦，1731—1743年），图版69，手工彩色雕刻。美国普林斯顿大学图书馆稀有书籍珍藏馆，图书珍藏部

所以，巴特拉姆的景观图画突显出一种有趣的景观，不仅是因为它向我们展示了大草原，还因为它以一种景观的方式展示了事实，自成一体并且超越了人类认知。它向人类展示了他或她不可能感知到的事物，就像这个场景中"种类繁多"的标记那样，同时也提供了一种景观及其居民可能看到并把它概念化的景象。通过各种各样的图画和符号语言，它强调了作为一种充满活力群体的状态，每一个群体都代表着这片土地上丰富的生命力和组成，反之，每一个群体都反过来拒绝将场景描绘成纯粹的"画面"。人们无法作为一个亲身见证者真正看到过这种景观，也无法拥有它，巴特拉姆通过扭曲比例和放大图像的效果把观众吸引过来，只会让他们更加确信这一点。相反，如果要以一种轻松的方式看待事物，我们必须采用侧面或斜视的角度，而这是一个既不存在于内部景观，也不存在于外部景观的立足点，同时又很亲切，因为它介于一个观察者和参与者之间，是另一种视角，一种重要的景观。

当然在这个概念基础上还可能有另一种假设：景观作为理论家的概念，这种预设通过消除主体–客体范式提供新的模式、新的隐喻和新的审视对象。它也为我们带来一系列疑问。对于重要的问题"景观是做什么的？"现在还可以有其他疑问如：景观可以看到什么？景观在思考什么？景观或景观中的植物、动物如何让我们构建了理论？针对这些问题，什么样的答案可以让我们看到或了解景观作为一个实体和设计实践？正如我曾经所写的那样，如果景观理论已经成为所有事物必须考虑的理论，那么当景观理论化时我们能学到什么？

* * *

在19世纪80年代早期，美国艺术家温斯洛·荷马（Winslow Homer，1836—1910年）描绘了一个悲剧性的场景：一艘帆船在一个充满岩石且绿树成荫的海岸附近沉没，至少可以看到有一个人在水里漂浮着，也许是一个溺水男人的手，在竭尽全力自救之后指向天空（图11.8）。

图11.8 温斯洛·荷马，《一个溺水男人的视网膜》，1881—1882年，炭笔布纹纸，一册装，3¾英寸×4⅞英寸（8.5厘米×12.4厘米）。库珀–休伊特（Cooper-Hewitt），国立设计博物馆，史密森尼博物院/艺术中心，纽约，小查尔斯·萨维奇·荷马捐赠，1912–12–253

布纹纸上用石墨绘制的草图只是粗略的勾勒，但提供了足够的细节体现事件的真相。粗犷的铅笔描绘了水涡和帆船的残骸，石墨斜线描绘的沿着岩石脊生长的树木，比起详细和精美的插图这更能说明恐慌和混乱的残骸。荷马将铅笔有力地画在纸张上，使更深、更坚固体量的那些区域与其更轻、更快的笔迹形成鲜明对比，放大了景观的戏剧性效果。

水平线将沉船场景与其下方纸张的矩形空白区分开。紧接着这些线条之下，荷马为这幅图像写了一个标题："一个溺水男人的视网膜"（From the retina of a drowned man）。由于标题大概是为了表明观者是从水中的视角观看残骸——这是荷马所描绘的海景的典型特征——荷马的这句话提供了一种不可能的观看体验，很显然，一个溺水的男人从任何角度都看不到任何东西。人们可以推测，荷马使用"视网膜"（retina）这个词来描述一个在水中有利的位置——并不是一个特别有意的选择——是被说服或者至少对这个概念感兴趣，这个概念在19世纪下半叶到20世纪都很流行，其他人可以看到死者生前所见的留在视网膜上的最后一幕场景。[21]1888年一位匿名作者给《纽约先驱报》（New York Tribune）的编辑寄了一封匿名信，标题为"脑图片：一张照片——生理学的发现"（Brain Pictures: A Photo-Physiological Discovery），描述的现象如下：

> 几年前，科学界对一系列实验的结果感到吃惊，这些实验旨在检验这一理论，即在短暂的时间间隔内，眼睛在视网膜上保留了它在生命终止的最后一个物体——换句话说，这是一种在器官上形成的图像，如果用放大镜快速检查，可以清楚地识别出来。据称，由于证据确凿，一名刺客在法国被定罪，凶手的形象被发现深深地印在受害者的眼睛上，而后者则是被谋杀者的武器打倒……如果这种发现有实际意义，如果未来的文学家能够从死后留下优秀的诗歌、隐含的观点、"烧毁信件"的内容、被掩藏的家庭秘密或生命奥秘中提取出线索来，这将是科学界巨大的成就。[22]

正如这段话表明的那样，视网膜残留图像的发现被认为与多个领域有相关性，包括科学、犯罪学和法理学。基于他的绘画判断，荷马可能了解基于各种渠道来源，包括文学作品和流行小说的"视网膜成像"（optograms）理论，而这种想法可能正是因为他专注于他的绘画作品，以及生命和死亡的基本问题吸引了他（图11.9，图11.10）。

鉴于这种流行科学的背景，荷马在他的视网膜承载死后图像的标题中的解释意味着他对海难的描绘更加突出了这种不可能的视觉：看到一个已经死了的男人，而严格来说它是一个不可见的实体，并且看到他或她死前在眼前发生的事情而不是自己。像巴特拉姆一样，荷马的绘画为观众提供了一种非人类的视角，这种视角不可能通过充满想象的娱乐或表现的人类拯救来实现，如同巴特拉姆设想的动物视角和荷马设想的视网膜图像（人们甚至可以将荷马的绘画视为两次筛选的表达——不是所看到的事件，而是由个体的光学器官记录的事件图像）。这两幅绘画都试图表现不可见的事物，并且两者都是基于一种非人的视角。

巴特拉姆的图画充满了生命和可能性，它的错综复杂似乎造成了主体和客体关系的瓦解以及暗淡的人类乌托邦前景，而荷马所创作的非人视角绘画，替代了人类视觉，展示在一种暴力和残骸的景观环境中。它使我们认识到巴特拉姆对感知能力的把握超越了人类自身，对美国领土的描绘不仅将自然历史科学化，同时也经济化和政治化。正如高迪奥（Gaudio）和克里斯多

图11.9　温斯洛·荷马，《鲱鱼网》（The Herring Net），1885年，布面油画，30⅛英寸×48⅜英寸（76.5厘米×122.9厘米）。芝加哥艺术学院，马丁·A·赖尔森夫妇收藏，1937，1039，摄影©芝加哥艺术学院

图11.10　温斯洛·荷马，《生命线》（The Life Line），1884年，布面油画，28⅝英寸×44¾英寸（72.7厘米×113.7厘米）。费城艺术博物馆，乔治·W·埃尔金斯收藏，1924

夫·卢比（Christopher Looby）等学者所阐明的那样，巴特拉姆的绘画揭露了许多帝国主义开发项目和欧洲人对土著居民的态度。[23] 即使在人类认知和物质权威的束缚下，这种动物视觉也否认了人类的存在，尤其是新大陆的白人。换句话说，动物视角，或视其为一种景观，构成了超视觉和超知识的幻想（当然，它总是被怀疑和错位的阴影所加强），但它最终还是把人类群

体从一个社会和政治的等式中剔除了。取代人类可能是一种自然哲学的策略，但它也是一种政治博弈，其中一个非常重要的是在现实环境中取代人类，并将责任推给他们。巴特拉姆对景观的定位同时包含了主体和客体——我已经从语法角度讨论了"景观是理论？"这个短语来阐述新的景观理论的可能性——也可以理解为是一种澄清，将主体媒介转移到景观上，使修辞和政治行为变得理所当然，而这一景观也承载着它自己应该承担的责任。巴特拉姆绘画的魅力同时体现在它是动物或风景的化身，以及它对人类存在和干预的否定。巴特拉姆大草原绘画中无人居住的塞米诺尔人住宅充当了这种否定的隐喻，空洞而小巧的圆木和茅草结构是为了强调印第安人消失的自然性，并非证实土著居民的存在。因此，这幅图画具有了造物主的品质——它看起来似乎是对非人类创造的景观的一种解释——仿佛18世纪后期构成社会政治学的自然历史就是自然本身。荷马的死人视角提醒人们，就像本文的思想探索所假定的那样，动物视角、景观视角与景观理论化的假设可以导致同样的启示和困惑，洞察和反思帝国主义的野心与盲目。荷马草图中的水平线将沉船的场景与其补充的修辞和提要区分开来，作为从一侧跨越到另一侧的危险象征，而向左一点，可以发现荷马向左倾斜的笔迹，偏离了景观作为一个操作和工具实体的思想，并且通过一种毁灭性的回归，用自己的形象塑造景观。

注释

1 Edward J. Cashin, "The Real World of Bartram's *Travels*," in *Fields of Vision: Essays on the* Travels *of William Bartram*, ed. Kathryn E. Holland Braund and Charlotte M. Porter (Tuscaloosa, FL: University of Alabama Press, 2010), 4.

2 Paynes Prairie Preserve State Park: The Great Alachua Savannah (Tallahassee, FL: Florida State Parks, 2007), n.p.

3 Peter Nabokov and Robert Easton, *Native American Architecture* (Oxford: Oxford University Press, 1989), 115–120; Craig T. Sheldon, Jr., "Where Bartram Sat: Historic Creek Indian Architecture in the Eighteenth Century," in Braund and Porter, *Fields of Vision*, 137–168.

4 For further discussion see David Knight, "Scientific Theory and Visual Language," in *The Natural Sciences and the Arts: Aspects of Interaction from the Renaissance to the 20th Century—An International Symposium* (Stockholm, Sweden: Almqvist & Wicksell International, 1985), 106–132; Sue Ann Prince, ed., *Stuffing Birds, Pressing Plants, Shaping Knowledge: Natural History in North America, 1730–1860* (Philadelphia, PA: American Philosophical Society, 2003); Therese O'Malley and Amy R. W. Meyers, *The Art of Natural History: Illustrated Treatises and Botanical Paintings, 1400–1850* (Washington, DC: National Gallery of Art, 2008); Lorraine Daston and Elizabeth Lunbeck, *Histories of Scientific Observation* (Chicago, IL: University of Chicago Press, 2011); Amy R. W. Meyers, "From Nature and Memory: William Bartram's Drawings of North American Flora and Fauna," in *Knowing Nature: Art and Science in Philadelphia, 1740–1840*, ed. Amy R. W. Meyers (New Haven, CT: Yale University Press, 2011), 128–159; and Margaret Pritchard, "A Protracted View: The Relationship Between Mapmakers and Naturalists in Recording the Land," in Meyers, *Knowing Nature*, 8–35.

5 I discuss these conventional features of landscape representation at length in *George Inness and the Science of Landscape* (Chicago, IL: University of Chicago Press, 2004), chap. 4.

6 Cashin, "The Real World of Bartram's *Travels*," in Braund and Porter, *Fields of Vision*, 4; Judith Magee, *The Art and Science of William Bartram* (University Park, PA: Pennsylvania State University Press, 2007), chaps. 6–9.

7 Michael Gaudio, "Swallowing the Evidence: William Bartram and the Limits of Enlightenment," *Winterthur Portfolio* 36/1 (Spring 2001), 1–17. For a related discussion of Bartram, see also Christopher Looby, "The Constitution of Nature: Taxonomy as Politics in Jefferson, Peale, and Bartram," *Early American Literature* 22/3 (1987), 252–273. Looby compellingly characterizes the preponderance of lists in Bartram's *Travels* as a form of incantatory or ritual prophylaxis, a repeated recourse to visible matter underpinned by an

insistence that the design of nature might be known through its surfaces (258). For an account of the textual form of the *Travels*, see Stephanie Volmer, "William Bartram and the Forms of Natural History," in Braund and Porter, *Fields of Vision*, 71–80.

8 William Bartram, *Travels through North and South Carolina, Georgia, and East and West Florida* (London: J. Johnson, 1792; Charlottesville: University Press of Virginia, 1980), 171–172.

9 Rachael Z. DeLue, "Introduction: Elusive Landscapes and Shifting Grounds," in *Landscape Theory*, ed. Rachael Z. DeLue and James Elkins (New York: Routledge, 2008), 3–14.

10 For recent and not-so-recent discussion of the state of landscape studies and landscape theory, see DeLue and Elkins, *Landscape Theory*; Simon Swaffield, "Introduction" and "Conclusion," *Theory of Landscape Architecture: A Reader*, ed. Simon Swaffield (Philadelphia, PA: University of Pennsylvania Press, 2002), 1–6, 227–230; James Corner, "A Discourse on Theory I: 'Sounding the Depths'—Origins, Theory, and Representation," *Landscape Journal* 9/2 (Fall 1990), 61–78; Corner, "A Discourse on Theory II: Three Tyrannies of Contemporary Theory and the Alternative of Hermeneutics," *Landscape Journal* 10/2 (Fall 1991), 115–133; and Peter Howard, Ian Thompson, and Emma Waterton, *The Routledge Companion to Landscape Studies* (New York: Routledge, 2013).

11 For concise discussion of the etymology of the term "landscape" see Kenneth R. Olwig, "The 'Actual Landscape,' or Actual Landscapes?" in DeLue and Elkins, *Landscape Theory*, 158–177.

12 Exemplary publications in this regard include Gaston Bachelard, *The Poetics of Space*, trans. Maria Jolas (Boston, MA: Beacon Press, 1969); Jay Appleton, *The Experience of Landscape* (New York: John Wiley, 1975); Barbara Novak, *Nature and Culture: American Landscape Painting, 1825–1875* (New York: Oxford University Press, 1980); William Cronon, *Changes in the Land: Indians, Colonists, and the Ecology of New England* (New York: Hill and Wang, 1983); Denis E. Cosgrove, *Social Formation and Symbolic Landscape* (London: Croom Helm, 1984); John Brinckerhoff Jackson, *Discovering the Vernacular Landscape* (New Haven, CT: Yale University Press, 1984); Henri Lefebvre, *The Production of Space*, trans. Donald Nicholson-Smith (Oxford: Blackwell, 1991); W. J. T. Mitchell, ed., *Landscape and Power* (Chicago, IL: University of Chicago Press, 1994); and Elizabeth K. Helsinger, *Rural Scenes and National Representation: Britain, 1815–1850* (Princeton, NJ: Princeton University Press, 1997).

13 Swaffield, "Introduction," in Swaffield, *Theory of Landscape Architecture: A Reader*, 5.

14 Elizabeth Meyer, "Situating Modern Landscape Architecture," in Swaffield, *Theory of Landscape Architecture: A Reader*, 30; Anita Berrizbeitia, "Scales of Undecidability," in *CASE: Downsview Park Toronto*, ed. Julia Czerniak (Munich: Prestel Verlag, 2001), 122; Anita Berrizbeitia, "Re-Placing Process," in *Large Parks*, ed. Julia Czerniak and George Hargreaves (New York: Princeton Architectural Press, 2007), 192.

15 Mitchell, *Landscape and Power*, 5; see also Anne Whiston Spirn, *The Language of Landscape* (New Haven, CT: Yale University Press, 1998). For a useful review of landscape urbanism see Charles Waldheim, "Landscape as Urbanism," in *The Landscape Urbanism Reader*, ed. Charles Waldheim (New York: Princeton Architectural Press, 2006), 35–53.

16 Swaffield, "Introduction," 1.

17 See for example Bruno Latour, "Crisis," *We Have Never Been Modern*, trans. Catherine Porter (Cambridge, MA: Harvard University Press, 1993), 1–12; and Latour, *Politics of Nature: How to Bring the Sciences into Democracy*, trans. Catherine Porter (Cambridge, MA: Harvard University Press, 2004).

18 For further discussion, see James Corner, "Representation and Landscape: Drawing and Making in the Landscape Medium," *Word & Image* 8/3 (1992), 243–275; Julia Czerniak, "Challenging the Pictorial: Recent Landscape Practice," in *Assemblage* 34 (December 1997), 110–120; Clare Lyster, "Landscapes of Exchange: Re-articulating Site," in *The Landscape Urbanism Reader*, ed. Charles Waldheim (New York: Princeton Architectural Press, 2006), 219–237; and Jill Casid, "Landscape Trouble" and Robin Kelsey, "Landscape as Not Belonging," in DeLue and Elkins, *Landscape Theory*, 179–187, 203–213.

19 See for example Bartram, *Travels*, xiv, xv, xvii, xxi. Gaudio discusses Bartram's characterization of the volition of plants in "Swallowing the Evidence."

20 For relevant literature see Gilles Deleuze and Félix Guattari, *A Thousand Plateaus*, trans. Brian Massumi (Minneapolis, MN: University of Minnesota Press, 1987), chap. 10; Joel Snyder, "Visualization and Visibility," in *Picturing Science, Producing Art*, ed. Caroline A. Jones and Peter Galison (New York: Routledge, 1998), 297–306; Donna Haraway, *Simians, Cyborgs, and Women: The Reinvention of Nature* (New York: Routledge, 1991); Haraway, *When Species Meet* (Minneapolis, MN: University of Minnesota Press, 2008); Lynn Gamwell, *Exploring the Invisible: Art, Science, and the Spiritual* (Princeton, NJ: Princeton University Press, 2002); Cary Wolfe, *Animal Rites: American Culture, the Discourse of Species, and Post-humanist Theory* (Chicago, IL: University of Chicago Press, 2003); Lorraine Daston and Gregg Mitman, ed., *Thinking with Animals: New Perspectives on Anthropomorphism* (New York: Columbia University Press, 2005); José van Dijck, *The Transparent Body: A Cultural Analysis* (Seattle, WA: University of Washington Press, 2005); Nato Thompson, *Becoming Animal: Contemporary Art in*

the Animal Kingdom (North Adams, MA: MASS MoCA, 2005); Louise Lippincott and Andreas Blühm, *Fierce Friends: Artists and Animals, 1750–1900* (London: Merrell, 2005); Caroline A. Jones, ed., *Sensorium: Embodied Experience, Technology, and Contemporary Art* (Cambridge, MA: MIT Press, 2006); Martin Kemp, *Seen/Unseen: Art, Science, and Intuition from Leonardo to the Hubble Telescope* (Oxford: Oxford University Press, 2006); Kemp, *The Human Animal in Western Art and Science* (Chicago, IL: University of Chicago Press, 2007); Diana Donald and Jane Munro, eds, *Endless Forms: Charles Darwin, Natural Science, and the Visual Arts* (New Haven, CT: Yale University Press, 2009); Cary Wolfe, *What is Posthumanism?* (Minneapolis, MN: University of Minnesota Press, 2010); and Joan B. Landes, Paula Young Lee, and Paul Youngquist, eds, *Gorgeous Beasts: Animal Bodies in Historical Perspective* (University Park, PA: Pennsylvania State University Press, 2012).

21 See Arthur B. Evans, "Optograms and Fiction: Photo in a Dead Man's Eye," *Science Fiction Studies* 20/3 (November 1993), 341–361; Andrea Goulet, "Retinal Fictions: Villiers, Leroux, and Optics at the Fin-de-siècle," *Nineteenth-century French Studies* 34/1/2 (Fall–Winter 2005–2006), 107–120; Goulet, "Blind Spots and Afterimages: The Narrative Optics of Claude Simon's Triptyque," *Romantic Review* 91/3 (May 2000), 289–311.

22 R., "Brain Pictures: A Photo-Physiological Discovery," *New York Tribune* (January 15, 1888), 6.

23 Gaudio, "Swallowing the Evidence"; Looby, "The Constitution of Nature." For further discussion of the colonial and imperial contexts of Bartram's travels, see Magee, *The Art and Science of William Bartram*, chap. 7; Cashin, "The Real World of Bartram's *Travels*," in Braund and Porter, *Fields of Vision*, 3–14; Sheldon, Jr., "Where Bartram Sat," in Braund and Porter, *Fields of Vision*, 137–168; Charlotte M. Porter, "Bartram's Legacy: Nature Advocacy," in Braund and Porter, *Fields of Vision*, 221–238.

第12章

景观是哲学?

凯瑟琳·摩尔（Kathryn Moore）

我们失去了与景观的重要联系，一种在我们日常生活和文化背景中审视和理解其深远意义的方式。这种认知差异的产生是因为遵循了西方思维主导的理性主义范式，这种概念性的空白导致了景观在21世纪所面临的诸多挑战。而另一种哲学思维则认为，重新关注物质性并重塑公众与土地的关系将是一个解决问题的重要途径，但这需要哲学充当一个有别于以往的角色。本章将阐述一种新的思考景观、感知和设计的方式，开启一个新的语篇，不再通过哲学去掩盖与建筑环境有意义的碰撞。这将有助于扩展景观的定义，将景观作为一种实现更好生活品质和可持续发展的重要手段。

对感知的重新定义

这项工作的主要前提在《超越视觉——解密设计艺术》（*Overlooking the Visual Demystifying the Art of Design*）一书中已经被提出（Moore，2010）。该书重新定义了感官与智力的关系，认为感知不仅仅是接近于智力，更是智力的一部分。并提出了一种与众不同的世界观，一种完全不同的概念化的感官，挑战主流的理性主义范式。这种新的方法不用在不同的思维模式之间跳跃，也不认为存在有本质区别的不同类型的真理以及前语言思维的起点。

当代文化论争即对普遍存在的真理的质疑，首次集中在了知觉领域，通过一种切实的途径去质疑那些基本信念的本质。[1]17世纪以来，西方文明一直被感知界面（sensory interface）或思维方式这一灾难性的概念所困扰，建立一种全新的哲学观点，全面的质疑感知界面或思维方式的存在对目前的认知理论和认识论来说是不可或缺的。

这一激进的举措超越了二分式的结构，而二分式的结构习惯性地去划分事实和价值，自然与文化、艺术与科学、语言和情感。重新定义设计的本质，并与艺术与美学的感受相结合，为艺术教育提供了一个坚实的概念和艺术的基础。这一观点剥离了感知中形而上学的部分，将设计过程解释为一种尝试而不是神秘的经验，允许我们更加理智地去讨论设计。但更为重要的是，这种景观与哲学关系范式的转变带来了物质性的回归。

目前，景观与哲学的关系并不融洽，这种关系被景观严重地贬低了。对某些人而言，景观是一种哲学也是一种生活方式，但显然对另一些人而言，他们对其自身学科也有同样的感觉。从实用主义的角度来看，景观所传播的并非真正的哲学，而更像是杜威所言的一种"道德秘诀"[Dewey（1934）1980：319]。对于我们现有生活方式的评判，往往基于旧的价值观和以往的经验，是对以往生活方式的怀念。"渴望从过去的时代中恢复旧观念"被认为是"从现在的邪恶状态中救赎社会的必要条件"（Dewey [1934] 1980：319）。

景观并不比诗歌或数学更加哲学。但像诗歌和数学一样，景观与哲学息息相关。我们所秉持的信念与价值观，我们所偏好的"哲学"，决定了我们的世界观。穷其一生的探究，有时随意，有时专注，沉思、冥想或者仅仅只是为了弄清事实。它可能不是一种清晰的表达，并且我们可能也没有意识到，我们对事物的感知程度受到无数假设和偏见的影响。但这些支撑着我们的预感、直觉和判断，构建了我们对景观的看法和体验，以及对未来的想象。

理性主义范式

这些假设深深地植根于那些支撑理性主义哲学的神秘信条之中，是所有感知材料理论（sense datum theories）的基础。所有的这些假设都需要一个无意识理解的"隐藏层"来指导我们完成整个过程。作为一个感知界面，它有不同的形式，例如黑箱、独立思维模式、触觉、视觉、经验、心灵的眼睛、创造力、潜意识以及一些可能隐藏于认知之下的东西。这些形式都是这一主题的不同变体，它像一块帷幕，放置在我们"在这里"（in here）和世界"在那里"（out there）之间。这正是身体和心灵之间长期以来存在二分思想的原因。尽管过去几十年间我们一直在努力消除这种二元性，但它仍然十分顽固地存在。这种二元思想"众目睽睽"地隐藏在感知材料理论中，通过文化习惯、传闻轶事和谚语等被一次又一次地重新散布。实际上，这种思想之普遍，以至于更多的被认为是一种生活方式、一种事物的本质或简单的常识，而非另一种看待世界的方式。它深植于认识论的基础之中，在教师、教育体系和课程中被制度化，理性主义也渗入文化话语中，影响我们的判断和决策，这是十分令人震惊的。

理性主义扭曲了知识的概念，对智力的定义过于狭隘，歪曲了语言、情感和视觉的作用，这对于许多艺术和科学学科产生了毁灭性的影响。知与行，理论和实践之间鸿沟的存在与加深，不断削弱我们对物质和经验的理解。

理性主义的探索往往倾向于深入杜威所宣称的二元知识理论的某个方面。它们虽然拥有自己话语与议题，但受到共同的哲学思想的束缚。另一方面是实证主义，探寻和推定"真理"的存在，是内在、中立客观和相对主义的，是二元体系中价值观和主体性的那一面，追求本质、原型和意义。它被认为是理性主义的对立面，但实际上它们是同一枚硬币的两面。

实证主义观点所提供的确定性是十分引人注意的，但是它通常灾难性地与经济利益、功能性和最低公共标准等结合在一起，助长了一种简单化和破坏性的行为，即对景观进行细碎的分类、测量和描述。这也就是为什么景观被分割成不同的部分，许多机构、非政府组织和部门的责任通常被认为是解决生物多样性、生态和技术中某一方面的问题，"此类进步"被认为有助于"缓解"发展所带来的影响。

哲学的消亡

在这种还原方式的主导下，景观已经从一种高度复杂、象征性、强大的经济和文化资源转变为一种对于自身的简单模仿。单调、平庸、毫无特色、没有吸引力，也无意义可言，景观被认为无非是高速公路、建筑物、乡镇和城市之间被遗留下的、等待被利用或被装饰的土地。

除了设计和管理公园和花园，景观常常被视为"景观美化"（landscaping），只是在空间决策不佳的地方做做修补和美化，或者为了缓和失调的城市功能而妄用的绿色饰面，再或是在主要经济决策之后仍然有多余的钱而进行的附加项目。与之相反，景观咨询委员会包括工程师、景观设计师、规划师、建筑师和测量师，所有人都相互平等地在一起工作，共同确定一些大型设计项目的最佳方案，如英国伦敦与伯明翰之间的M40高速公路等。这个委员会在撒切尔执政年间被裁撤。我们也许永远无法清楚地知道这一决定所造成的危害。

在毫无意识的情况下，景观已经被引入技术的死胡同。我们拥有可以被量化或识别的细节，包含各种组成元素及其标准，却失去了创意、经验、表达和形式，这是一个危险的易于拿起却很难放下的习惯。即使是在可持续发展议题以及当前重塑田园城市的讨论热潮中，一些新的观点也很容易被忽视。讨论更多地集中在空间标准、各种技术和修复问题上，而不是从地理位置、文化背景和更广泛的社会关注等方面去认真地理解场地。如果在未来25年我们能够拥有更长远的愿景，而非永远都在修补，那景观会是什么样子？给人的感觉又会如何？不断修补的原因在于缺乏知识和远见。

遗憾的是，景观同样被主观主义的论点所拖累。从这一角度进行的哲学探究也同样会受到影响，这是由于对感知无意识、潜意识的原型结构、普遍的深层真理或场所的本质等问题的探究必然没有结果。事物背后的逻辑以及对事物的感觉显然并不取决于看到了什么，而是在于不经思考而感受或理解的东西。这是对事物意义的探寻，并非物质的表现。这使得所看到的东西显得多余和无关紧要，甚至更为糟糕的是，看到的东西成为一道障碍，阻隔在你和那些真正存在于表面之下的东西之间。这正是科斯格罗夫（Cosgrove）所认为的"后结构主义最过分之处在于，仅仅将景观视为一种拟象，与物质世界和现实社会实践并无任何联系"（Cosgrove，1984：xxvii），我们如同遮蔽着双眼行走在风景中。

这些观点对设计理论与实践产生了广泛的影响。设计过程中的各个要点通常被认为是一种视觉的思维模式，也因此被视为与生俱来的、主观的并且无法教授。这种奇怪而苛求的观点对那些努力取得空间及视觉媒介相关专业学位的学生而言不仅无益而且也十分不公平。老师和学生都应该意识到，对视觉的理解和使用是至关重要并且相当基本的，如同学习阅读与写作一样。《超越视觉》（*Overlooking the Visual*，Moore，2010）一书给出了这样一种建议：我们所看到的东西，取决于我们所知道和我们所学习的东西，换而言之，就是我们被教授的东西。这不仅适用于设计，而且适用于所有学科。这是教育，而不是黑魔法。

罗蒂（Rorty）解释说：从20世纪起，哲学家提出语言本身就是我们与世界之间的一种缓冲，换句话说，又是一种解释性的面纱（Rorty，1999：24-25）。这正是戈尔德施米特（Goldschmidt）所说的"全面的语言帝国主义"（Goldschmidt，1994：159）和斯塔福德（Stafford）所说的"当代思想中'语言学转向'"所导致的"用知识能力来辨识作品"（Stafford，1997：5）。[2] 哲学家不再讨论体验而开始讨论语言。人文学科提供了丰富的资源来修饰这一有些营养不良的学科，而设计理论学者也热切于采用这一方法。但是问题在于，这项工作似乎是高度理论性和复杂性的，它通常满是术语、模糊晦涩和自我指涉，因此也更严肃和有价值。但不论这项工作看起来多么高不可攀和困难重重，它仍然受时尚和时代潮流的影响。然而，更为重要的是，在设计理论中，它提供了一种将物质性和经验推到议事日程上的方式。这是纯粹的理论。并非巧合的是，为了推动设计学科的发展，最近有人提出，鉴于数字技术的进步，学科的架构不再需要依赖人文学科（AHRA，2014）。这是对这一问题的共识吗？如果是，是否有解决的办法。

理性主义给我们的环境带来了消极的影响，我们每日生活和工作的场所被忽视，一些极为重要的资源都被随意地处置。只要思考所有那些失去的常识，便可以看到，从某种意义上说，景观就是哲学的体现。例如，2008年英国蒂克斯伯里（Tewkesbury）洪水的照片，非常清晰地显示出，中世纪的僧侣非常准确地知道，如果想在洪水季节不被淹没该在什么地方进行建造，应该朝向高的地方，朝向中世纪教堂的方向。维多利亚时期的铁路工程师对地貌、地址和水文的变化模式做出了精确的应对，以确保安全有效的排水。现在，我们似乎将景观视为无限的资源。我们在极具价值的沼泽地里处理垃圾，将农地铺设成太阳能板，用复制粘贴的方式将上海的部分规划应用在伯肯黑德（Birkenhead）的总体规划上，日本在地质断层线上建立电站，墨西哥在悬崖峭壁上安顿家园。我们在瑟罗克（Thurrock）毫无防洪设施的泰晤士河的洪泛区上修建城镇，在水源有限的沙漠中建设大型城市。我们分析问题的优先顺序错误至极，以至于我们因为费用问题，考虑砍掉莱斯特（Leicester）一条标志性大道上拥有150年树龄的"问题"树木，而不是抬高路面。我们选择了更低花费的选项，却失去了树木！在技术暴力面前，地理的敏感性和专业知识越来越被忽视。关注点在于过程而非知识，在于核查表而非体验。这与毫不费力的数字化技术一起操纵了结构和空间，使我们忽略了景观，选择了快速建造。实际上，任何事情都是有可能发生的！忽略大尺度水文、地貌、气候和文化系统的动态看似合理甚至有益。

我们不再意识到，景观在日常生活中起着塑造身份、文化、自信和价值的关键作用。脱离了那些构成场所感的东西——我们生活的背景和经验、故事和神话、记忆和庆典，而这些被认为是可以自我延续的，如此的做法也被认为是理所当然的。景观的潜力、复杂性和价值也因此常常在开发过程中被忽视。我们认为那些客观的物体是既有的存在，是城市、绿色、蓝色或灰色之外，可以被体验、感受和欣赏的美好的地方。但最终，它们所面临的是被利用甚至滥用，被人工或者机械清除。

景观的新面貌

现在，批判这种文化破坏行为的浪潮已经十分明显。例如，伊恩·奈恩（Ian Nairn）的评论"让公众及规划者相信今天英国发生的事情是多么令人惊恐"（Nairn，1964）以及费尔布拉泽（Fairbrother）所说的"新生活，新景观"（Fairbrother，1972），后者提出了"停止随意的和欠考虑的现代发展"（Fairbrother，1972，封面），引起了人们对英国城市和乡村被无止境掠夺的关注。这些文章要求我们去审视所发生的事情。观察并理解我们所处的环境，并做出具有批判性的、明智的判断。

一些评论家如丹尼斯·科斯格罗夫（Denis Cosgrove）、西蒙·沙马（Simon Schama）、乔纳森·米德斯（Jonathan Meades）和保罗·谢菲尔德（Paul Shepheard），用他们各自独特的方式展现了景观丰富的文化和社会意义。科斯格罗夫曾以文章回应20世纪70年代到20世纪80年代："影响深远的失败……学科的一致性、科学方法和验证、客观性和知识的策略"，文章还解释了地图和绘画中显而易见的象征性、社会性和经济思想，并阐述了他所谓的"风景观"（landscape idea）。他在后续版本的序言中写到，他所关注的主要是景观意象对政治、经济和权力的表达，而非景观的审美和情感特质（Cosgrove，1984：××）。

沙马提到，"在我们惯常的视线范围之外探寻，以恢复那些掩藏在表面之下的神话和记忆"，这使我们与景观的关系更加真实（Schama，1996：14）。他解释到，"《景观与记忆》（*Landscape and Memory*）所试图阐述的是：一种观看的方式，重新发现那些我们已经拥有，但不知为何又不为我们重视和欣赏的东西。是尝试着寻找一些东西，而不是对我们所失去的东西的另一种解释"（Schama，1996：14）。他对严重忽视景观的倾向十分关注，他曾提到：

> 当提出这种新的观看方式的时候，我意识到这比学术的狡辩更为重要，如果整个西方景观史确实是一个无意识的类群，如同机械所操控的世界一般，没有复杂的神话、隐喻和象征，衡量价值的是测量的结果而非记忆，我们的创造力就是一种悲剧，那么我们的确是被困在了趋于毁灭的机械中。

沙玛（Schama），1996：14

乔纳森·米德斯极力将我们带回到寻常景观之中。面对这些奇怪的、被忽视的、晦涩的、朴实的、有争议的景观，他详细记录了那些他访问的地方："深深眷恋着英国的一些地方，这些场所的氛围，它们存在的原因，它们的感染力，它们给居住其中的群体带来的启迪，尤其是它们所传达出来的种种思想。"他补充道："如果你凝视它足够长的时间，一切都会变得很奇幻，很有趣。这里没有一个地方是无聊的"（Meades，2012：p xiii）。

谢泼德认为，在过去一百年中科学已经处于领先地位，我们对世界的理解是由"无形的力量：量子物理学、相对论、遗传学和进化论"所塑造的。这四种当代的理论框架被称之为"黑暗知识"，它们无法被看见或被感知，正如他所说的为什么"我们所经历的世界与我们所知晓的世界是不同的"。他认为"物质世界似乎已经变得形而上学"，他带我们以"一种朝圣的历程，通过这个无形的荒野的旅程，穿越着重塑之后的形而上学与世俗世界相互冲突而产生的混乱"（Shepheard，2013）。

这些学者和评论家工作的一个重要方面是摆脱文学理论的束缚。这是我们可以学习的地方。他们的很多文章从世界各地的不同学科和组织的角度反映了景观的快速增长。将这些深思熟虑，富有想象力的评论与实践结合在一起，不仅可以作为解读的背景，而且还可以对实践有所启示，即景观和哲学如何实现更为有益的共生关系。但是在传统认识论背景下，这种情况根本不会发生。我们需要进行一次彻底的革命，即通过感知的解释性定义对我们目前所依赖的许多假设进行重构。超越视觉的限制，重新定义设计的过程，更加仔细地审视景观与哲学的关系。

哲学的新角色

景观可以从很多不同的方面来描述，例如，它的生态多样性、植物或文化意义。景观的演变、空间结构、经济价值以及众多的叙事展示出了它的历史和传统，也展现了景观对我们的影响以及我们对于未来的期望。这就是景观的概念，也就是说与其物质性相关的，作为个人、群体和国家与景观的关系，它不仅仅是一个抽象的学术概念，不仅仅只简单地关注于技术细节，而是一个囊括全部的整体。这种整体观与我们强迫性地去分析各个组成部分的习惯形成了鲜明的对比。

以整体性的方式理解物质性改变了我们所有的观念。我们与场所的关系不可避免地受到知识、情绪和语境的影响，我们所处的位置不是"在那里"对这个世界冷眼旁观，而是作为这个世界不可或缺的一部分。我们不仅是与景观密切相关，我们是景观的一部分，无法与之脱离，它就如同我们呼吸的空气。这使我们摆脱了客体、主体的二分法，不再需要去调和那些不可调和的东西。

从这个角度来看，景观不仅关注乡村或遗产，也不仅是物质实体。它是我们的价值观和记忆，是我们对于场所的体验，是我们的文化和身份。这是一个更有力、更具启发性的想法。景观是从乡村到城市，到世界上最偏远的角落，它围绕着我们，被我们观看和体验，反映出我们的信念和抱负，并通过形式表达出来。这一引人注目的景观新概念带来了一场开放式的讨论，它鼓励我们用不同的方式去表达我们生活的社会、文化和物质环境。

在设计研究方法论的背景下，"探索从明确的模式转向多种可能性"（Moore，2013b），通过帕特南（Putnam）所谓的"保守的形而上学与不负责任的相对主义之间的道路"（Putnam，1999：5），研究对感知的重新定义是如何挑战那些哲学研究的本质的。这意味着不必再局限于某一角度，让我们从自然或文化、科学或艺术、理论或实践，价值判断或定量这些无休止的争论中解脱出来。理论和哲学不一定一开始就是形而上学的，还有其他的选择。理论不一定要依赖于法国或德国的哲学、语言哲学、身份的概念、差异、自我、主体、真理或理性，也不一定要包含那些让人难于接受的复杂术语或抽象语言。

长期以来一直有一种倾向，认为哲学是"一种称之为理性的特殊能力"或者"文化整体中……居首的位置"（Rorty，1999：xxi）。我们把它高悬于台架上，把它牢固地锁在象牙塔中，只有少数特权的人能拥有解开它的钥匙。但是这个特别的学科与其他学科有什么不同？是什么让它更高尚、更智慧？从实用的角度来看，没有任何理由表明一种探索会比另一种探索更有依据或有价值。

在此基础上，哲学只是另一种话语，可以付诸实践，可以是未来规划和决策制定过程中的关键部分。罗蒂（Rorty）指出了哲学的重要作用，解释了霍布斯（Hobbes）、洛克（Locke）、马克思（Marx）和杜威（Dewey）如何"通过讲述发生了什么以及希望在未来发生什么，来制定社会现象的分类法则，并设计批判现有体系的概念工具"，这与他所说的将语言哲学作为哲学探究起点的"政治无为"（politically sterile）的传统反差巨大，罗蒂认为这代表了"失去希望，或者更为确切地说是无法构建一种合理的叙事"（Rorty，1999：232）。

罗蒂后来又提出为了"加快社会变革的步伐"，哲学研究的作用应该是更多地关注已经发生的问题，为未来可能出现的问题提供线索。"我们的注意力集中在我们已经造成的伤害上，却没有注意到我们正在造成的伤害",得益于哲学的后知之明,我们可以有效地揭示过去的错误,并避免其再次发生(Rorty,1999:237)。

实践中的实用主义

《设计:将哲学与理论付诸实践》(Design: Philosophy and Theory into Practice,Moore,2013a)一文探讨了打破传统概念和体制孤岛的意义,探讨了如何在不依赖感知界面的情况下产生和概念化各种想法。摩尔还认为我们放弃那些顽固的、神秘的哲学概念,就有可能会看到理论与实践相结合的结果。以整体的方式谈论景观的观念,就是将其置于发展的最前沿并作为发展的时代背景。

显而易见的是,采用这种整体的景观视角,我们可以避免为了争夺各自的领域而分裂环境整体,给大大扩展的包括政策、倡议和规划在内的实践领域创造机会。这将有助于团结而非分裂,跨越学科和层级,这也使得整体的景观观念更具说服力。当然它也不会过于简单和直接。精心架构在一起的概念,可能会被那些并不熟悉这些理念和理想的人煞费苦心或者无意中拆解开。如果我们要超越传统,就需要改变观点与观念,改变我们讨论世界的方式,扩展我们的想法,找到更好的描述性词汇来帮助我们和其他人看到事物的不同角度。在所有的这一切之中,语言、游说、耐心和决心的作用是同样至关重要的。这些需要强有力的领导和支持。

这一景观的新定义是欧洲景观公约的核心,它支撑了许多全球瞩目的项目,包括国际风景园林师联合会(IFLA)提出的国际景观公约(ILC)以及英国HS2LV计划(见下文)和瑟罗克市的BSBT(Big Skies Big Thinking)计划。

国际景观公约提议,将这一新的方法引入政策领域,有助于将影响最大化,将那些普通或著名的景观更广泛的价值展示给联合国、非政府组织和其他民间机构。政治家和主要利益相关者开始意识到景观在协调管理、技术、社会和文化力量时的潜力,认识到这是应对发展和变化更为有效的方法。显然,人们与其日常生活景观的关系十分强烈,就如同与那些巨石阵或佛罗伦萨这样的美丽城市中的世界遗产等非凡的纪念性景观的关系一样。在伯明翰、瑟罗克或索尔福德是如此,在尼亚斯文或是澳大利亚的坎宁牧道也是如此。2010年在制定国际景观公约时,我们与所有专家进行了一次讨论,以上的这些观点已经成为一种共识。无论是否倾向于依靠某一特定学科,无论是科学家或是生物学家、社会学家或设计师,我们只是想去提醒人们,我们居住在哪里?我们在哪里长大?以及这些地方如何塑造了我们?无论是何种背景或是学科,都会引起大家的共鸣。总的来说,日常景观没有声音,没有高下,这就是为什么我们要推动全球景观倡议的原因。

对于景观更为广泛的定义与讨论方式,使我们可以更加切实和灵活地面对发展的压力,特别是面对一些全球化挑战,如工业化、人口变化、气候变化、森林砍伐、自然资源枯竭、一系列与土地使用开发及生活质量相关的问题,这一改变显得十分重要。其中,金融基础设施等的挑战并不存在地域的界限。该倡议还提出了在区域、国家和国际层面提供具有引导性策略的必要性。凭借新的战略性眼光,我们可以把许多组织联合在一起,虽然它们会从不同的视角看待和讨论景观。

在HS2LV项目中，这些措施的优势表现得淋漓尽致，该项目提出将英国最大的基础设施项目2号高速公路（HS2）从一个线性的工程方案转变为一项标志性的景观，并成为具有广泛影响的社会和经济的催化剂。将景观作为项目的核心，为创造持久的遗产带来了弥足珍贵的机会，格兰特及其合伙人事务所（Grant Associates）的安德鲁·格兰特（Andrew Grant）形容该项目为"继承了英国所有卓越景观的精神，抓住机遇重新发现并建立了社区与乡村的联系"（图12.1—图12.7）。

将景观作为项目的背景，是提高环境质量的有效途径。此项目保护并突出瑟罗克的景观资源，利用退化和荒废的土地，避免郊区的扩张，提供经济实惠的供专业人士和大型家庭居住的混合居住社会住房，建筑密度和视线分为不同的等级范围，社区之间通过水系重新建立起共生关系。

作为未来的试点项目，该项目旨在将伯明翰以及周边区域作为空间可持续发展以及城市保护与更新的前沿，巩固其作为全球商业、旅游和教育领域领先地位的声誉。这是一个为整个地区甚至整个英国创造持久遗产的珍贵机会。该项目重新构想了一个巨大的山谷系统，这个系统在很大程度上不受欢迎，也不被重视，但却是该地区生产性和可持续发展的核心。HS2项目采用一种包容的总体规划方式，让社区参与项目之中，提高社会凝聚力，促进经济发展，综合考虑生物多样性、文化、生态、空间质量和社会认同等内容。由于该区域的大部分地区在20世纪已经被基础设施建设所破坏，如果我们能从历史中吸取一些经验教训的话，就应该意识到HS2项目不能再一次成为景观的污点，毕竟我们需要去修正工业生产200年来所造成的环境问题，HS2LV项目将建立城市与景观之间的共生关系，为该区域带来根本性的改变。

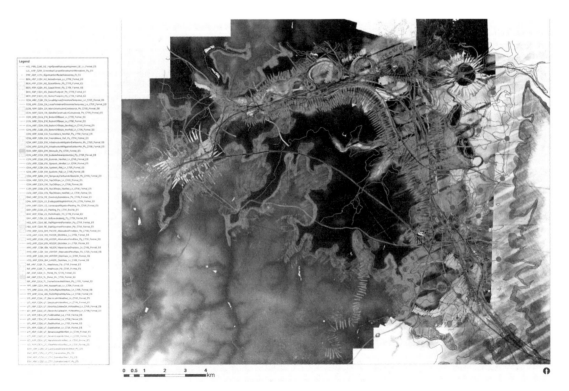

图12.1　伯明翰HS2LV计划。手工着色、地理坐标参考和正射校正的图纸，©Kathryn Moore；1M分辨率激光雷达（LiDAR）数据，©环境署和HS2地理信息系统数据集，2013年11月刊，HS2有限责任公司和交通运输部

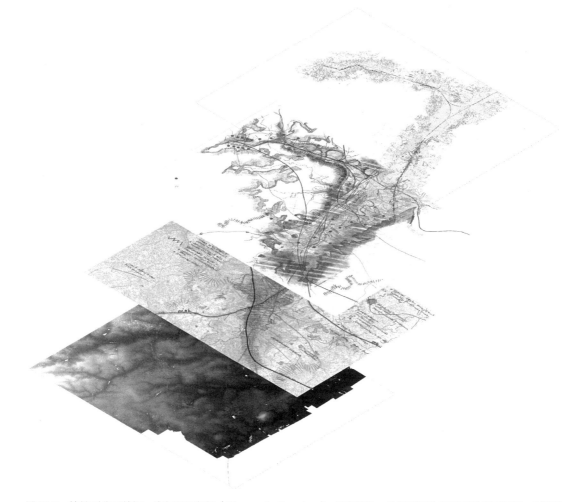

图12.2 等轴测分层数据。摩尔和丘尔顿（Moore & Cureton）。手工着色，地理坐标参考和正射校正图纸，©凯瑟琳·摩尔，1M分辨率激光雷达（LiDAR）数据，©环境署和HS2地理信息系统数据集，2013年11月刊；HS2 有限责任公司和交通运输部

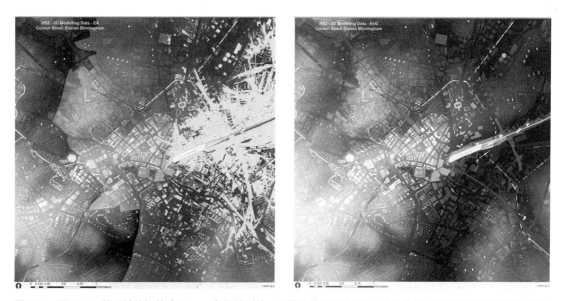

图12.3、图12.4 伯明翰的柯曾（Curzon）街站测绘，环境评估和建造工程。为未来的HSLV项目整合测绘站点高度和理论上的可见区域，1M分辨率激光雷达（LiDAR）数据，©环境署和HS2地理信息系统数据集，2013年11月刊，HS2 有限责任公司和交通运输部

图12.5、图12.6　超级伯明翰中心区，平面图及效果图。这项提议提供了一种动力，去探究如何能够让这些站点成为公共领域战略主导之下主要投资对象，并完美地融入城市的肌理之中。该项目希望以积极地、渐进地方式来使用这些站点，重塑人们对城市的体验，为改善他们的生活质量贡献力量。柯曾街站建筑占地面积，1M 分辨率激光雷达（LiDAR）数据，版权所有©环境署

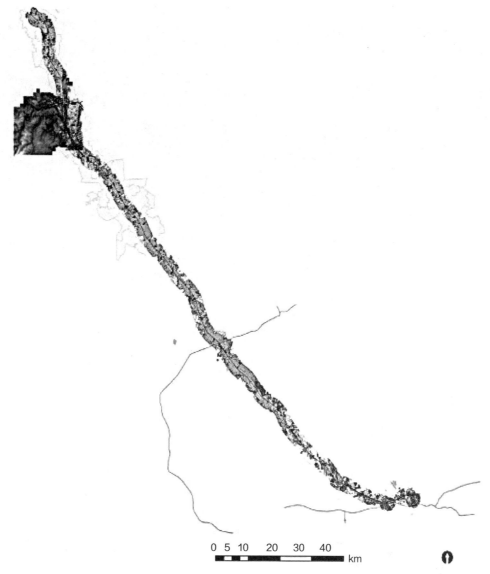

0 5 10   20   30   40   km

图12.7　HS2伦敦至伯明翰线路图HS2LV项目叠加图示，1M 分辨率激光雷达（LiDAR）数据，©环境署和HS2地理信息系统数据集，2013 年11月刊，HS2有限责任公司和交通运输部

　　这项研究将对规划的过程产生重大影响，并且已经对当地的政策产生了影响。瑟罗克田园城市采用了类似的方法来激发城市的活力，并尝试用一种雄心壮志的方式，来彻底改造伦敦地区一块废弃的垃圾填埋场（图12.8）。衡量其成功与否的一个标准是，项目所创造的整体的景观视野是否可以推动瑟罗克的发展与改变，确保该地区不会再被视为一个垃圾填埋场，不再是这个首府城市的污点，而是一个有自身特色、与泰晤士河紧密关联的区域，可以在欧洲甚至国际上因其艺术、音乐、野生动物和生物多样性而闻名。HS2LV项目及瑟罗克都对教育和文化方面进行投资，鼓励高附加值的农业和绿色产业，改善道路基础设施和被动型住房。

　　旨在创建一个意义深远的当代物质和文化景观的框架，符合场地的尺度及肌理，尊重传统又充满对于未来的设想。这个项目的视觉和空间特性使这种方法十分引人注目。这将是21世纪非常重要的转变。该项目将理论与实践、理念与形式、艺术与设计结合在一起，在各学科之间无缝运作，从物质和非物质环境等方面对社会、美学和生态进行评估，为塑造环境的未来带来新的见解和推动力。

图12.8 大天空，大设想（Big skies, big thinking）：2015—2040年，瑟罗克水、土地、开发和交通的新策略。该设想提出了一种新的城市生活方式，引发了一场关于瑟罗克未来设想的争论，基于整体性和综合性的方法，系统地考虑瑟罗克未来的建筑、交通、规划和景观是什么样子？我们坚信，所提出的改革建议将改善整个行政区域的生活质量、技术水平和经济前景。它将支撑未来瑟罗克田园城市的构想。手工着色图片，© 凯瑟琳·摩尔

结论

　　未来景观发展的愿景绝不仅仅是现在它所呈现的样子，对设计和景观跨学科的更为广泛的定义需要考虑职业和教育发展，以应对快速发展的实践所带来的挑战。景观需要对文化进行反思，甚至是根本性的变革，这也要求景观行业具有地理敏感性、强烈的社会责任感和道德责任感，认识到管理、经济、交通、健康和教育等对空间的影响。

　　纵观哲学的空间含义和空间的哲学含义以及逐渐瓦解但依然顽固的二分法，我们看到了巨大的学术和实践的潜力。如果我们能在景观和哲学之间建立起更加具有支持性的关系，那么它将在提供现在所急需的政策和思维指引方面发挥更大的作用。几十年来，我们的重点一直关注于城市、建筑形式、转变的过程、建筑的价值和城市的目标，却因此忽略了这片土地。现在我们需要转变观念，将注意力从建筑的轮廓转变到空间的结构上，赋予我们与乡村、荒野以及大城市建设所需要的广场和公园之间的关系以更大的价值。作为景观专业的教师和从业者，我们需要抓住机会并积聚力量，这是一个景观与哲学紧密联系的重要时期，一种新的景观哲学的时代。

注释

1　Since its emergence as an intellectual movement in the latter part of the nineteenth century, pragmatism's main thrust has been to question and debunk the metaphysical basis of disciplines. Cutting across the "transcendental empiricist distinction by questioning the common presupposition that there is an invidious distinction to be drawn between kinds of truths" (Rorty 1982: xvi), pragmatism sets itself against the traditions of analytical philosophy, including those of language, evolutionary psychology, ecopsychology and phenomenology, which currently underpin much of design discourse. The aim of pragmatism, far from finding universal truths, Rorty explains, is: to undermine the reader's confidence in "the mind" as something about which one should have a "philosophical view", in "knowledge" as something about which there ought to be a "theory" and which has "foundations" and in "philosophy" as it has been conceived since Kant (Rorty 1979: 7).

2　The phrase "linguistic turn" can be attributed to Richard Rorty: Rorty, R. (1966, 1992) *The Linguistic Turn: Essays in Philosophical Method*, Chicago: University of Chicago Press.

参考文献

AHRA (2014) Call for papers. Available at www.thisthingcalledtheory.org/call-for-papers/4587708712.

Cosgrove, D. E. (1984) *Social Formation and Symbolic Landscape*. London: Croom Helm.

Dewey, J. [1934] (1980) *Art as Experience*. New York: Berkley Publishing Group.

Fairbrother, N. (1972) *New Lives, New Landscapes*. Harmondsworth: Pelican Books.

Goldschmidt, G. (1994) On visual design thinking: the vis kids of architecture. *Design Studies* 15: 158–174.

Meades, J. (2012) *Museum Without Walls*. London: Unbound.

Moore, K. (2010) *Overlooking the Visual: Demystifying the Art of Design*. Abingdon: Routledge.

Moore, K. (2013a) Design: philosophy and theory into practice. In C. Newman, Y. Nussaume and B. Pedroli (eds), *Landscape and Imagination*. Pisa: Bandecchi & Vivaldi.

Moore, K. (2013b) Shifting inquiry away from the unequivocal towards the ambiguous. In M. Jonas and R. Monacella (eds), *Exposure/00, Design Research Practice in Landscape Architecture*. Melbourne: Melbourne Books.

Nairn, I. (1964) *Your England Revisited*. London: Hutchinson and Co.

Putnam, H. (1999) *The Threefold Cord; Mind, Body and World*. New York: Colombia University Press.

Rorty, R. (1979) *Philosophy and the Mirror of Nature*. Princeton, NJ: Princeton University Press.

Rorty, R. (1982) *Consequences of Pragmatism: Essays, 1972–8*. Minneapolis, MN: University of Minnesota Press.

Rorty, R. (1999) *Philosophy and Social Hope*. London: Penguin.

Schama, S. (1996) *Landscape and Memory*. London: Fontana.

Shepheard, P. (2013) *How to Like Everything, A Utopia*. Alresford: Zero Books.

Stafford, B. M. (1997) *Good Looking Essays on the Virtue of Images*. Cambridge, MA: MIT Press.

景观是生活？

凯瑟琳·沃德·汤普森（Catharine Ward Thompson）

　　景观，既是一种文化，也是一种生态和地理的构造，是人类的栖息地，也是人们生活的场所。欧洲景观公约（European Landscape Convention）将景观定义为"人们所能感知的区域"，强调"日常"景观的意义，即日常生活中人们所居住和活动的地方；这一关于景观的定义明确了景观对人们的生活质量、健康福祉以及个体和文化身份的重要性。几千年来，城市成为吸引人们来居住的场所：文化和交易的中心，居住、工作和娱乐混合的地方。从全球视角来看我们已经到达了一个转折点，生活在城市的人比生活在农村的人更多，这产生了一个新的问题，即城市环境如何成为人类的栖息之所。我们生活在一个对人类健康和福祉的理解与需求日益提高的时代，但同时也是对相对富裕和发达国家持续恶化的健康问题日渐担忧的时代。这使人们开始关注环境、健康和生活质量之间的联系，也是本章所关注的重点。

城市化的世界

　　显而易见，景观是人类的栖息地，纵观人类进化的生物学时间框架：很显然，数千年来自然环境塑造了人类及其祖先，但同时也因为他们而改变。景观为发展和增长提供了支持、庇护与机会，但同时也带来了危险、挑战以及疾病和死亡的威胁。与其他动物一样，人类早期不得不花费大量精力寻找自然环境中的有利因素，同时试图避免或控制破坏性和威胁性因素的影响。尽管在社会和文化方面很复杂，但推动人类定居和城市化进程的部分原因使人们认识到需要为了人类的福祉对自然进行限制。城市生活中许多被高度赞扬的方面被认为是文明的象征，这也难怪在21世纪第一个十年居住在城市中的人口比例就超过了50%。据预测，到2050年世界上70%的人口，约63亿人将居住在城市之中。这将几乎两倍于2007年的数据，其很大程度上受到非洲和亚洲国家城市化的影响（世界卫生组织2010年数据，Alirol et al.，2011）。一份关于城市化对流动性和发展规划影响的市场研究报告（Frost和Sullivan，2010）预计，到2025年全世界范围内，将出现30个人口超过1000万的"特大城市"（截至2010年为22个）。

　　在这样的城市中景观将如何存在？生活环境中的某些自然因素将继续"推动"人们离开农村的住所进入城市区域。这些因素包括更容易受到干旱、洪水和地震等灾害的影响，缺乏经济发展的机会以及其他更极端的社会问题，如战争和内乱，这种趋势可能会进一步恶化。也有一些"吸引"的因素鼓励人们进入城市，例如，获得更好的工作机会、教育和医疗保障，这通常是因为城市拥有更加健全的基础设施。因此搬到城市中居住可能对人们的健康有好处，并且在某些情况下在城市中生活，可以获得更长的预期寿命并减少疾病的发生。但是，人们也开始越来越多地关注到城市化所带来的负面的影响，城市化可能会加剧而不是减轻自然灾害的影响，正如2005年美国新奥尔良遭遇的飓风以及其后的洪水。

健康的城市景观

拥有更好的医疗保障、清洁的水源、良好的卫生设施和安全的食物等等这些城市化潜在的利益，可能会被人满为患所引起的健康问题所掩盖（Godfrey and Julien，2005）。污染，特别是靠近危险工业区和工业废料的地方，仍然是世界上许多国家的城市所面临的威胁。此外，如此多的人密切接触也为传染病的传播创造了重要条件（Alirol et al.，2011）。直到现在，在许多迅速发展的城市区域都存在着超出了城市正规管辖的范围，类似于棚户区、贫民窟的非正规住区，这些地方的居民可能会遭受贫穷、缺乏社会服务、过度拥挤以及危险建筑结构的威胁。城市增长失控或缺乏管理可能会导致城市人口健康的不平等问题。

由于上述因素，城市化越来越强烈地影响着传染性疾病的流行病学特征，促进还是阻碍病原体的传播取决于发展的本质和城市的基础设施。除此之外，值得注意的是城市化进程为一些"西方的"疾病，如高血压、心脏病、肥胖、糖尿病和哮喘打开了大门，不仅仅是发达国家和富裕国家，发展中国家也是如此。由于生活方式的改变，这些慢性疾病变得越来越普遍，许多人相比他们的前辈过着更加久坐不动的生活。与此同时，城市居民比以往任何时候都更容易获得负担得起的、能量丰富的食品，从而导致了肥胖问题的日益严重。不良饮食习惯和缺乏体育锻炼共同增加了心血管疾病、Ⅱ型糖尿病和其他身体疾病的风险，而缺乏体育锻炼也是引起心理健康问题的诸多因素之一。世界上许多地方的精神疾病也正在增加。城市工作和生活越来越多地与高压力水平和精神疾病联系在一起，并且对社区中的弱势群体产生的影响更加严重。根据相关统计，四分之一的欧盟人口在他们生活的某一个阶段会受到心理健康问题的困扰，这一问题已经影响了超过8000万人（2010年世界卫生组织欧洲区域办公室）。年轻人群的精神疾病尤其令人担忧（Collishaw et al.，2004）。

人们正在为此付出代价。2009年至2010年，在苏格兰仅仅对心理健康问题的社会和经济投入估计高达107亿欧元（苏格兰心理卫生协会，2011），而早前的估计，英格兰缺乏体育锻炼所带来的经济损失为82亿欧元（Bird，2004）。鉴于以上这些数据，英国政府已经开始探索制定针对个人行为和生活方式的健康政策，这项政策中物理环境起到了关键性作用。英国财政部和卫生部的一份报告表明，"2022年至2023年间人们在健康方面的花费可能将高达300亿欧元"，这个数值是通过上述最好和最坏的数据之间的差得出的（Wanless，2004）。

为什么这对景观规划和设计师来说十分重要？如果物理环境对人们的健康有所影响，而且我们能够识别出哪些景观特征对健康具有明显的促进作用，那么物质环境的提升可能会比仅仅集中投入医疗干预更好地降低公共卫生福利的花费。例如，如果能够创造出对人有吸引力的街道、公园和其他户外空间，就可以激励如散步这样的体育锻炼，这种干预所产生的吸引力就如同"上游"干预，会进而对人口层面的健康产生有益的影响（Macintyre，2008）。仅关注医疗干预的情况持续了大约一个世纪左右，之后卫生专业人员和政策制定者再次开始关注提高公共卫生水平的生态学方法（Morris *et al.*，2006）。他们开始向景观规划者、设计师和管理者寻求相关的答案，如何创造一种能够激励健康生活方式，减少健康不平等状况的生活环境（Marmot 2010）。巴顿（Barton）和格兰特（Grant）在2006年的"当地居民生活环境健康地图"（图13.1）中展示了自然和建筑环境如何通过渗透的方式促进人类的健康和福祉，并反映出一种公共卫生的生态学方法。

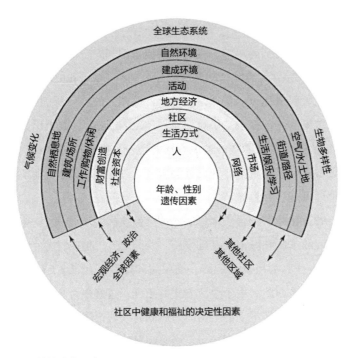

图13.1 健康的人类居所环境的决定因素。
资料来源：以巴顿和格兰特（2006）、达尔格伦（Dahlgren），及以怀特黑德（Whitehead）的模型为基础绘制[1991]（2007）。通过创意共享许可复制

有益健康的景观

"有益健康的环境"一词越来越多地被那些对公共健康感兴趣的人所使用，以此来描述支持和促进健康的场所。1979年安东诺维斯基（Antonovsky）最早提出了健康本源学的概念，关注人们对自己生活的感知，以及这些感知是如何支持健康生活的。最近，有益健康模型之类的物理环境概念在人类健康领域已经开始发挥关键性作用，并获得相当可观的收益（Ward Thompson，2011a）。在城市化和老年化社会中，保持人口健康已经成为政府和公共部门所需要面对的挑战，对于景观设计师而言，有益健康的景观概念也已经开始影响客户的需求和目标。

除了作为基本的食物、水源和药物的重要来源，景观还有许多方式可以支持健康。包括植被能清除大气和土壤中的污染物、促进体力活动，某些景观可以提供愉快的体验、缓解精神压力和疾病，为社会活动和社会关系提供机会，而且有机会自己种植水果和蔬菜，进而获得可耕种的土地。显然，相同特征的景观可能会带来多个方面的好处，但与此同时，景观的不同特征可能会以牺牲另一些特征为代价。

目前尚不清楚景观和人类体验之间的哪些机制或关系最有可能对健康效益产生重大影响。早前一些花园和自然景观的疗愈和有益健康的作用已经得到了认可。在19世纪迅速工业化的城市和乡镇中，公共公园的价值尤为突出，它们经常被称为城市的"肺"（Ward Thompson，2011a）。在人口密集、工人阶级聚居的城市中，发展公共可达的绿色空间可能会促进健康状况的改善，这一观点是基于对公园环境整体健康效益的广泛共识而得出的。1839年，一位卫生改革家说："一个伦敦东区的公园将会使年均死亡人数减少几千人，并使整个地区的平均人口寿命增加若干年"（Mernick和Kendall，1996）。还有一些人支持公园更有益于人们接触新鲜空气的想法：

> ……公园所带来的主要好处是激励工匠和劳动者去享有自己的健康权益，并且这也带动他们的家人每周至少一次离开他们局促和艰苦的住所去享受新鲜的空气。

阿尔斯通（Alston），1847

在美国，与之类似的对城市公园的支持也有很多，弗雷德里克·劳·奥姆斯特德将他和卡尔弗特·沃克斯为纽约中央公园设计的"绿色草原"（Greensward）方案描述为"城市封闭空间的对立面"（Olmsted，引用自Schuyler，1986：93）。奥姆斯特德认为人们过度暴露在城市的人造环境之中，会导致"紧张、焦虑、急躁和易怒"，而解药就是令人愉悦的乡村风景，没有突出的建筑、装饰性的植物或"人工设计"的场景（Olmsted，1886：42）。因此，绿色空间的增加能够带来生理和心理健康方面的好处。美国和欧洲的慈善家和公共机构对在城市中建造公园的热情反映出了他们对这类环境的看法，特别是对于工人阶级而言，绿色空间对其健康非常有益。尽管已经有一些来自奥姆斯特德公司的很有先见之明的报告，但是这些健康效益背后的作用机制并不总是很好理解。那么，在要求"循证政策"的21世纪，我们如何理解绿色空间与健康之间的联系呢？有什么证据表明"绿色"或"自然"的景观（虽然起源于人类的活动）对人类的健康有益呢？

自然景观对我们的健康有什么影响？

最近流行病学的证据证明了健康与接触自然环境，特别是"绿色空间"之间的正相关性。一项具有开创性的对东京密集的城市区域的研究证明了使用绿色空间的益处：在那些附近有能够散步的空间，方便可达的公园或是绿树成荫的街道的居住区中，70岁以上老人的五年生存率会更高（Takano et al.，2002）。英国的一项关于（退休年龄人群）的研究表明，增加当地社区绿地面积会降低心血管疾病的死亡率（Mitchell and Popham，2008）。这项研究所涉及的绿色空间是指英格兰土地利用分类中的公园、其他开放空间和农业用地，但不包括家庭花园。这项研究支持了早先基于2001年英国人口普查结果的发现，那一次人口普查结果显示，一个区域中更高比例的绿色空间通常与更好的人口健康状况联系在一起（Mitchell和Popham，2007）。但是这种关联会根据收入和所处的城市环境而有所不同。在这两项研究中，绿色空间与健康之间的正向联系在低收入的城市地区更为显著。这是一个重要的发现，因为它表明环境规划和绿色空间设计有助于减少贫富之间的健康不平等。

另一项针对英格兰城市区域1万多名居民的调查数据显示，较低的精神疾病发生率和较高的幸福感都与居住在拥有更多绿色空间的城市区域有着密切联系（White，2013）。这项研究使用了与米切尔和波帕姆（Mitchell and Popham，2007）不同的土地使用分类标准，表明包括或不包括私家花园并没有产生重大影响。另一项长达五年的跟踪调查表明，搬到拥有更多绿色空间的城市区域与持续的心理健康改善有关（Alcock *et al.*，2014）。这也支持了欧洲其他地区的发现，比如在荷兰，绿色空间水平被证明与总体健康状况（Maas *et al.*，2006）和较低的焦虑及抑郁水平相关，特别是对于儿童和处于较低社会经济地位的人群而言（Maas *et al.*，2009）。

虽然这些研究的细节比之前的综述更加复杂，并且提出了一些关于"绿色空间"的大小、可达性和质量的问题，但它们都指向一个被反复提出的主题，即绿色空间的健康效益。至少对生活在城市环境中的低收入群体来说，当地社区拥有公共可达的绿色空间是有所裨益的。但是使用类似的方法在城市层面（相对于之前的社区层面），研究49个美国大型城市的绿地覆盖率，与前面提到的研究相比，绿色空间与心脏病或糖尿病的死亡率没有显著关联，并且与总死亡率的升高呈现弱相关（Richardson *et al.*，2011）。作者认为这可能反映出了一个事实：在美国，绿地覆盖率越高的城市也是相比欧洲城市而言更为扩张的城市，而扩张的负面影响可能会使绿色空间的积极影响黯然失色。

这一发现引发了人们的疑问：在绿色空间较多的区域，也就是这种有益健康的影响被发现的区域，这种健康效应背后存在着怎样的机制。与典型的欧洲城市相比，典型的北美城市居住社区更宽敞但也更依赖汽车，绿色空间更多但"步行适宜性"却较低。相反，许多欧洲城市的社区可能不论是私人还是公共的绿色空间都非常有限，但却提供了便利的人行道以供步行或接驳公共交通。步行适宜性可能是城市环境中支持健康生活方式的一个关键性因素，并且受到新城市主义运动的推动，也是"宜居"环境的一个关键性因素（Rodriguez *et al.*，2006）。城市环境中，有怎样的证据可以证明绿色或自然环境更有益于健康，其作用机制是什么，这是很有价值并且稍后我们将继续讨论的主题。

绿色空间与心理健康之间的作用机制是什么？

最近一篇关于论证"身边的自然"与人类健康关联的评论认为，特别是在欧洲，压力的释放与社会凝聚力的提高比提高空气质量和增加体力活动更容易解释居住社区绿色空间的有效性以及居民健康状况（de Vries，2010）。来自澳大利亚阿德莱德（Adelaide）的一项研究支持了这一观点，表明人们对邻里绿色空间的感知与生理和心理健康都有关联，但与后者的关联更加紧密（Sugiyama *et al.*，2008）。这项研究所引用的一些早期研究也表明，绿色空间与健康之间的联系可能对心理健康最为重要（Alcock *et al.*，2014；Maas *et al.*，2009）。因此，有必要思考一下这种联系是怎样产生和为什么会产生。

有三种主要的绿色空间促进精神健康并减轻压力的机制已经被提出。首先，绿色空间为体力活动提供了机会，从充满活力的场地运动、非正式的游戏、跑步或骑车到目前在开放空间中最为流行的活动——简单步行。运动对情绪和压力所产生的积极作用十分明显（Penedo和

Dahn，2005；Mason和Kearns，2013），所以可能是体力活动，而不是环境本身是有益心理健康的主要原因。第二，当人们在绿色空间进行体验时，经常有机会进行某些社会交往，不论是正式的或计划外的。例如他们可能和某人去公园，父母或祖父母带孩子出去玩，或在当地的公园或开放空间中与他人接触，或一个独居的人每天散步时和他的邻居相互问候或交谈。社会交往也被认为对健康和幸福很重要，并且对情绪和压力水平有积极的影响（Heinrichs *et al.*，2003），对死亡率也同样如此。在一个有许多老年人独居的老龄化社会中，这是一个十分重要的发现（Steptoe，2013）。第三，人们经常寻求绿色或自然环境作为放松的地方，似乎这样的地方更有利于心理放松（Hartig，2007；Grahn *et al.*，2010）。

这是三个耐人寻味的可能机制。阿普尔顿（Appleton，1975）和布拉萨（Bourassa，1991）等一些学者的研究表明，人类对特定类型环境的偏好具有生物学基础，而威尔逊的亲生命性（Biophilia）假说（Kellert和Wilson，1993）提出了一个关于遗传适应性和竞争优势的根本性原因。相比之下，雷切尔（Rachel）和斯蒂芬·卡普兰（Stephen Kaplan）通过关注现代人的生存环境以及应对现代生活压力的方式提出了注意力恢复理论。他们认为"恢复性环境"具有以下优势：

> 在混乱的环境中（如拥挤的都市中），集中注意力会导致精神疲劳……而自然环境似乎与恢复性环境的四个因素都有着特殊的关系。
>
> Kaplan和Kaplan，1989：182

卡普兰（Kaplan）提出"直接注意力疲劳"以及如何通过身处自然环境使疲劳得以恢复。他认为自然环境可以提供四种恢复性因素，包括：远离、延展性（概念性探索）、魅力性和相容性（与当下的需求或愿望）。卡普兰（1995）指出，注意力疲劳者身处自然环境中要比身处实验室环境中能更好地完成之后的任务。卡普兰描述了自然环境的"软性吸引"：一种审美体验，通过温和的吸引促进注意力的恢复（Kaplan and Kaplan，1989），这一研究结果与最近心理学和心理疗法研究的"正念"的益处（Kabat-Zinn，1990）以及自然环境如何有利于"正念"的形成（Howell *et al.*，2011）不谋而合。这种缓解压力的方法与佛教冥想，特别是日本京都禅宗花园关于身体的阐述十分相似，这可能并非巧合。

对自然或绿色空间的生理反应

注意力恢复理论和正念概念有助于解释为什么有些景观被认为具有恢复性，并有意识地去寻找产生这种效应的原因。也有证据表明我们会对不同类型的景观产生不同的生理反应，这些反应似乎是一种潜意识层面的关联（Ulrich *et al.*，1991）。这一观点也支持了心理进化理论中有关人对自然环境反应的观点，并且提出一些特定的景观类型有益于身心健康。

身处绿色空间中，或仅仅注视绿色空间，都被证实有助于降低血压（Hartig *et al.*，2003；Ulrich，1991；Ottosson and Grahn，2005）、心率（Ulrich，1991；Ottosson and Grahn，2005）、皮肤电传导和肌肉紧张度等与压力相关的生理指标。日本已经开始探索身处环境优美的森林中

（日语"Shinrin-yoku"：身处森林之中或森林浴）所产生的效果。一项日本神经内分泌学对林地环境的研究显示：与城市环境相比，林地环境有助于降低皮质醇、脉搏、血压、副交感神经和交感神经的活动（Park et al.，2007和2010）。这一发现促使我们研究有关于压力的生理指标与生活环境中缺少绿色空间之间的关系，特别是对于相对贫穷的城市居民来说，或许有助于解释本章前半部分提到的绿色空间与健康之间的流行病学联系。在最近的研究中，研究人员利用唾液皮质醇的变化来指示压力水平的高低，研究显示生活在苏格兰较为贫困的城市区域的失业人群如果所处的区域拥有较多的绿色空间，则他们的压力水平会较低（Ward Thompson et al.，2012；Roe et al.，2013）。绿色空间包括地理信息系统中显示的公园、林地、灌丛和其他自然环境，而非私人花园［测量方法类似于前面提到的流行病学研究，有关这些指标的更多讨论请参见米切尔等人（Mitchell et al.，2011）］，证实了自然或公园环境的体验是人们日常生活中不可或缺的部分，这一发现具有十分重要的意义。自然或公园环境不仅影响着人们的精神健康和压力水平，还可作为一种压力水平的生物标志物。

更进一步思考有益健康的景观，园林作为康复性环境的一部分，对治疗严重的压力或"倦怠"大有可为。这里有一种假设，以上所提到的各种不同的机制可以协同工作，包含意识和潜意识的共同作用，并能够同时有益于生理和心理健康。一些具有景观专业知识的研究人员与一个瑞典的健康治疗团队合作，研究患有职业倦怠症的妇女（Grahn et al.，2010）。他们的工作取得了巨大的成功，使那些因为压力过大而离职多年的人恢复健康并重返工作岗位。研究人员认为，压力相关精神疾病的自然辅助治疗与环境对人们的感官、情感和认知的影响有关。当人们精神状态良好时，他们能够应对大多数环境并保持工作状态；但当他们精神高度紧张时，就只能接受与自然环境产生的心理共鸣。"这是大自然最基本的资源"（Grahn et al.，2010，149）。康复花园的设计及其不同的元素与康复性环境之间的关系可以从八个维度进行描述："宁静、自然、物种丰富、空间、展望、避难、社会、文化"，这些在恢复过程的不同阶段都十分重要。

利用以瑞典城市人口为代表的更为广泛的人口样本，从景观体验的不同维度进一步扩展其对缓解压力的重要性。通过询问参与者对城市绿色空间某些特质的喜好，格拉恩和斯蒂多特（Grahn and Stigsdotter，2010）发现了某些空间特质与人们压力水平之间的联系。他们证实上述八个知觉感官的维度与大众压力水平有密切关联，他们也意识到这些维度会同时具有积极和消极的方面（例如"社会"可能涉及繁忙的空间或被人为破坏的痕迹，而这些是压力人群特别不喜欢的）。"宁静"是最受欢迎的维度，其次是"空间"和"自然"，"物种"和"避难所"再次之。"避难"和"自然"与压力的关联最为密切，这也表明了寻找最具有恢复性的环境的必要性。

这些发现对景观设计师十分有用，有助于他们判断在城市环境中，哪些是人们希望从公园和绿色空间中获得的有助于缓解精神压力的特质（图13.2—图13.7）。他们采用了一种直截了当但却很有价值的研究方法：直接询问人们的看法、信仰、愿望和经历。一些新的技术也使我们能以更少干扰和更为复杂的方式探索人们对不同环境的反应。这些技术使研究前所未有地深入景观体验的本质。进步之一是使用移动脑电图（EEG），通过此设备研究人员可以记录和分析人在城市环境中行走时的大脑活动。研究人员分析人在繁忙的空间和街道中行走时的移动脑电图，数据显示当人在绿色空间中行走时会呈现较低的挫折、参与、觉醒以及更多的冥想，而当人移动

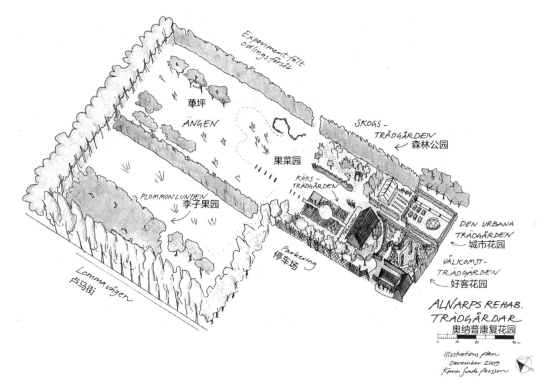

图13.2　奥纳普康复花园的设计，© 弗雷德里克·陶赫尼茨（Frederik Tauchnitz）

至繁忙的街道则会有更多的参与（Aspinall *et al.*，2013）。这些发现无疑只是不同物理环境对神经系统影响研究新时代的开始。[1] 随着时间的推移，我们会更深入地理解不同景观元素的组合与不同感受之间的关系，或是一种"远离"的感受，或是不同方面的觉醒，愉悦兴奋或焦虑紧张。

图13.3　奥纳普康复花园（Alnarp therapeutic garden）入口处的欢迎标识。©Inga-Lena Bengtsson

图13.4　从奥纳普康复花园的好客花园看向花园入口。© 因加-莉娜·本特松（Inga-Lena Bengtsson）

图13.5 奥纳普康复花园的草坪。© 因加-莉娜·本特松（Inga-Lena Bengtsson）

图13.6 奥纳普康复花园入口区域的温室。© 因加-莉娜·本特松（Inga-Lena Bengtsson）

图13.7 奥纳普康复花园中森林公园的入口。© 因加-莉娜·本特松（Inga-Lena Bengtsson）

走向户外积极活动

现在我们更广泛地思考景观以及我们如何居住在其中并把它作为我们生活的栖息之所，这里需要强调户外活动的好处。尤其是在北半球，人们越来越意识到，久坐不动的室内生活可能会使我们失去阳光所带来的好处。除了越来越多的人在冬天会受到季节性情感障碍（SAD）的困扰，缺乏阳光还会限制维生素D的制造，扰乱昼夜节律，导致失眠（Holick，2004；Czeisler *et al.*，1986）。还有一系列令人担忧的、由缺乏维生素D或阳光照射不足导致的疾病：骨质疏松症、佝偻病（后者在英国乃至全世界患病率增高）、糖尿病、多发性硬化症、高血压和心脏病。虽然有必要防止过度暴露在阳光下罹患皮肤癌的风险，但另一方面，每天或定期暴露在一定量的阳光下，会降低患其他类型癌症的风险。

以上研究的意义在于，具有吸引力的环境，能提供多种功能的城市环境，可以鼓励人们更多地走向户外，享受户外活动并在户外活动中投入更多的时间。所有这些都可以简单地通过鼓励人们获得足够的阳光来实现，所获得的好处不仅是更多的体力活动或精神的恢复以及压力的减轻。如果我们认同大多数人在户外会比在室内有更多的活动，则需要一个更适于活动的环境，一个更乐于让人们走向室外的环境，换句话说，一个支持性的环境有可能让人们进行更多的体力活动（Sugiyama和Ward Thompson，2007）。所有人出门之后都会使用步行环境，不论他们是否使用交通工具，步行环境对每一个人的健康和福祉来说都十分重要。富人和穷人都需要一个良好的步行环境，使他们能够走向户外。

一个适宜步行的环境，不仅是愉悦或是不需要太多鼓励的，而是最为必要的一段旅程。规划师和设计师需要了解如何更好地设计街道、市场、广场以及公园等自然区域，使步行环境优先于机动交通空间。这方面的知识已经很好地融入景观设计师的教育之中，但要说服投资者、开发商和其他公共领域包括公共健康领域的负责人则需要更多的证据。自2001年以来，罗伯特·伍德·约翰逊基金会（Robert Wood Johnson Foundation）所开展的积极生活研究项目已经对我们理解可步行性和步行友好环境产生了很大影响，尤其在北美的背景下（Orleans，2009）。这项研究的一个重要部分是发现步行交通（功利步行）和步行娱乐之间的差异，这两者对环境的要求也有所不同。一份关于支持功利步行的环境研究概述认为，功利步行与建筑密度、到非住宅目的地的距离（如当地的商店和服务设施）、土地混合利用的关系较为显著，与交通网络、公园和开放空间相互关联，并与人身安全等因素相关（Saelens和Handy，2008）。一份更为广泛的包含比利时、巴西、加拿大、哥伦比亚、中国（香港）、日本、立陶宛、新西兰、挪威、瑞典和美国等11国（地区）的环境特征和体力活动关系的对比发现，邻里环境的五种属性与调查对象能否完成所推荐水平的体力活动之间有着密切关系。这五种属性是：附近有许多商店、附近有交通中转站、大多数街道有人行道、有自行车设施以及低成本的娱乐设施。这份调查对步行或其他体力活动的目的并没有进行区分，但最为重要的因素是在大多数的街道上都有人行道，这也强调了这一属性的重要性（Sallis，2009）。

其他的研究集中于环境特征与步行娱乐之间的关系。数项研究已证实公园和开放空间的吸引力与步行娱乐有关，其中包括针对老年人的研究（Bedimo-Rung et al.，2005；Rhodes et al.，2007；Sugiyama和Ward Thompson，2008），对其他群体而言也同样如此（Sugiyama et al.，2010）。这些研究与一项老年人功利步行路线的研究形成对比，后者认为绿色条带（即人行道与街道之间的植被带）和公园（开放空间）有高差变化、垃圾以及面向街道无窗的墙面，并不支持步行反而起到阻碍作用（Borst et al.，2009）。此研究证实良好的人行道以及屋前花园、一层的住宅或沿街的商铺、较低的交通量都对功利步行十分重要。这些发现表明步行的便利与速度，以及安全是功利步行所需要的环境支持条件。相比之下，步行娱乐似乎更多地与体验的美学品质相关，自然环境或开放空间可能会成为重要的吸引因子（Giles-Corti et al.，2005；Sugiyama et al.，2010）。

这些证据也反映了不同的个人喜好、态度和此时此刻的目的，对我们感知环境的方式和所获得的环境支持的影响。在研究环境对体力活动的支持时，其中一个方面是研究在绿色环境中运动，是否比在建筑环境中更加有利于健康，或是可以提供更多其他健康福利。在研究绿色空间与体力活动之间的关系时，研究人员认为运动有益于心血管健康，但是他们希望发现是否在一个更加自然的环境中运动，可以提供更多有利于心理健康的间接利益。普雷蒂（Pretty）及其同事（2005）的研究成果表明了为何"绿色锻炼"（在绿色环境中进行的体育运动）可以明显改善情绪和提高自我尊重。其他人也指出，在自然环境中行走要比在城市环境中行走更有助于降低血压和压力水平（Hartig et al.，2003）。一项基于苏格兰的健康调查表明，在自然环境中，如公园、林地或海滩进行体育运动比在其他环境中运动，会在更大程度上降低心理健康的风险（Mitchell，2013）。米切尔的研究还表明，人们对不同环境产生积极反应取决于所期冀的健康利益。

不同社会群体的支持性环境

生活的景观其中一个维度就是不同社会群体所具有的不同经验和需求。英国相关研究（CABE，2010a）透露：英国城市区域的绿色空间数量与当地居民的社会经济文化背景有关，贫困地区的公共城市绿地可达性差、品质低，并且当地居民的整体健康水平较差。另一项针对英国主要城市中心区域的贫困和少数族裔社区的研究发现，当地绿地质量与整体健康状况、生活质量、体力活动和社会福祉有着紧密联系（CABE，2010b）。不同族裔对当地公园和绿地的喜好程度不同。例如，大多数少数族裔群体对诸如户外用餐和娱乐等社会用途的评价高于英国白人受访者，而英国白人和印度族裔群体则比其他群体更愿意到绿地中休闲和享受绿地中的宁静。参与者被问到，如果当地的绿地变得更舒适，会对他们产生怎样的影响？是否会更多地使用绿地？60%的参与者认为绿地变得舒适会促进他们的身体健康，48%的人认为会促进他们的心理健康，46%的人认为会有改善他们的家庭和朋友的社会关系（Ward Thompson and Aspinall，2011）。虽然不同的社区对当地公园的设计会有不同的需求和愿景，但我们应该认识到这个城市生活重要组成部分的品质对少数族裔来说至关重要，特别是那些居住在城市环境之中非常贫困的人。

一项美国的研究调查了白人（非西班牙裔）、非洲裔美国人（黑人、非西班牙裔）和西班牙裔社区，也发现了相似的差异，公园中活动的差异与邻里收入和族裔构成有关。在低收入西班牙社区中，公园中的体力活动水平最低，而在高收入的美国非洲裔社区中最高。然而，体力活动与活动设施（如网球场、篮球场或足球场）之间也有密切联系，这表明公园具体的环境物理特征与收入差异和族裔群体对体力活动水平具有同样重要的影响。

对步行和运动场所的喜好在男性和女性之间也有差别。众多研究表明，女性对某些户外场所比男性更敏感，这通常与发生人际关系犯罪的统计学概念无关。视线不好的封闭空间，如茂密的林地和地下通道通常会让女性感到不安全。然而，女性和男性一样会欣赏自然环境，如果环境品质让人感到不安全，女性通常会选择和男性不同的策略，让自己感到安全并享受其中。一项对苏格兰城市中心地带居民使用林地的研究表明，许多女性对在林地中活动持积极态度，并且不会感到脆弱和恐惧，这也许是因为他们通常结伴而行或者带着一条狗，而不是独自一人（Ward Thompson et al.，2005）。一项关于纽约展望公园（Prospect Park）中女性体力活动（通常是跑步、骑自行车或是滑冰而不是步行）的研究表明，是什么构成了支持性环境（Krenichyn，2006）。女性们认为在公园中运动要比在街道上运动更加有趣和有意义，因为有美丽的风景，并且公园的美学品质也能带来治愈性和精神性的体验。一些实用性的功能，如提供饮水机和厕所等，也是吸引人的因素。当参与者在街道环境中运动时通常会遇到一些阻碍，包括交通所带来的不安全感以及嘘声和男性评论所带来的骚扰。相比之下，公园提供了无交通的环境，在这里女性可以穿着舒适并且不会受到不良言论的影响。导致（人际关系犯罪的）恐惧感和安全感的环境特征更为复杂，尽管自然环境具有普遍的审美吸引力，但是茂密的森林对一些人来说却是缺点（图13.8）。毫无疑问，社会和文化因素以及环境的物理特征都影响着女性对安全的看

图13.8　爱丁堡一个视线开阔的公共公园中的草地，吸引了各种人群主动和被动的使用。
资料来源：凯瑟琳·沃德·汤普森（Catharine Ward Thompson）

法，正如前面的讨论所指出的，偏好随着活动、生活阶段以及性别而变化。

适合不同年龄段的生活景观

以上的研究也促使人们去思考生命的历程以及从幼年到老年不同阶段中，景观对健康和生活质量的影响。关于儿童在户外活动的限制在过去十年间受到了媒体的关注，有研究指出，其结果导致了体力活动水平的降低和真实世界体验的缺乏（Gill，2007；Louv，2005）。这很大程度上与父母态度的改变以及社会规范有关，包括汽车拥有量和使用时间的增加、父母工作时间的延长、对犯罪恐惧感的增加以及室内屏幕娱乐的快速增加等，但是适合户外活动的物理环境的可达性依然是很多城市儿童所面临的问题。一项英国城市区域的调查显示，居住在城市中贫困区域的人比居住在富裕地区的人所拥有的公园和优质绿地少5倍（CABE，2010a）。还有证据显示，儿童使用任何绿地的可能性在现在的这一代人中减少了一半；但另一方面调查显示，年轻人认为室外空间是他们应该"感觉良好"的东西之一（DEFRA，2011）。

除了对身体健康、心理健康、认知、情感和社会发展十分重要外，儿童在自然环境中玩耍还对青春期和成年期的态度、福祉和行为具有长期和积极的影响（Natural England，2010）。洛夫（Louv）在2005年提出的"自然缺失症"（nature deficit disorder）一词概括了人们对儿童越来越脱离自然环境的担忧。规划和设计每个家庭都可以随时使用、灵活使用和感受自然环境的本地开放空间，而不仅是很正式的游乐设备，是扭转这一趋势所需要做的工作。一些倡议也试图促进和协助这一愿望的实现：从美国的自然学习倡议（US-based Natural Learning Initiative）[2]到英国的Playlink计划[3]以及"播种种子：伦敦儿童与自然的联系"计划（Greater London Authority，2011）。

关于青少年户外活动需求的研究也强调了户外和自然空间的重要性。英国的研究表明，高风险和冒险性活动有着巨大的吸引力，特别是对于青少年男孩而言，而具有可达性的野外或自然的环境所提供的挑战恰好十分适合这一目的（Natural England，2010）。自然环境也提供了一个有价值的消遣场所，在这里青少年能够从社会中认识自我，但往往这些青少年聚集之地又被视为问题所在。儿童时期在户外或自然环境的积极体验有可能与其之后积极地使用户外环境有着重要的联系。事实上，儿童时期没有使用这些场地的经验是他们在未成年时不使用这些场地的重要原因之一（Ward Thompson *et al.*，2008）。因此，如果鼓励儿童使用绿色或自然的室外环境来缓解压力、进行体力活动和促进健康，对未来的生活大有裨益，那么我们需要认真地考虑哪些景观有利于儿童的成长。

到公园的距离以及步行道质量是开放空间可达性的两个重要标准。这对于儿童及其家庭非常重要，对老年人也同样如此。在老龄化社会中，我们需要了解哪些环境品质可以支持健康的生活方式，促进人们特别是高龄老人走到室外进行活动。

世界卫生组织"老龄化友好城市"（age-friendly cities）指南（世界卫生组织，2007）强调了设计良好的公共空间以及方便可达的家庭和花园空间的重要性。尽管人们在青少年时期和老年时期所选择的活动和愿望各不相同，但是一些街道、广场和公共开放空间的特定元素已经成为对老年人友好的一种要求。这也部分重申了早先已明确的高质量步行环境的重要性。但是除了高质量、平整的表面，要求还包括在通往目的地的路途中需要长椅或可以坐的地方、提供视觉趣味（例如前院或者花园，这也提供了社会参与的潜力）和有吸引力的路线，而非仅仅将视觉兴趣集中在终点，以及便利的公共厕所（Bevan and Croucher，2011）。英国一项针对65岁以上人群的研究发现，通往临近休憩地的道路质量是步行活动的重要预测指标之一，高质量的步行道有近两倍的可能性培养高水平的步行者。到达开放空间的距离不仅被证明是步行水平的重要因素，更是一种普遍的福利（Sugiyama *et al.*，2009）。另一项相关研究使用了联合分析技术，该技术允许通过场景建模的方式，去测试室外环境的哪些变量对参与者和样本内的子群体产生的影响最大。这项研究显示，消除不文明行为，例如破坏公物，提供公共厕所等设施和种植有吸引力的植物，是令人愉悦的公园的最重要特征，并且这些特征与健康的生活方式紧密关联（Aspinall *et al.*，2010）。

更多的信息显示，支持性的邻里环境与老年人的整体健康状况显著相关，此外支持性的邻里环境还能提供更多活动的机会（Sugiyama and Ward Thompson，2007）。与儿童一样，很显然，步行系统是一种简单、有吸引力和安全的方式，可以连接高质量、当地的和可达性的环境，这对生活质量而言十分重要，并且这种连接当地公园、绿地或自然空间的方式是预测健康和福祉其他许多方面的一个重要因子。但这也存在一定的危险，即过于简单化的解释会导致所设计的街道、公园或开放空间只是某种特定的类型。当我们思考绿色和自然空间时，很显然什么算是"自然"差别很大，并且文化偏好、个人偏好以及不同的生活阶段意味着我们需要不同类型的开放空间、绿色空间和自然空间。一个好的城市环境需要提供不同自然环境便捷的可达性［在300米范围内，如需更加详尽的英国自然绿色空间标准请参见哈里森等人（Harrison *et al.*，1995）］。但是，对一部分人而言，使用更加郊野和自然的场地也需要具有安全和经过修剪的景观（这也是许多人所需要的），因为这些场地有可能成为探索性的、凌乱的儿童游乐和青少年闲逛的场所，或者远离城市控制的区域（Ward Thompson，2011b）。

结论

世界卫生组织（2002）强调"可持续发展必须造福于当代和后代的健康与幸福。发展策略和经济战略必须与健康目标相一致"。在英国，社区内部和社区之间健康不平等的问题越来越多地被强调，并以此作为可持续的核心要求（Marmot，2010）。马尔莫（Marmot）的研究也认识到，英国和其他许多发达国家一样，仍然存在着巨大的健康不公平现象，这是其他形式的社会不公平所导致的结果。也部分反映了社会-空间不公平，其中环境争议问题最为突出（Pearce *et al.*，2010）。如果某些类型的景观对健康和生活质量有所支持，除了消除污染等负面影响之外，我们还需要去考虑，如何能够更好地让社会中的不同人群，都能享有这些能提高生活质量、有益身体健康的景观。环境的公平性是可持续的关键因素，而理解有益身体健康的环境究竟是怎样的，是景观设计师在循证政策时代所面临的机遇与挑战。

当然，说这是一种新的需求，其实只是程度或解释的问题。从古代美索不达米亚时代开始，有关于"天堂"和福祉的景观就已经普遍地与丰富的植被联系在一起："天堂"是丰产的和水草充盈的景观。这些描述中反复出现的特征是花园的健康本质，支持着人类的各个方面，为各种感官提供欢愉。它们已经超越了"天堂"景观的描述，不仅提供身体的寄托：食物和水，更涉及人类福祉的各个方面，并且纵观整个历史来看，是一种理想的生活的景观。由于篇幅有限，我没有提到种植景观，但它能够使人们理解食物从何而来，并且各个年龄段的人们都可以从种植和收获食物的过程中获得身心的愉悦。这也是生活景观其中的一个部分。我相信我们需要天堂般的花园、美丽的花园，但是也需要荒野，需要有机会探索未开化之地。

上述证据表明，城市内部的区域可能对室外活动和上述功能有所限制，特别是对于贫困社区和青少年儿童。芬兰和白俄罗斯的研究表明，郊区和小的乡镇社区也许可以为儿童提供更多的可能性（Kyttä，2004）。较高环境品质、多样性和便捷可达的开放空间可以鼓励儿童玩耍，并且户外活动的自由可以促进儿童时期更高的体力活动水平。同理，这样的规划和设计也有助于提高其成年后经常使用户外空间的可能性，即使是在城市中心区亦是如此。事实上，关于老年人对户外空间使用的相关研究表明，很多情况下，管理良好的城市区域与农村和小型的社区相比，可以提供更好的步行支持条件。

本章指出了使用绿色和自然开放空间，如公园或林地，与体力活动、健康以及生活质量之间的重要关系，还明确指出环境设计的细节应随不同年龄、族群和社会经济地位而有所差异（Ward Thompson and Aspinall 2011）。还有证据表明，环境质量与生活质量之间还存在很多潜在的关联。那么，我们对景观设计有何要求？城市居民居住在附近有绿色和自然的地方：5—10分钟可步行到达并且有空间可以容纳（可以休憩小坐），就足以让人在此刻感觉远离城市生活。但我们希望不同的特质可以适合我们每个人的需要和当下的心情，所以提供选择性也很重要。

我们需要野外相对荒野的地方，也需要整洁的花园空间；需要围合也需要良好的视野；需要踢足球的地方，也需要野餐或静听鸟鸣的地方。我们需要一系列的选择，就像我们需要各种食物来保持健康一样。最后我们希望在这样的环境中享受我们的时光，日益老去。所以适合不同年龄段的趣味环境也会很受欢迎，我曾建议，沙滩可能是趣味空间的一种原型，它诱使我们脱掉鞋子去获得乐趣（Ward Thompson，2007）。景观学科处于一个十分有利的地位，能够对那些有益健康的场所进行规划、设计和管理。让我们在各个层面好好学习，提供更多的实证证据，并且利用这些成果为生活创造更好的景观。

注释

1 See http://sites.ace.ed.ac.uk/mmp for evidence of this in a research project on "Mobility, Mood and Place".
2 See www.naturalearning.org.
3 See www.playlink.org.

参考文献

Alcock, I., White, M., Wheeler, B., Fleming, L. and Depledge, M. 2014. Longitudinal effects on mental health of moving to greener and less green urban areas. *Environmental Science and Technology* 48: 1247_1255.

Alirol, E., Getaz, L., Stoll, B., Chappuis, F. and Loutan, L. 2011. Urbanisation and infectious diseases in a globalised world. *The Lancet Infectious Diseases* 11: 131–141.

Alston, G. 1847. Letter to *The Times* [London], September 7. Available at www.victorianlondon.org/entertainment/victoriapark.htm (accessed 15 February 2014).

Antonovsky, A. 1979. *Health, Stress and Coping*. San Francisco, CA: Jossey-Bass Publishers.

Appleton, J. 1975. *The Experience of Landscape*. New York: John Wiley.

Aspinall, P. A., Ward Thompson, C., Alves, S., Sugiyama, T., Vickers, A. and Brice, R. 2010. Preference and relative importance for environmental attributes of neighbourhood open space in older people. *Environment and Planning B: Planning and Design* 37(6): 1022–1039.

Aspinall P., Mavros P., Coyne R. and Roe, J. 2013. The urban brain: analysing outdoor physical activity with mobile EEG. *British Journal of Sports Medicine* 49(4): 272–276.

Barton, H. and Grant, M. 2006. A health map for the local human habitat. *Journal for the Royal Society for the Promotion of Health* 126: 252–253.

Bedimo-Rung, A. L., Mowen, A. J. and Cohen, D. A. 2005. The significance of parks to physical activity and public health: a conceptual model. *American Journal of Preventive Medicine* 28: 159–168.

Bevan, M. and Croucher, K. 2011. *Lifetime Neighbourhoods*. London: Department for Communities and Local Government.

Bird, W. 2004. *Natural Fit: Can Green Space and Biodiversity Increase Levels of Physical Activity?* Sandy: Royal Society for the Protection of Birds.

Borst, H. C., de Vries, S. I., Graham, J. M. A., van Dongen, J. E. F., Bakker, I., and Miedema, H. M. E. 2009. Influence of environmental street characteristics on walking route choice of elderly people. *Journal of Environmental Psychology* 29: 477–484.

Bourassa, S.C., 1991. *The Aesthetics of Landscape*. London: Belhaven Press.

CABE 2010a. *Urban Green Nation: Building the Evidence Base*. London: CABE. Available at www.cabe.org.uk/publications/urban-green-nation.

CABE 2010b. *Community Green: Using Local Spaces to Tackle Inequality and Improve Health*. London: CABE. Available at www.cabe.org.uk/publications/community-green.

Collishaw, S., Maughan, B., Goodman, R. and Pickles, A. 2004. Time trends in adolescent mental health. *Journal of Child Psychology and Psychiatry* 45(8): 1350–1362.

Council of Europe 2000. *European Landscape Convention, Florence, 20 October 2000*. Strasbourg: Council of Europe.

Czeisler, C. A., Allan, J. S., Strogatz, S. H., Ronda, J. M., Sanchez, R., Rios, C. D., Freitag, W. O., Richardson, G. S. and Kronauer, R. E. 1986. Bright light resets the human circadian pacemaker independent of the timing of the sleep-wake cycle. *Science* 233(4764): 667–671.

Dahlgren, G. and Whitehead, M. [1991] 2007. The main determinants of health model. In G. Dahlgren and M. Whitehead, *European Strategies for Tackling Social Inequities in Health: Levelling Up Part 2.*

Copenhagen: WHO Regional Office for Europe.

DEFRA 2011. *The Natural Choice: Securing the Value of Nature*. London: The Stationary Office.

de Vries, S. 2010. Nearby nature and human health: looking at the mechanisms and their implications. In C. Ward Thompson, P. Aspinall and S. Bell (eds), *Innovative Approaches to Researching Landscape and Health: Open Space: People Space 2*, pp. 75–94. Abingdon: Routledge.

Frost & Sullivan 2010. Impact of urbanization and development of megacities on mobility and vehicle technology planning. Available at www.greencarcongress.com/2010/12/megacities-20101215.html#more (accessed 11 February 2014).

Giles-Corti, B., Broomhall, M. H., Knuiman, M. and Collins, C. 2005. Increasing walking: how important is distance to, attractiveness, and size of public open space? *American Journal of Preventive Medicine* 28(2) (Suppl 2): 169–176.

Gill, T. 2007. *No Fear: Growing Up in a Risk Averse Society*. London: Calouste Gulbenkian Foundation.

Godfrey, R. and Julien, M. 2005. Urbanisation and health. *Clinical Medicine* 5: 137–141.

Grahn, P. and Stigsdotter, U. K. 2010. The relation between perceived sensory dimensions of urban green space and stress restoration. *Landscape and Urban Planning* 94: 264–275.

Grahn, P., Ivarsson, C. T., Stigsdotter, U. K. and Bengtsson, I. 2010. Using affordances as health promoting tool in a therapeutic garden. In C. Ward Thompson, P. Aspinall and S. Bell (eds), *Innovative Approaches in Researching Landscape and Health, Open Space: People Space 2*, pp. 120–159. Abingdon: Routledge.

Greater London Authority 2011. *Sowing the Seeds: Reconnecting London's Children with Nature*. London: Greater London Authority.

Harrison, C., Burgess, J., Millward, A. and Dave, G. 1995. *Accessible Natural Green Space in Towns and Cities: A Review of Appropriate Size and Distance Criteria*. English Nature Research Report no. 153. Peterborough: English Nature.

Hartig, T. 2007. Three steps to understanding restorative environments as health resources. In C. Ward Thompson and P. Travlou (eds), *Open Space: People Space*, pp. 163–179. Abingdon: Taylor and Francis.

Hartig, T., Evans, G. W., Jamner, L. D., Davis, D. S. and Gärling, T. 2003. Tracking restoration in natural and urban field settings. *Journal of Environmental Psychology* 23: 109–123.

Heinrichs, M., Baumgartner, T., Kirschbaum, C. and Ehlert, U. 2003. Social support and oxytocin interact to suppress cortisol and subjective responses to psychosocial stress. *Biological Psychiatry* 54(12): 1389–1398.

Holick, M. F. 2004. Sunlight and vitamin D for bone health and prevention of autoimmune diseases, cancers, and cardiovascular disease. *American Journal of Clinical Nutrition* 80(6 Suppl): 1678S–1688S.

Howell, A. J., Dopko, R. L., Passmore, H. A. and Buro, K. 2011. Nature connectedness: associations with well-being and mindfulness. *Personality And Individual Differences* 51: 166–171.

Kabat-Zinn, J. 1990. *Full Catastrophe Living: Using the Wisdom of Your Mind to Face Stress, Pain and Illness*. New York: Dell.

Kaplan, S. 1995. The restorative benefits of nature: toward an integrative framework. *Journal of Environmental Psychology* 15:169–182.

Kaplan, R. and Kaplan, S. 1989. *The Experience of Nature: A Psychological Perspective*. Cambridge: Cambridge University Press.

Kellert, S. R. and Wilson, E. O. (eds) 1993. *The Biophilia Hypothesis*. Washington, DC: Island Press.

Krenichyn, K. 2006. "The only place to go and be in the city": women talk about exercise, being outdoors and the meanings of a large urban park. *Health and Place* 12: 631–643.

Kyttä, M. 2004. The extent of children's independent mobility and the number of actualized affordances as criteria for child-friendly environments. *Journal of Environmental Psychology* 24: 179–198.

Louv, R. 2005. *Last Child in the Woods: Saving Our Children from Nature-Deficit Disorder*. Chapel Hill, NC: Algonquin Books of Chapel Hill.

Maas, J., Verheij, R. A., Groenewegen, P. P., de Vries, S. and Spreeuwenberg, P. 2006. Green space, urbanity, and health: how strong is the relation? *Journal of Epidemiology and Community Health* 60: 587–592.

Maas, J., Verheij, R. A., de Vries, S., Spreeuwenberg, P., Schellevis, F. G. and Groenewegen, P. P. 2009. Morbidity is related to a green living environment. *Journal of Epidemiology and Community Health* 63: 967–973.

Macintyre, S. 2008. Briefing paper on health inequalities by Professor Sally Macintyre. In *Equally Well: Report of the Ministerial Task Force on Health Inequalities – Volume 2*. Edinburgh: Scottish Government.

Marmot, M. 2010. *Fair Society, Healthy Lives: A Strategic Review of Health Inequalities in England Post-2010*. London: UCL. Available at www.ucl.ac.uk/gheg/marmotreview

Mason, P. and Kearns, A. 2013. Physical activity and mental wellbeing in deprived neighbourhoods. *Mental Health and Physical Activity* 6: 111–117.

Mernick, P. and Kendall, D. 1996. *A Pictorial History of Victoria Park*. London: East London History Society.

Mitchell, R. 2013. Is physical activity in natural environments better for mental health than physical activity in other environments? *Social Science and Medicine* 91: 130–134.

Mitchell, R. and Popham, F. 2007. Greenspace, urbanity and health: relationships in England. *Journal of*

Epidemiology and Community Health 61: 681–683.

Mitchell R. and Popham, F. 2008. Effect of exposure to natural environment on health inequalities: an observational population study. *The Lancet* 372(9650): 1655–1660.

Mitchell, R., Astell-Burt, T. and Richardson, R. 2011. A comparison of green space indicators for epidemiological research. *Journal of Epidemiology and Community Health* 65(10): 853–858.

Morris, G. P., Beck, S. A., Hanlon, P. and Robertson, R. 2006. Getting strategic about the environment and health. *Public Health* 120: 889–907.

Natural England 2010. *Wild Adventure Space: Its Role in Teenagers' Lives*. Report NECR025. York: Natural England. Available at http://publications.naturalengland.org.uk/publication/41009.

Olmsted, F. L. 1886. *Notes on the Plan of Franklin Park and Related Matters*. Boston: Board of Commissioners of the Department of Parks.

Orleans, C. T., Leviton, L. C., Thomas, K. A., Bazzarre, T. L., Bussel, J. B., Proctor, D., Torio, C. M., and Weiss, S. M. 2009. History of the Robert Wood Johnson Foundation's Active Living research program: origins and strategy. *American Journal of Preventive Medicine* 36: S1–S9.

Ottosson, J. and Grahn, P. 2005. A comparison of leisure time spent in a garden with leisure time spent indoors: on measures of restoration in residents in geriatric care. *Landscape Research* 30(1): 23–55.

Park, B. J., Tsunetsugu, Y., Kasetani, T., Hirano, H., Kagawa, T., Sato, M. and Miyazaki, Y. 2007. Physiological effects of Shinrin-yoku (taking in the atmosphere of the forest) – using salivary cortisol and cerebral activity as indicators. *Journal of Physiological Anthropology* 26(2): 123–128.

Park, B. J., Tsunetsugu, Y., Kasetani, T., Kagawa, T. and Miyazaki, Y. 2010. The physiological effects of Shinrin-yoku (taking in the forest atmosphere or forest bathing): evidence from field experiments in 24 forests across Japan. *Environmental Health and Preventive Medicine* 15: 18–26.

Pearce, J. R., Richardson, E. A., Mitchell, R. J. and Shortt, N. K. 2010. Environmental justice and health: the implications of the socio-spatial distribution of multiple environmental deprivation for health inequalities in the United Kingdom. *Transactions of the Institute of British Geographers* 35: 522–539.

Penedo, F. J. and Dahn, J. R. 2005. Exercise and well-being: a review of mental and physical health benefits associated with physical activity. *Current Opinion in Psychiatry* 18(2): 189–193.

Pretty, J., Griffin, M., Peacock, J., Hine, R., Sellens, M. and South, N. 2005. *A Countryside for Health and Wellbeing: The Physical and Mental Health Benefits of Green Exercise*. A report for the Countryside Recreation Network. Available at www.thehealthwell.info/node/3900 (accessed 12 June 2015).

Rhodes, R. E., Courneya, K. S., Blanchard, C. M. and Plotnikoff, R. C. 2007. Prediction of leisure-time walking: an integration of social cognitive, perceived environmental, and personality factors. *International Journal of Behavioral Nutrition and Physical Activity* 4: 51–61.

Richardson, E. A., Mitchell, R., Hartig, T., de Vries, S., Astell-Burt, T. and Frumkin, H. 2011. Green cities and health: a question of scale? *Journal of Epidemiology and Community Health*, 66(2): 160–165.

Rodriguez, D. A., Khattak, A. J. and Evenson, K. R. 2006. Can new urbanism encourage physical activity? Comparing a new urbanist neighborhood with conventional suburbs. *Journal of the American Planning Association* 72(1): 43–54.

Roe, J. J., Ward Thompson, C., Aspinall, P. A., Brewer, M. J., Duff, E. I., Miller, D., Mitchell, R. and Clow, A. 2013. Green Space and stress: evidence from cortisol measures in deprived urban communities. *International Journal of Environmental Research and Public Health* 10: 4086–4103.

Saelens, B. E. and Handy, S. L. 2008. Built environment correlates of walking: a review. *Medicine and Science in Sports and Exercise* 40: S550–S566.

Sallis, J. F. 2009. Measuring physical activity environments: a brief history. *American Journal of Preventive Medicine* 36: S86–S92.

SAMH 2011. *What's It Worth Now? The Social and Economic Costs of Mental Health Problems in Scotland*. Glasgow: Scottish Association for Mental Health.

Schuyler, D., 1986. *The New Urban Landscape: the Redefinition of City Form in Nineteenth-Century America*. Baltimore, MD: Johns Hopkins University Press.

Steptoe, A., Shankar, A., Demakakos, P. and Wardle, J. 2013. Social isolation, loneliness and all-cause mortality in older men and women. *Proceedings of the National Academy of Sciences of the USA* 110(15): 5797–5801.

Sugiyama, T. and Ward Thompson, C. 2007. Older people's health, outdoor activity and supportiveness of neighbourhood environments. *Landscape and Urban Planning* 83: 168–175.

Sugiyama, T. and Ward Thompson, C. 2008. Associations between characteristics of neighbourhood open space and older people's walking. *Urban Forestry and Urban Greening* 7: 41–51.

Sugiyama, T., Leslie, E., Giles-Corti, B. and Owen, N. 2008. Associations of neighbourhood greenness with physical and mental health: do walking, social coherence and local social interaction explain the relationships? *Journal of Epidemiology and Community Health* 62: e9.

Sugiyama, T., Ward Thompson, C. and Alves, S. 2009. Associations between neighborhood open space attributes and quality of life for older people in Britain. *Environment and Behavior* 41(1): 3–21.

Sugiyama, T., Francis, J., Middleton, N. J., Owen, N. and Giles-Corti, B. 2010. Associations between recreational walking and attractiveness, size, and proximity of neighborhood open space. *American Journal of Public Health* 100: 1752–1757.

Takano, T., Nakamura, K. and Watanabe, M. 2002. Urban residential environments and senior citizens' longevity in megacity areas: the importance of walkable green spaces. *Journal of Epidemiology and Community Health* 56: 913–918.

Transportation Research Board 2005. *Does the Built Environment Influence Physical Activity? Examining the Evidence*. TRB Special Report 282. Washington, DC: Transportation Research Board.

Ulrich, R. S., Simons, R., Losito, B. D., Fiorito, E., Miles, M. A. and Zelson, M. 1991. Stress recovery during exposure to natural and urban environments. *Journal of Environmental Psychology* 11: 201–230.

Wanless, D. 2004. *Securing Good Health for the Whole Population*. Norwich: HMSO.

Ward Thompson, C. 2007. Playful nature: what makes the difference between some people going outside and others not? In C. Ward Thompson and P. Travlou (eds), *Open Space: People Space*, pp. 23–38. Abingdon: Taylor and Francis.

Ward Thompson, C. 2011a. Linking landscape and health: the recurring theme. *Landscape and Urban Planning* 99(3): 187–195.

Ward Thompson, C. 2011b. Places to be wild in nature. In Jorgensen, A. and Keenan, R. (eds) *Urban Wildscapes* Abingdon, UK: Routledge, pp. 49–64.

Ward Thompson, C. and Aspinall, P. 2011. Natural environments and their impact on activity, health and quality of life. *Applied Psychology: Health and Well-Being* 3(3): 230–260.

Ward Thompson, C., Aspinall, P., Bell, S. and Findlay, C. 2005. "It gets you away from everyday life": local woodlands and community use – what makes a difference? *Landscape Research* 30(1): 109–146.

Ward Thompson, C., Aspinall, P. and Montarzino, A. 2008. The childhood factor: adult visits to green places and the significance of childhood experience. *Environment and Behavior* 40(1): 111–143.

Ward Thompson, C., Roe, J., Aspinall, P., Mitchell, R., Clow, A. and Miller, D. 2012. More green space is linked to less stress in deprived communities: evidence from salivary cortisol patterns. *Landscape and Urban Planning* 105: 221–229.

White, M. P., Alcock, I., Wheeler, B. W. and Depledge, M. H. 2013. Would you be happier living in a greener urban area? A fixed effects analysis of longitudinal panel data. *Psychological Science* 24(6): 920_928.

World Health Organization 2002. *Health and Sustainable Development: Addressing the Issues and Challenges*. Johannesburg, South Africa, 26 August–4 September. Geneva: World Health Organization.

World Health Organization 2007. *Global Age-Friendly Cities: A Guide*. Geneva: World Health Organization.

World Health Organization 2010. Urbanisation and health. Available at www.who.int/bulletin/volumes/88/4/10–010410/en/index.html (accessed 11 February 2014).

World Health Organization Regional Office for Europe 2010. Mental health. Available at www.euro.who.int/en/health-topics/noncommunicable-diseases/mental-health.

第14章　景观是建筑?

戴维·莱瑟巴罗（David Leatherbarrow）

我并非第一个提出此问题的人，一位20世纪享誉盛名的美国景观设计师加勒特·埃克博（Garrett Eckbo）在他的著作中首次提出了此问题。[1]同样我们还可以从相反的角度来思考这个问题："建筑是景观吗?"我们所讨论的实质是两种艺术之间的关系，因为在当代，它们通常被理解为两个不同的领域。事实上，埃克博也并非第一个对此问题产生困惑的人，即使在他之前并没有人明确地提出过。19世纪时这个问题就已经困扰着当时的一些学者，那时景观设计正以一个新的学科身份出现。早期的理论家，英国的汉弗里·雷普顿（Humphry Repton）和约翰·克劳迪斯·劳登（John Claudius Loudon），法国的安托万-克里索斯东·伽特赫梅赫·德·昆西（Antoine–Chrysostome Quatremère de Quincy）以及美国的安德鲁·杰克逊·唐宁（Andrew Jackson Downing）都曾经思考过这两个实践学科之间的关系，两者是否确实是不同的学科?[2]

一些专业认证和授权机构随之成立，他们试图解决这个问题并制度化两者之间的区别。但是这个问题由来已久，早在18世纪前，人们已经就这两个学科的不同，至少是它们之间的基本差异有过一些争论。如阿贝·劳吉尔（Abbé Laugier）和威廉·钱伯斯（William Chambers），前者把穿越森林的路线比作城镇的街道，而后者则使用景观美学理论来评价建筑物的外观。也许正是因为这样的传统，那些理论家所提出的问题在我们这个时代依然存在。

我的目的不是给出最终答案，而是引入一个术语"地形"（topography）来进行比较，以帮助读者发现景观与建筑的共同之处。这个议题可能会涉及技术和材料的问题，并关系到学科的地位和排名。但对我来说，更重要的议题将是土地（land）和建筑形式的历史和文化。我相信并试图说明土地和材料的概念"自身"是一种无益的抽象，它们只是简化了景观、建筑和城市的真实主题，以致减少了它们之间的关联性，并影响到了它们未来的发展。

建筑与景观：昨天与今天

因为景观专业的历史要比建筑学的历史短很多，所以景观通常被置于一个附属的地位。相应的，三个世纪以来，西方传统景观理论的数量也仅为建筑学理论的1/3到1/4。然而，最近的论文和项目显示，这种传统的视景观为附属的观念是错误的。今天，景观并不是建筑的附属品已经成为一个被广泛接受的事实。[3]如果说过去景观和城市设计借助于建筑寻求理论与方法，那么今天"过程或瞬间展开的现象"、"配准"（registration）提高准确性、"地图术"（mapping）

作为调查手段等等，这些被认为适用于大尺度景观设计的概念和技术又被应用于建筑领域。这些理论和方法对建筑的强烈影响是不可否认的，虽然它们确实与生态意识相关，但这些并不能被解释为生态意识提高所带来的结果。最近有关于城市生态学、景观都市主义和生态都市主义的讨论表明，（从不同感官）思考景观将使建筑师和规划师重新构想建筑和城市设计的本质和任务，建筑物所组成的整体不再是独立的建筑而是场地、环境或地形的一部分。这些学科的调整引发了当代景观理论家极大的热情和赞誉。经常有人提到景观设计和城市建设的结合（即，景观都市主义），协调了之前并不相关的两个学科之间的关系。正如我之前已经提出并将在后文中进一步阐述的观点一样，对于每个稍有历史知识的人来说，这种观察的结果显然是错误的。当前的实践成果并不是先前毫不相关的艺术结合在一起的结果，而是对它们结合的一种新的诠释和理解。几个世纪以来，景观和建筑一直是两种阐述文化，塑造和表现特定环境的相互关联的方式。景观和建筑与诗歌、哲学和政治等其他形式的文化产物具有相似的表现性。与其他文化形式一样，景观和建筑这些空间艺术的实践也存在很多争议：一旦被认为不能充分地发挥用处或者表达，创造性思维便会提出替代的方案。

地形艺术

我建议使用"地形"这个词来命名这个话题，它是建筑、城市设计和景观所共有的主题和框架。这不仅建立起了它们之间共同的基础，也为它们提供了对当代艺术贡献的理由。作为地形艺术的建筑、城市设计和景观设计，其任务是为我们平淡无奇的生活提供一种持久和优美的表达形式。显然，这个词的意义比它通常的用法要更为宽泛，广义的含义将地形与土地等同起来。地形包括了那些建造和未建造的场地，但却不止这些，它还包括从典型到平凡的所有事物留下的痕迹。"地貌"的英语术语来源于古希腊文"Τοπογραφεώ"，其意思是对一个地点的描述或定义。现在我们常会将它理解为"描述场所"。斯特拉博（Strabo）在他的《地理学》（Geography）一书中使用了这个词的这一意思。这样看来，地形确实是指物质的东西，但也强调了它"书写"或清晰易懂的一面，从地貌的这一特征而言，海岸上的脚印形成了、维持着并代表了日常的生活。但这种标记也不完全是痕迹，因为说到痕迹就好像只是过去出现过的东西。如果所有的地貌都是清晰可辨的，那么现有和未来就将被排除在外。地貌记录下了以前发生过的事情，但是它们也展现了那些仍在发生和可能在未来发生的事情。地貌的痕迹为建造或栖居行为提供了方向，除了保持其形式与预测之间的联系之外，它并不一定和过去有何联系。借助于感知、经验和知识，地形成为平凡或实际目的、历史构建与重构的表现方式和介质。

当我们讨论建筑及其场地，及其周围地带时，我们通常关注于它的几何和物理特征，外形和材料。然而，没有人认为在它们之间做选择是有意义的。这难道不意味着我们需要去质疑两者之间的差异吗？对于地形的关注，并不意味着只关注既定地块或一片土地的轮廓、朝向或组成，因为项目的认知和表达同样取决于场地的物质实体、颜色、厚度、温度、亮度和肌理。此外，当考虑时间维度时，很显然，土地不仅是土壤，还包括隐藏在其之下和将会从中萌生的东西，以及因此而生的一些构造。

另一方面，如果只对土地的物理性质感兴趣，那么讨论地形就变得毫无意义。关注建筑和景观的品质自然会导向对建筑和景观之间关系的反思，并进而思考它们的表现能力，甚至是表达的潜力。对土地的物理性质感兴趣会引发人们对场地潜在功能的关注，场地中的材料可以做什么？除了表现和表达之外，如何实现其他的一些目的？地形的表达，除了图示的表达之外，还应该意识到那些预期的和意料之外的事件，而后者展示了设计师的远见和设计的智慧。因此，当前"策划"（programming）的主题如此强大并不让人惊讶。土地显然是有形的，也显然是空间的，即使典型的透视表现方法倾向于正面的和画意的描绘，我们也没有理由否定或忽视这一点。关注空间的边界、连续性和范围可以帮助我们理解场地的使用潜力，但这种关注的本质并非出自画意的而是实用性的。

除了地形的物质性、空间性和实用性之外，与这三个特征同等重要的还有另一个我之前提到过的特征——地形的时间特征。随着时间的推移，景观材料不断自我更新。场地的新陈代谢是保持关联性的关键。时间也是人体验景观的媒介，而地形被认为在空间和移动体验中持续的时间最长，它可以延缓或加速整个序列，也可以重复或开启新的篇章。时间性是空间感必不可少的维度。[4]总的来讲，由于地形的物质性、空间性、实用性和时间性，它对景观设计、建筑设计和城市设计都很重要。地形的文化意味在日常实践中被不断地重设和更新，使它展示出一种替代绘画或审美来增加建筑、景观和城市文化内涵的能力，这就是实践的伦理意义。正如最近的政治哲学，［汉斯-格奥尔格·伽达默尔（Hans–Georg Gadamer）、尤尔根·哈贝马斯（Jürgen Habermas）、理查德·罗蒂（Richard Rorty）和吉奥乔·阿甘本（Giorgio Agamben）］的著作所研究的那样。[5]对我而言（将这些作者作为研究的背景），我希望能够借助于实际生活的情境，展示当代设计作品在重构城市、建筑和景观地形中所扮演的决定性作用。

先例

正如我开始提到的那样，我所阐述的广义地形的概念对于当前的设计而言可能是全新的，但这并不意味着在建筑、景观和城市设计的历史中没有先例。过去几年中有一些典型项目，如西雅图的奥林匹克雕塑公园［图14.1–图14.3，韦斯（Weiss）和曼弗雷迪（Manfredi）事务所］和纽约美国弗莱士河（Fresh Kills）的生命景观（图14.4–图14.7，詹姆斯·科纳场域运作设计事务所），都证明了将景观作为城市转型的基础并非没有先例。

20世纪80年代以来，最杰出的实例是伯纳德·屈米（Bernard Tschumi）的法国拉维莱特公园，因为它实现了多方案的结合，与城市（基础设施）环境融合，分阶段开发等等。但是这个项目也有它自己的先例。如果再向前回溯20年，还有其他更多的著名设计在新的城市秩序中将景观和建筑结合在一起。其中一个典型案例是勒·柯布西耶的威尼斯医院（1965年）。这个项目考虑到彼得·史密森（Peter Smithson）和艾利森·史密森（Alison Smithson）"垫子"式的建筑，将海景和城市景观交织在一起。"垫子"式的建筑形式被设想成水平展开的"序列系统"，建筑结构与风向相协调（如1969年的科威特项目）。然而，这种将建筑放置在整体环境中的做法也并非1965年的创新。从柯布西耶早先几十年的设计中，我们已经可以看到类似的做法（包括昌迪加尔规划、光辉城市和合作村庄）。

勒·柯布西耶并不是20世纪30年代唯一一个将上部构筑和底部构造相结合的建筑师。例

图14.1—图14.3　西雅图奥林匹克雕塑公园（韦斯/曼弗雷迪事务所）。图片来源：图14.1，Soundview鸟瞰摄影，韦斯/曼弗雷迪事务所；图14.2，Benjamin Benschneider摄影，韦斯/曼弗雷迪事务所；图14.3，Paul Warchol摄影

图14.4—图14.7　纽约弗莱士河的生命景观，詹姆斯·科纳场域运作设计事务所

如，雅克·格雷贝尔（Jacques Gréber）和保罗·克雷（Paul Cret）设计的费城富兰克林公园大道。虽然与柯布西耶合作村庄项目是同一时期的作品，但它展现出了对城市地形完全不同的理解。格雷贝尔的工作方式更接近于托尼·加尼耶（Tony Garnier）的"景观都市主义"。托尼·加尼耶的工业城市（Cité Industrielle，1917）构想了一个建筑、公共空间和基础设施横向水平展开的景观，这恰好是柯布西耶在他的一部分城市设计中所拒绝的。在托尼·加尼耶之前和整个19世纪，许多项目都将城市景观与城市设计进行了很好的协调，其中最让人着迷的是比克劳德·尼古拉斯·勒杜（Claude Nicolas Ledoux）所设计的盐场和拉绍"城市"聚落（"urban" settlement at Chaux）。在这个项目中，尽管勒杜对不同尺度以及建筑、规划和自然表现等各个方面都进行了干预，但建筑、法律和道德仍然被视为自然界的产物。20世纪的建筑师在构想城市形态时也非常敏感地注意到了景观所具有的潜力：代表性的案例是皮埃尔·帕特（Pierre Patte）的巴黎纪念碑选址规划（1765年）。正如洛吉耶（Laugier）所建议的那样，他将每个公共空间都选址在公园或森林的空地中。而巴洛克、风格主义和文艺复兴时期的建筑师也同样如此，众所周知的案例包括凡尔赛宫，教皇西克图斯五世时的罗马城，拉斐尔（Raphael）设计的乡村别墅和罗塞蒂（Rossetti）设计的费拉拉城露天广场及大型公共场地（Campo）。"campo"这一术语同时具有广场和草地的意思，表明在项目、技术、概念和词汇方面景观和城市的融合早已存在。当前的"景观都市主义"和"生态都市主义"议题并非独立于这段历史之外，也不应该被视为全新的事物。事实上，当前这些项目的独特性只有在与之前项目的对比中才能表现出来。

辨别当今城市景观项目独特性的一种方法在于看它们是否拒绝所谓两个世界的假设，即认为人造的和自然的地形是截然不同的，人造景观与自然景观也是完全不同的概念。另一种看待这种对立的方法是将景观的英文单词拆分成两个部分，前一部分表示自然所赋予的材料，第二部分表示被改造之后的外观和形象，虽然我们也将未经改造过的地形视为如画。

在当代理论中，这种显著的区别是通过质疑地形的表现和操作而产生的，这里暂时先不考虑媒介或者意义的问题，至少是在一段时间内将它们放置在一边。关于地形的形态问题，即景观的形式问题，没有任何解释比以往实践中所提出的如画风格受到更多的严厉的批判。当代景观并非图像或是图片，而是意图提供一些感受，这些感受并不关乎于形式，而是景观操作的可视性问题。另一个有争议的术语是"土地"（land），问题则更加复杂，这个词和"图像"一词一样，都被"拒绝"。被否定的是一些常见的"土地"概念：首先，土地是无生命的；其次，它是一种财产。但土地不是静止或是不变的，土壤、水、天空和植被都是一种生命的过程，其决定性特征就是它们是生长的是新陈代谢的。在目前的理论中，土地作为财产的观念也被否定，因为土地所有权的概念需要划分清晰可见的边界。在当代设计师的心目中，景观已经超越了客户所划定的设计边界，延伸至遥远的地平线。我们尝试对一些老的观念进行新的诠释，特别是"借景"（borrowed landscape），这个概念在亚洲景观领域常被提及（日文为"shakkei"，中文为"借景"）[6]，以及18世纪欧洲所谓的"非正式"花园。[7]将土地视为图像或是财富的观念在当前的理论和实践中也不被接受，因为这两种概念都认为土地是静止的，就好像它是建筑物一样，从而忽略了它始终且不可避免的动态、代谢和发展过程。尽管在当前的讨论中，变化的观念占据了主导位置，但意识到景观既有发展也有退化却并非最新发现。可能任何一个时期的景观理论家都无法否认这一事实。观察到社会的规范和结构随时间变化这件事并不新鲜，只要人们回顾历史，就会意识到体制、法律、道德和文化习惯都会随着时间的推移而发展或瓦解。但关键的问题是自然与文化这两个领域变化的关系，或者两者变化的顺序是怎样的？

为了记录奥林匹克雕塑公园的设计，韦斯（Weiss）和曼弗雷迪（Manfredi）设计了一系列空间和时间的可视化表现图，展现出项目所满足的不同方面的需求。[8]最缓慢的似乎是该项目的命名所传达出过程：艺术的合奏曲。虽然随着时间的推移艺术品会越来越多，但每一件放置在景观中的作品都至少会保存在那里几十年的时间。同样缓慢的是建筑物和"基础设施网络"的变化速度，尤其是与穿越该场地的几条线路所产生的运动形成对比的时候。而其他切割场地或处于场地边缘的运输线路（卡车路线、铁路线、海滨电车线路，自行车道和渡轮线）的运动速度则更快。环境修复方案则将另一套时间进程引入景观之中，一个跨度极长的时间表，从土地被"滥用"的史前时期到"覆盖"（capping）时期再到现在还在延续中的"监测"时期。除了项目本身的场地时间序列外，还有更为宏观的时间性作为参考：城市中周末及平时24小时商业和休闲的时间表、一年中植物生长和衰落的周期变化以及海浪冲刷海岸缓急变化等。尽管我已经分别列出了这些地方、事件和时间，但它们内部的运作其实是相互影响相互联系的。在我提到的另一个项目中，也可以看到类似地依存关系，即弗莱士河生命景观以及近期令人印象深刻的纽约高线公园项目和芝加哥海军码头项目。在这些项目所处的时代，自然和文化被完全划分开来的历史已经消失。

结论

凭借多样而相互联系的时间性，这些项目超越了旧的观念：比如城市是"为我们打造的"，自然世界是"它自身的"。取而代之的是这些项目呈现出了一些情景，既一个成功的城市同时也是自然的空间，虽然这种提法意味着矛盾，但它为日常生活方式提供了形态、时间表和方向。我想将这种情况总结为文化生态学，一种人类和自然过程同步的地形学：晨光中早餐桌上的商业、宁静夜晚的音乐表演、温暖周末的海滨休闲活动、防波墙阻挡着海水的侵蚀并支撑起观景平台。由于城市生活的各个场景与文化历史以及自然界的演变过程都有关联，所以城市并非只是建筑，也是它所承载的各种社会实践的外在呈现，当遵循生态的进程时，也要承认它们的各种要求，这些要求可能是预期的也可能是意料之外的。

柏拉图对话录最后一章提到，法律始于三个年老的智者攀登艾达山去往宙斯诞生地的过程中。他们的步伐和对话都随着夏至日前的太阳缓慢移动。当他们朝着洞穴行走时，四条古老的路径展现在他们面前（使他们的分离）：哲学家的道路、对话的道路、太阳的道路和时间的道路。这个神话，正如我们这个时代有最优秀的项目所书写的故事一样，一个新的城市将与各种类型的周期相协调，这构成了它的韵律，并将超越于它的韵律。不论我们称之为建筑还是景观，都只是一个次要的问题，只要在我们心目中地形代表着一种文化类型，一种被我们不假思索的认为是自然的文化类型。

致谢

首次发表：戴维·莱瑟巴罗，"景观是建筑吗？"，《建筑研究季刊》，第15卷，pp.208–215（2011）。© 剑桥大学出版社，经许可复制。

注释

1　Garrett Eckbo, "Is Landscape Architecture?" *Landscape Architecture* 73, no. 3 (May 1983), 64–65.

2　Humphry Repton, *Observations on the Theory and Practice of Landscape Gardening* (London: T. Bensley, 1803); John Claudius Loudon, *Observations on the Formation and Management of Useful and Ornamental Plantations* (Edinburgh: Archibald Constable & Co., 1804); A. C. Quatremère de Quincy, *An Essay on the Nature, the End, and the Means of Imitation in the Fine Arts*, trans. J. C. Kent (London: Smith, Elder & Co., 1837); Andrew Jackson Downing, *A Treatise on the Theory and Practice of Landscape Gardening adapted to North America* (New York: Wiley & Putnam, 1841); Judith Major, *To Live in the New World* (Cambridge, MA: MIT Press, 1997).

3　Mohsen Mostafavi and Gareth Doherty (eds), *Ecological Urbanism* (Baden: Lars Müller, 2010); Charles Waldheim (ed.), *The Landscape Urbanism Reader* (New York: Princeton Architectural Press, 2006).

4　Kevin Lynch, *What Time is This Place?* (Cambridge, MA: MIT Press, 1973); John Dixon Hunt, "'Lordship of the Feet', Toward a Poetics of Movement in the Garden", in *Landscape Design and the Experience of Motion*, ed. Michel Conan (Washington, DC: Dumbarton Oaks, 2003), 187–213; David Leatherbarrow, "The Image and Its Setting", in *Topographical Stories: Studies in Landscape and Architecture* (Philadelphia, PA: University of Pennsylvania Press, 2004), 200–234.

5　Hans-Georg Gadamer, *Hermeneutics, Religion and Ethics* (New Haven, CT: Yale University Press, 1999); Jürgen Habermas, *The Structural Transformation of the Public Sphere* (Cambridge, MA: MIT Press, 1989); Richard Rorty, *Contingency, Irony, and Solidarity* (Cambridge: Cambridge University Press, 1989); and Giorgio Agamben, *The Coming Community* (Minneapolis, MN: University of Minnesota Press, 1993).

6　Chen Cong-Zhou, *On Chinese Gardens* (Shanghai: Tongji University Press, n.d.), 56ff. In Suzhou, for example, there are "excellent examples of borrowing from out-of-city landscapes and distant temples and Buddhist pagodas".

7　Here the famous line from Alexander Pope is once again entirely apposite: "He gains all points who pleasingly confounds, Surprises, varies, and conceals the bounds", from "Epistle to Lord Burlington" (1731), in *Collected Poems* (London: Dent, 1975).

8　Marion Weiss and Michael Manfredi, *Surface Sub-Surface* (New York: Princeton Architectural Press, 2007).

译后记

正如莫森·莫斯塔法维在本书序言中抛出引人深思的问题"景观是景观吗?",许多年轻学者,尤其是刚刚接触专业知识的年轻学生,常常会因为学科的身份问题而感到困惑,甚至在进行一些研究和实践的时候,对自己的工作是否超越了学科自身的边界感到疑虑,也可能因此失去了进一步探索和追寻的勇气与自信。事实上对景观本身单一或简单的定义和理解,似乎已经难以解释我们对现有学科理论研究和行业实践活动多元化现实的观察。今天,不同学科之间的交叉和渗透似乎已经不再是创新和突破,而是既定的事实和必然的趋势,也正是这种基于不同视角对学科本身进行批判性的反思和再定义,才得以进一步拓展学科的边界。

本书收录了十四位学者从不同视角对景观的本质问题进行深刻思考的论述,尽管只有十四篇文章,但这一系列文章的标题以疑问的方式提出,将景观置于一个更加宽广的学科背景下,层层剖析景观学科与其他相关学科之间错综复杂的关联。毫无疑问,这些不同视角的思考与论述,展现了对景观身份进行多重定义的可能。那么,何谓景观?我想本书的目的并不在于给出一个确定无疑的最终答案,其更重要的意义在于激发更多学者思考景观学科未来发展的可能性和潜力,并在探索的道路上提供具有启发性的引导。

全书的翻译工作历时近一年半,分为三个阶段,在初译阶段得到了几位风景园林专业学生的帮助,分别是杨潇豪、孙俊、吴桐、杨晴茹、张梦琳、卢佳良、倪之浩和欧阳珊,他们为此付出了大量的时间和精力,在此表示衷心感谢。第二阶段的意译和语句表达,以及第三阶段的全书统一审校由我和夏宇全面负责。不得不提的是书中涉及的大量关于历史、文学、艺术、哲学、科技和建筑等学科的背景知识与内容,无疑给翻译工作带来了极大的困难。为此,在翻译过程中我们尽力通过查阅相关文献资料进行核实,以确保一些特殊英文名词对应中文翻译的准确性。然而,由于翻译工作时间紧、任务急,全书译稿肯定存在一些不当之处,请广大读者批评指正。

特别感谢中国建筑工业出版社董苏华、张鹏伟两位老师一直以来的支持与帮助,以及哈佛大学设计研究生院加雷斯·多尔蒂和查尔斯·瓦尔德海姆教授的信任。两位学者非常关心翻译工作的进展情况,在翻译过程中我们进行了多番沟通。当下景观学科在我国的发展已越来越受重视,针对学科理论和实践发展的学术交流活动也愈加频繁,希望本书中文版的问世,能够引发国内同仁更多的思考与讨论。

陈崇贤

2018年8月于广州

图1.1

图1.15

图2.2

图2.3

图2.4

图3.1

图3.2

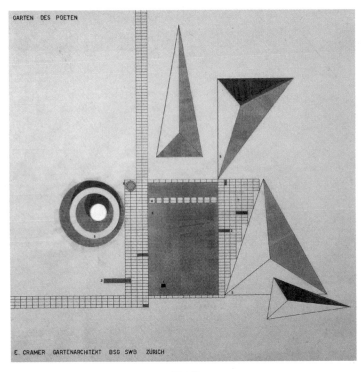

GARTEN DES POETEN

E. CRAMER GARTENARCHITEKT BSG SWB ZÜRICH

图4.5

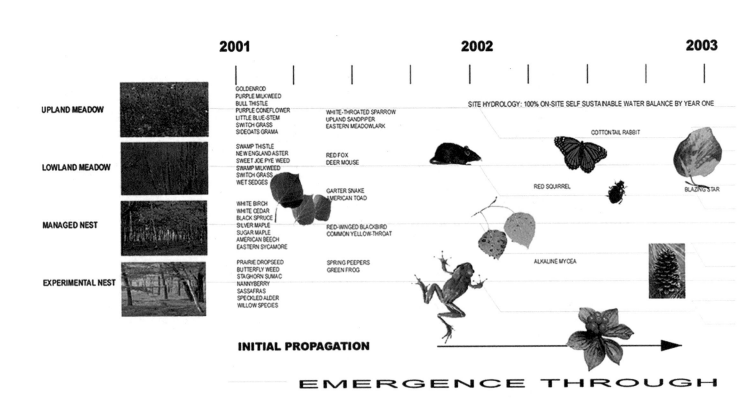

EARTHWORK AND "SEEDING" - PHASE I   **MULTI-MEDIA PLAZA AND MALL - PHASE I**

2001   **2002**   **2003**

SITE HYDROLOGY: 100% ON-SITE SELF SUSTAINABLE WATER BALANCE BY YEAR ONE

UPLAND MEADOW
GOLDENROD
PURPLE MILKWEED
BULL THISTLE
PURPLE CONEFLOWER
LITTLE BLUE-STEM
SWITCH GRASS
SIDEOATS GRAMA

WHITE-THROATED SPARROW
UPLAND SANDPIPER
EASTERN MEADOWLARK

COTTON TAIL RABBIT

LOWLAND MEADOW
SWAMP THISTLE
NEW ENGLAND ASTER
SWEET JOE PYE WEED
SWAMP MILKWEED
SWITCH GRASS
WET SEDGES

RED FOX
DEER MOUSE

RED SQUIRREL

BLAZING STAR

GARTER SNAKE
AMERICAN TOAD

MANAGED NEST
WHITE BIRCH
WHITE CEDAR
BLACK SPRUCE
SILVER MAPLE
SUGAR MAPLE
AMERICAN BEECH
EASTERN SYCAMORE

RED-WINGED BLACKBIRD
COMMON YELLOW-THROAT

ALKALINE MYCEA

EXPERIMENTAL NEST
PRAIRIE DROPSEED
BUTTERFLY WEED
STAGHORN SUMAC
NANNYBERRY
SASSAFRAS
SPECKLED ALDER
WILLOW SPECIES

SPRING PEEPERS
GREEN FROG

INITIAL PROPAGATION

EMERGENCE THROUGH

图5.5

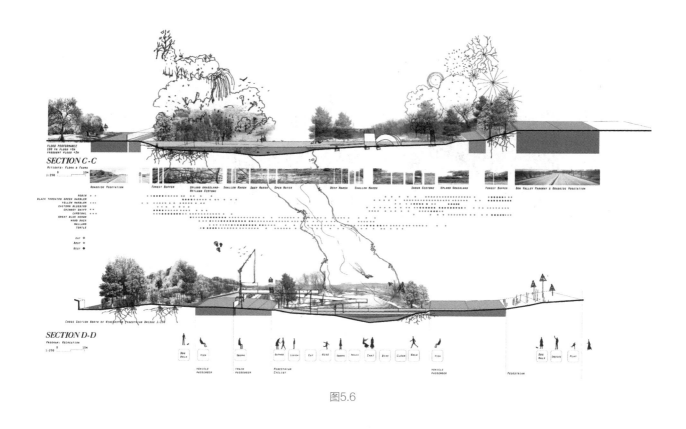

图5.6

EARTH HILL ACROSS CULTURAL CAMPUS EVENT FIELDS - PHASE III　　　　　　**INTERACTIVE ECOLOGIES**

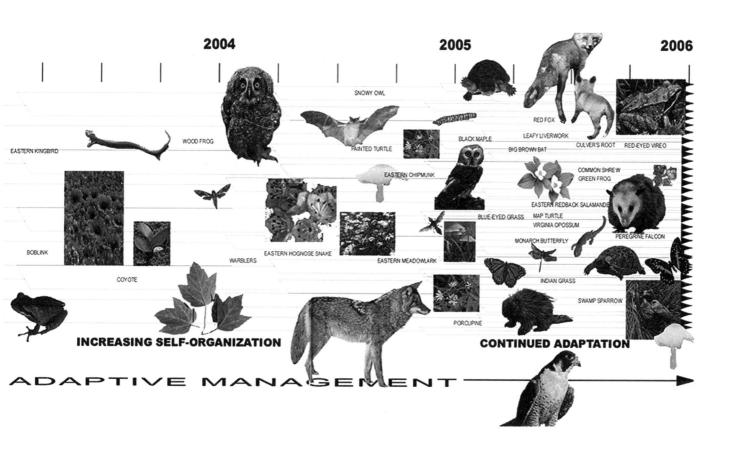

图5.7

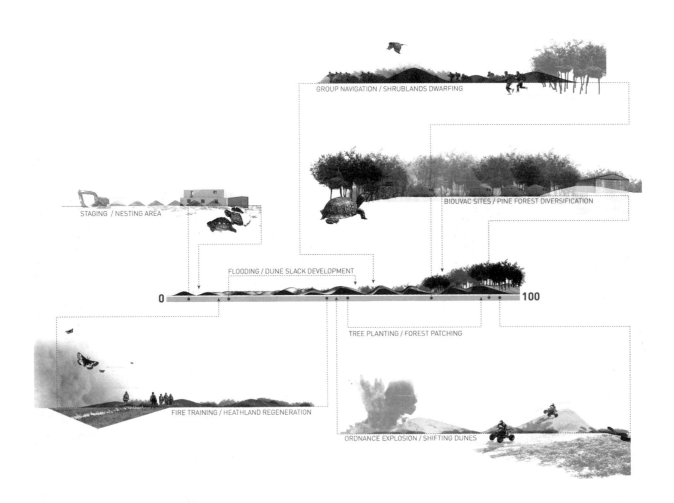

非线性栖息地管理
马萨诸塞州军事保护区

图5.8

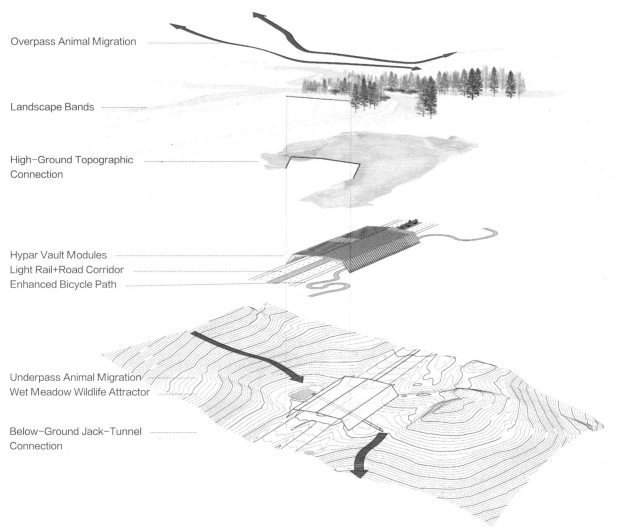

Overpass Animal Migration

Landscape Bands

High-Ground Topographic
Connection

Hypar Vault Modules
Light Rail+Road Corridor
Enhanced Bicycle Path

Underpass Animal Migration
Wet Meadow Wildlife Attractor

Below-Ground Jack-Tunnel
Connection

图5.9

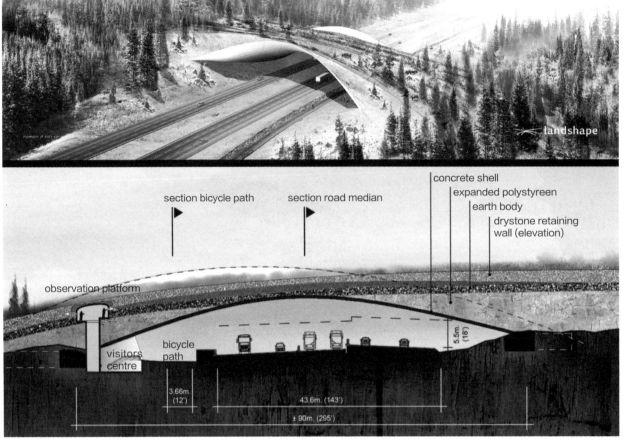

图5.10

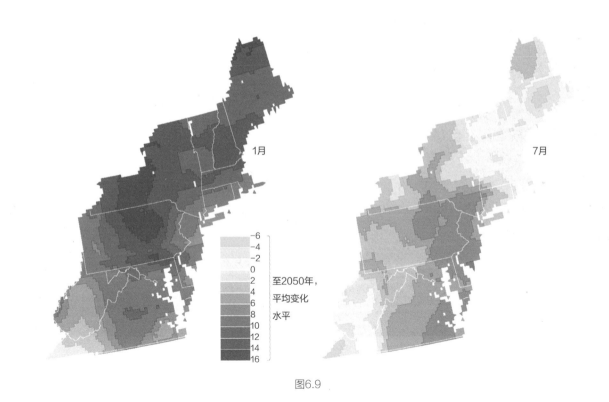

1月

7月

−6
−4
−2
0
2
4
6
8
10
12
14
16

至2050年，
平均变化
水平

图6.9

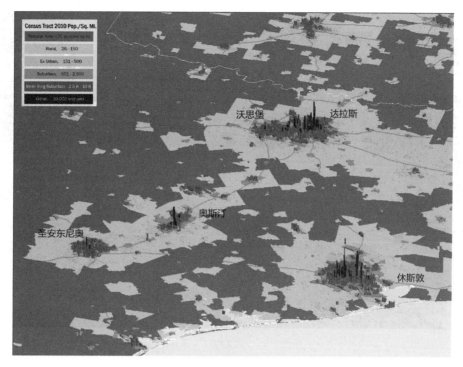

图6.10

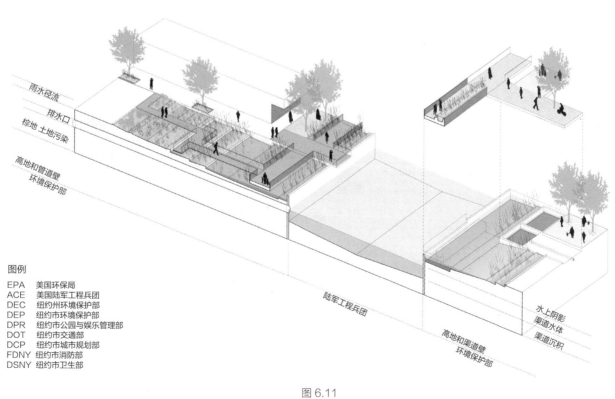

图例

EPA　美国环保局
ACE　美国陆军工程兵团
DEC　纽约州环境保护部
DEP　纽约市环境保护部
DPR　纽约市公园与娱乐管理部
DOT　纽约市交通部
DCP　纽约市城市规划部
FDNY　纽约市消防部
DSNY　纽约市卫生部

图 6.11

图7.1

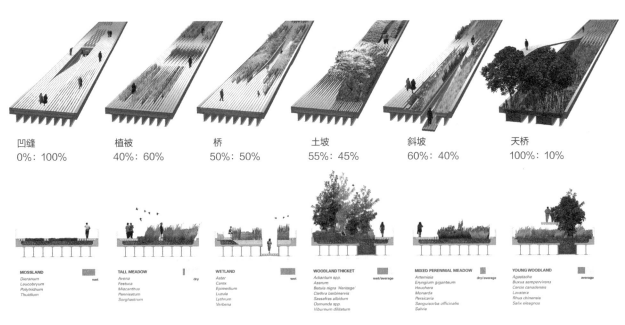

凹缝	植被	桥	土坡	斜坡	天桥
0%：100%	40%：60%	50%：50%	55%：45%	60%：40%	100%：10%

图7.2

258

图7.3

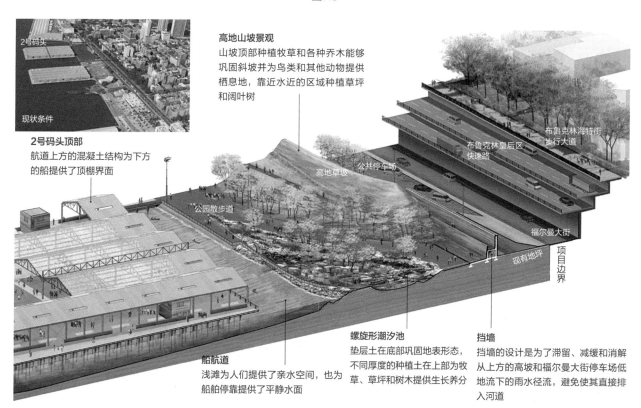

高地山坡景观
山坡顶部种植牧草和各种乔木能够巩固斜坡并为鸟类和其他动物提供栖息地，靠近水近的区域种植草坪和阔叶树

2号码头

现状条件

2号码头顶部
航道上方的混凝土结构为下方的船提供了顶棚界面

布鲁克林海特街步行大道

布鲁克林皇后区快速路

公共停车场

高地草坡

公园散步道

福尔曼大街

现有地坪

项目边界

船航道
浅滩为人们提供了亲水空间，也为船舶停靠提供了平静水面

螺旋形潮汐池
垫层土在底部巩固地表形态，不同厚度的种植土在上部为牧草、草坪和树木提供生长养分

挡墙
挡墙的设计是为了滞留、减缓和消解从上方的高坡和福尔曼大街停车场低地流下的雨水径流，避免使其直接排入河道

图7.4

图7.5

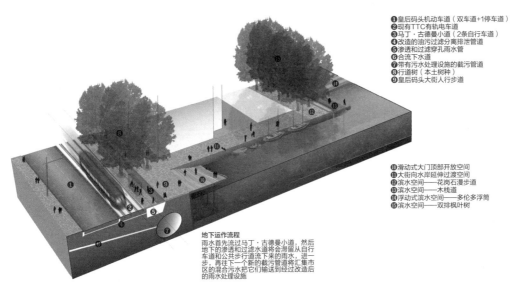

❶皇后码头机动车道（双车道+1停车道）
❷现有TTC有轨电车道
❸马丁·古德曼小道（2条自行车道）
❹改造的油污过滤分离排泄管道
❺渗透和过滤穿孔雨水管
❻合流下水道
❼带有污水处理设施的截污管道
❽行道树（本土树种）
❾皇后码头大街人行步道

❿滑动式大门顶部开放空间
⓫大街向水岸延伸过渡空间
⓬滨水空间——花岗石漫步道
⓭滨水空间——木栈道
⓮浮动式滨水空间——多伦多浮筒
⓯滨水空间——双排枫叶树

地下运作流程
雨水首先流过马丁·古德曼小道，然后地下的渗透和过滤水道将会滞留从自行车道和公共步行道流下来的雨水，进一步，再往下一个新的截污管道将汇集市区的混合污水把它们输送到经过改造后的雨水处理设施

图7.6

图7.7

图7.8

260

图7.9

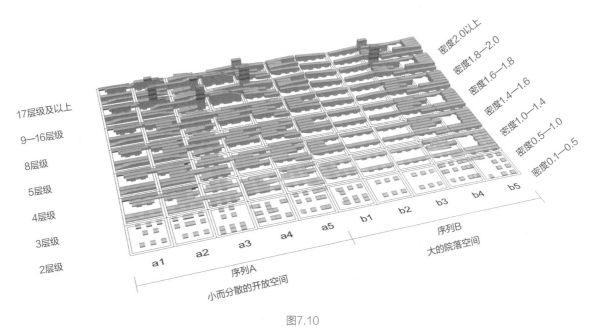

图7.10

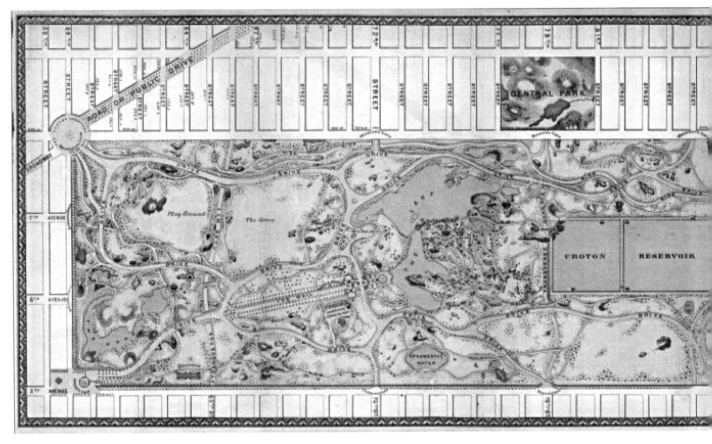

图7.12

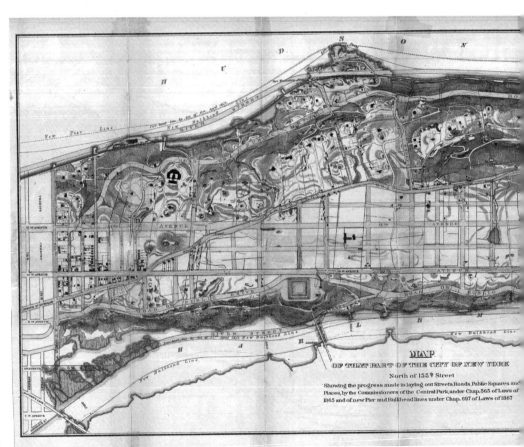

图7.14

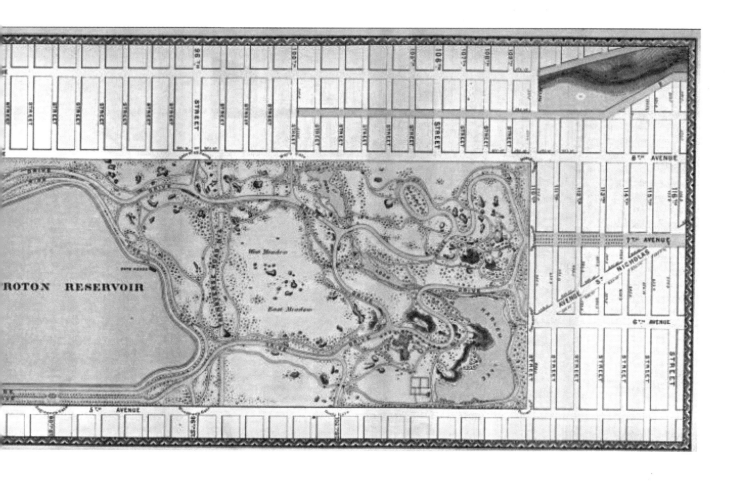

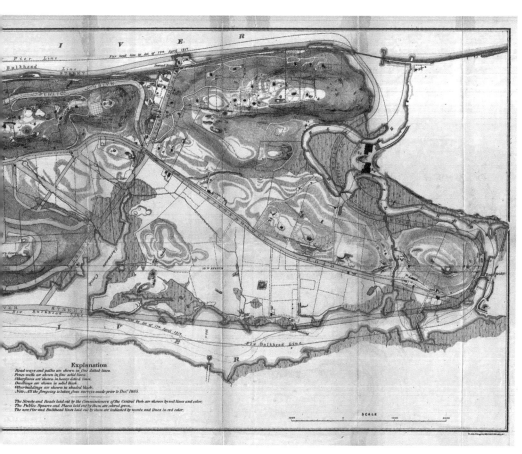

图7.16

图8.1

图8.5

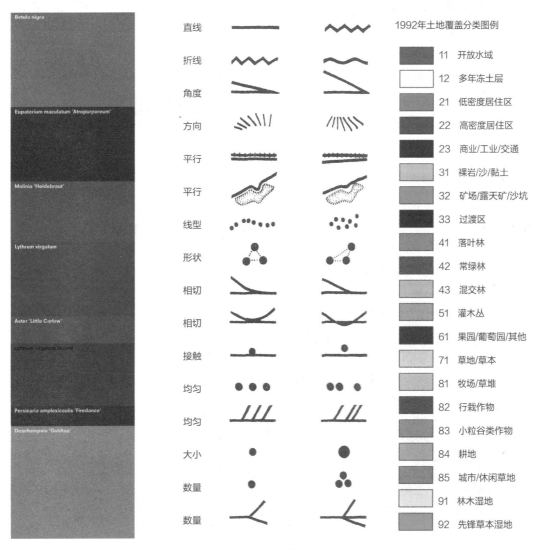

直线	
折线	
角度	
方向	
平行	
平行	
线型	
形状	
相切	
相切	
接触	
均匀	
均匀	
大小	
数量	
数量	

1992年土地覆盖分类图例

	11	开放水域
	12	多年冻土层
	21	低密度居住区
	22	高密度居住区
	23	商业/工业/交通
	31	裸岩/沙/黏土
	32	矿场/露天矿/沙坑
	33	过渡区
	41	落叶林
	42	常绿林
	43	混交林
	51	灌木丛
	61	果园/葡萄园/其他
	71	草地/草本
	81	牧场/草堆
	82	行栽作物
	83	小粒谷类作物
	84	耕地
	85	城市/休闲草地
	91	林木湿地
	92	先锋草本湿地

图8.9

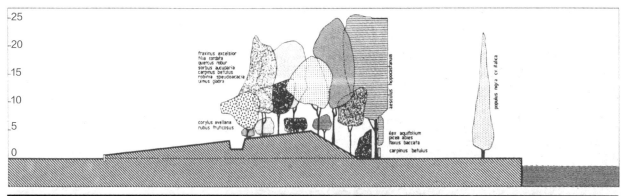

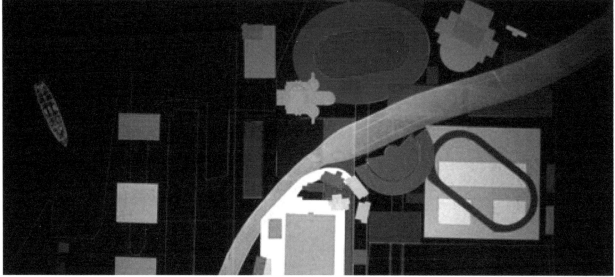

图8.14

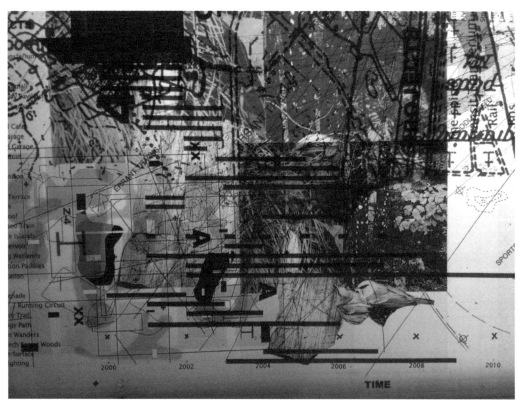

图8.18

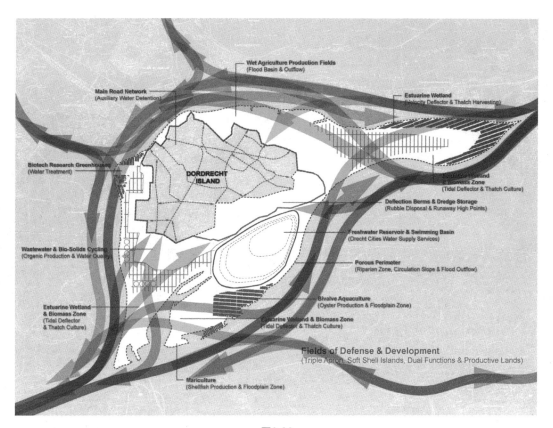

图8.22

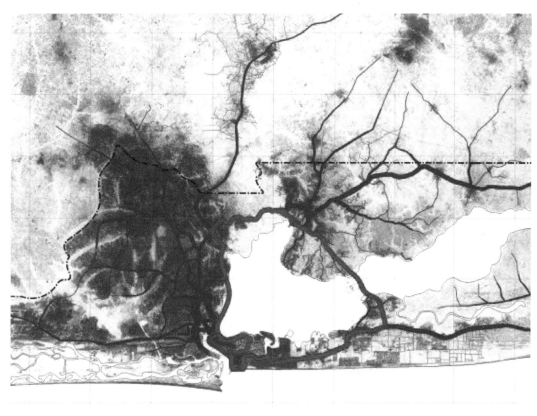

图8.28

图11.3

图11.4

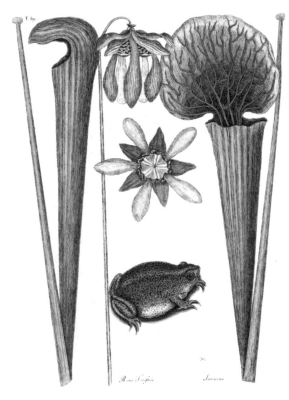

图11.7

图11.9

图11.10

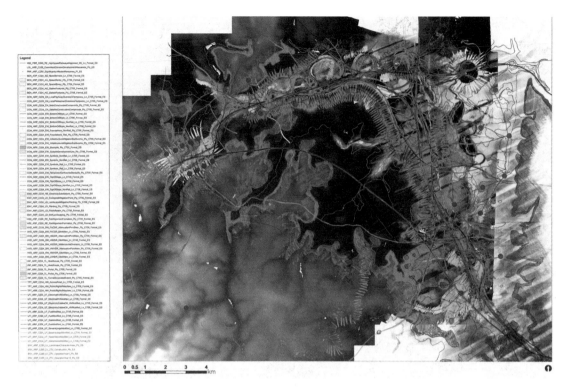

图12.1

图12.2

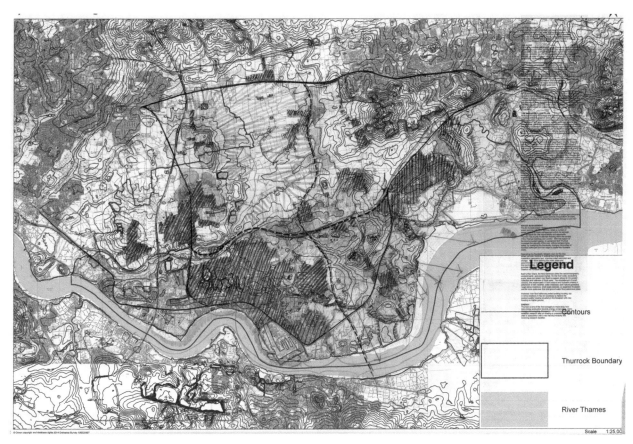

图12.8

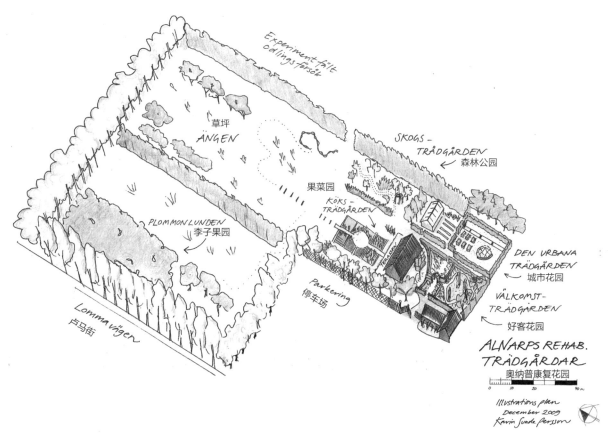

图13.2